Truth In Fantasy 84

海戦

著　世界戦史研究会

新紀元社

まえがき

　人類は戦争と航海によって発展進歩してきたといわれる。地球上の約4分の3を占める海上は、人類の発展にとって欠かせない場所であったのだ。

　しかし、海上における戦闘、つまり海戦は陸戦に比べれば歴史は新しい。それは、船の性能自体が戦闘に耐えうるものではなかったため、海上支配が戦争の趨勢を決することがなかったからである。だが、ガレー船という軍船が発明されると、史上はじめて海戦が天下分け目の役割を演じたサラミスの海戦（前480年）を皮切りに、人類は多くの海戦を経験することになる。そして、海戦はときに国家の命運を左右するほどの影響力をもつようになった。

　たとえば、古代の地中海を制したアテナイやローマは大きく繁栄し、大航海時代以後はスペインやイングランドといった海軍大国がヨーロッパの主権者となった。そのなかで、イギリスのネルソンやホーク、日本の東郷平八郎といった海の英雄が登場し、海戦が歴史の転換点となることも多くなっていった。トラファルガーの海戦は、英雄ネルソンの卓抜した戦術によってイギリスに勝利をもたらし、ナポレオンによるイギリス本土上陸という最悪のシナリオを挫折させ、日本海海戦は東郷平八郎率いる日本艦隊が当初の予想を裏切ってロシア帝国に勝利し、その結果、日本は五大海軍国のひとつに数えられるようになった。

　本書では、歴史上意義のある海戦を取り上げ、その歴史的背景から戦争の過程と結果までを詳しく解説している。そして、ガレー船から帆走船、装甲艦、航空母艦へと発展していった艦船の歴史と、艦船の変遷とともに変化した戦術についても、簡単ではあるが説明を加えた。

　各国がどのような思惑で海戦をはじめ、どんな戦術を用い、その結果どうなったのか。陸上の戦いとは違った、海戦の奥深さを堪能していただきたい。

2011年　世界戦史研究会

海戦

CONTENTS

序章　海戦の陣形と帆

陣形の種類 …………………………………………………………… 10
帆の種類とその役割 ………………………………………………… 13

1章　ガレー船時代の海戦

ガレー船時代の艦船・戦術 ………………………………………… 16
サラミスの海戦 ……………………………………………………… 22
シュラクサイの海戦 ………………………………………………… 28
アイゴスポタモイの海戦
テュロス攻囲戦 ……………………………………………………… 34
ミレー沖の海戦 ……………………………………………………… 40
エクノムスの海戦
リリベウムの海戦

アクティウムの海戦	48
赤壁の戦い	54
白村江の戦い	58
壇ノ浦の戦い	62
元寇	66
スロイスの海戦	72
マルマラ海の海戦	76
プレヴェザの海戦	82
レパントの海戦	86
column 1　モルビアン湾の海戦	47
column 2　コンスタンティノープルの戦い	81

2章　帆走船時代の海戦

帆走船時代の艦船・戦術	94
アルマダの海戦	100
閑山島沖の海戦
露梁の海戦	108
ポートランド沖の海戦	116
ラ・オーグの海戦	122

ヴィゴ湾の海戦	128
ラゴス湾・キベロン湾の海戦	132
チェサピーク湾の戦い	138
6月1日の海戦	144
ナイルの海戦	150
トリポリ戦争	156
トラファルガーの海戦	162
米英大西洋戦争	168
ナヴァリノ湾の海戦	174
アヘン戦争	178
column 3 テルセイラ島沖の海戦	107
column 4 ハンゲの海戦	127
column 5 コペンハーゲンの海戦	149

3章 装甲艦時代の海戦

装甲艦時代の艦船・戦術 …………………… 186

シノープの海戦 …………………………… 190

ミシシッピー川の戦い …………………… 194

リッサ沖の海戦 …………………………… 198

品川・阿波沖の海戦 ……………………… 204

イチケ・アンガモスの海戦 ……………… 210

黄海海戦 …………………………………… 214

日本海海戦 ………………………………… 220

コロネル沖・フォークランド沖の海戦 … 228

ユトランド沖の海戦 ……………………… 234

ラプラタ沖の海戦 ………………………… 240

column 6　箱館戦争 …………………… 209
column 7　アドリア海の海戦 ………… 239

 空母航空戦時代の海戦

空母航空戦時代の艦船・戦術 246
マレー沖の海戦 252
珊瑚海海戦 258
ミッドウェー海戦 264
マリアナ沖海戦 270
レイテ沖の海戦 276
沖縄作戦 282
column 8 スラバヤ・バタビア沖の海戦 263

付録　世界海戦史年表 287
索引 294
参考文献 302

序章

海戦の陣形と帆

陣形の種類

 **陣形の基本のひとつ、単横陣**

　陸戦で陣形を組んで戦闘を行うように、海戦の場合にも陣形はある。しかし、陸戦のような機動力や自由性はないため、海戦における陣形は単純なものとなる。
　海戦の陣形の基本となるのは、単横陣(たんおうじん)と単縦陣(たんじゅうじん)である。
　単横陣とは、図1のように、艦隊を編成する艦を横一列に並べたもので、ガレー船時代に用いられた一般的な陣形である。ガレー船は漕ぎ手が倒されると動きを封じられてしまうため、漕ぎ手がいる舷側を守るためにも艦を横に並べて互いに援護し合う必要があった。そのため単横陣が用いられるようになった。また、ガレー船時代の武器は衝角(しょうかく)であり、これは艦首に取り付けられていた。艦首を敵艦隊に向けていっせいに突撃するには、単横陣が具合のよい形でもあったのである。

図1

進行方向 ←

▲単横陣

帆走船の時代に重宝された単縦陣

　単縦陣とは、指揮官が座乗する旗艦が先頭となって、その後ろに後続艦が一列に続く、図2のような陣形である。

　帆走船が海戦の主役になると、主力武器は艦に搭載された大砲となった。大砲の設置により、近接戦からの白兵戦という戦術はすたれ、全艦による一斉砲撃が戦術の中心となった。

　20世紀に建造された戦艦ドレッドノートの誕生まで、艦上砲撃は側舷砲撃のみであり、そのため側面からの攻撃をいかに効果的に行うかが重要となった。つまり、敵艦隊に舷側を向けて、自艦を並べなければならなくなったのである。そして、全艦がいっせいに会敵して横から敵艦隊に砲撃を加えるための最良の陣形が、単縦陣であった。

　単縦陣による海戦は、側舷砲撃が主な攻撃の手段であるため、同方向に併走しながら互いに砲撃し合うかたちとなる。これを同航戦という。また、すれ違いざまに両艦隊が戦うこともあり、これを反航戦といった。

　単縦陣は、単横陣に比べると陣形を形づくるのが容易であり、回頭や接近も単横陣より簡単に行える。また、指揮官が先頭艦に座乗することで各艦への指示伝達が単横陣よりも容易であるという利点もあった。海戦が複雑化するにつれ、指揮官の命令の伝達が重要な意味をもつようになったことも、単縦陣の使用を促すことにつながった。

　18世紀後半にはじまった産業革命によって側舷砲撃の火力が向上すると、海戦の陣形はますます縦陣が主力となった。しかし、装甲艦の出現が再び単

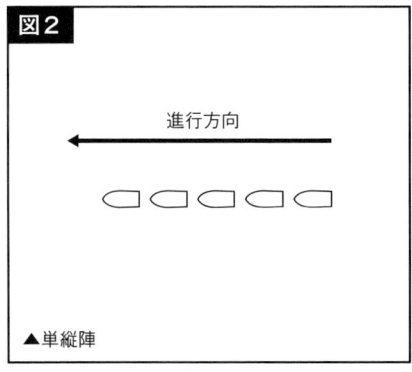

▲単縦陣

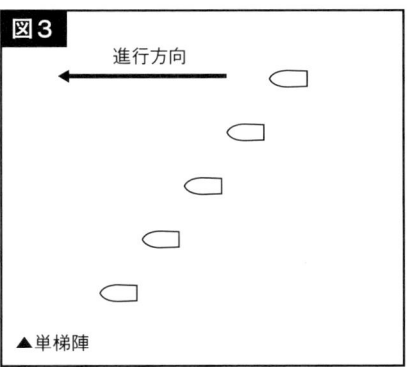

▲単梯陣

序章　海戦の陣形と帆　　11

横陣に光を与えた。当時の大砲では装甲を撃ち抜くことができなかったため、衝角攻撃と近接戦が復活したのである。そして、1866年のリッサ沖の海戦で、オーストリア艦隊が近接戦による勝利を飾ったことにより、単横陣が見直されることになったが、砲力の威力はその後もゆるみなく改良を加えられたため、陣形の主流は再び単縦陣へ戻った。

単縦陣と単横陣以外の陣形としては、単梯陣（梯形陣ともいう）というものがある。これは、前ページの図3のように旗艦を先頭にして、後続艦が斜めに続く陣形である。

 ## 海戦における艦隊運動

艦隊は戦場の状況によって、方向転換しなければならない場面に遭遇する。その方法として、一斉回頭と逐次回頭がある。

一斉回頭とは、艦隊を編成するすべての艦が、同時に同方向に方向転換することをいう。いっせいに方向を変えるわけだから、このとき艦隊の順番は逆順になってしまうという欠点があるが、逐次回頭より短時間で方向転換ができる。また、単縦陣を単横陣に変えたい場合も、一斉回頭を行う。これは下の図のように180度方向を変えるのではなく、90度の方向転換となる。

もうひとつの艦隊運動である逐次回頭は、先頭艦が回頭し、そのあとに後続艦が順次回頭する艦隊運動である。一斉回頭のように艦の順序が変わることはないが、一斉回頭より時間がかかるという欠点がある。

一斉回頭と逐次回頭はどちらが良いということではなく、状況と目的によって使い分けられるものである。

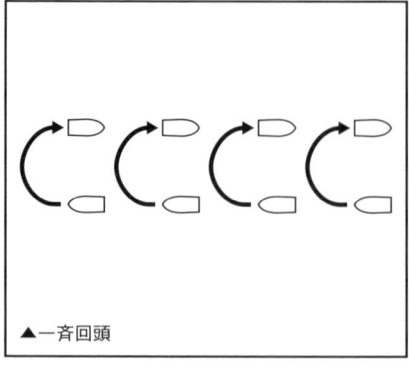

▲一斉回頭

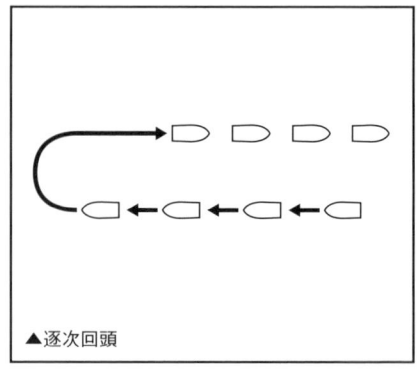

▲逐次回頭

帆の種類とその役割

 ### 追い風を推進力に変える横帆

　13世紀ごろから商船として利用されはじめた帆走船は、マストに張られた帆に風を受け、その風力によって船を動かした。
　最初に使われた帆は横帆と呼ばれる四角形の帆で、ガレー船の時代から使われてきた、もっとも一般的な帆である。紀元前4世紀のアテナイの船には、すでに2枚の横帆が備えつけられていたという。
　横帆は、追い風の力で船を動かす帆である。帆の向きを変えることで向かい風にもある程度は対応できたが、スピードが要求される戦場ではあまり役に立たなかった。そのため、海戦の場では帆はたたみ、漕ぎ手という人力で船を動かした。
　横帆は商船や輸送船の帆として活躍し、とくに風の方向が一定している遠洋航海に向いていた。

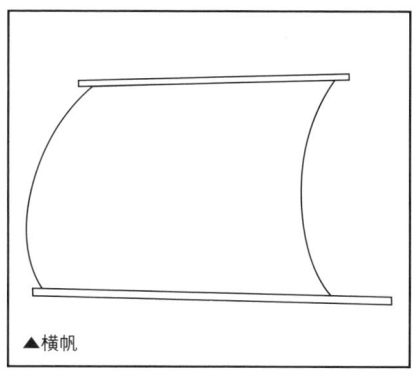

▲横帆

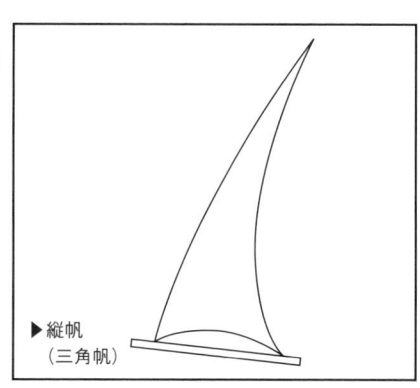

▶縦帆
（三角帆）

序章　海戦の陣形と帆　　13

 ## 向かい風でも航海できるようになった縦帆(じゅうはん)

　1000年以上の間、帆は横帆のみであったが、9世紀ごろに三角形の縦帆が用いられるようになった。その形から、三角帆とも呼ばれる。縦帆を発明したのは、貿易に従事していたアラビア人だったと考えられており、それが地中海地方に伝わった。13世紀ごろには一般的になり、船には横帆と縦帆が備えつけられるようになった。

　縦帆は横帆に比べて面積が小さく、風を受ける力は弱いが、向かい風を動力にすることができた。また、横帆よりも小さいため帆の向きを変えることが容易で、縦帆と横帆を併用することによって操縦性も効率的にできるようになった。

　船が大型化するにつれ、帆の数も増えていった。16世紀になると、大型の3本マストに6枚の帆が張られるようになった。

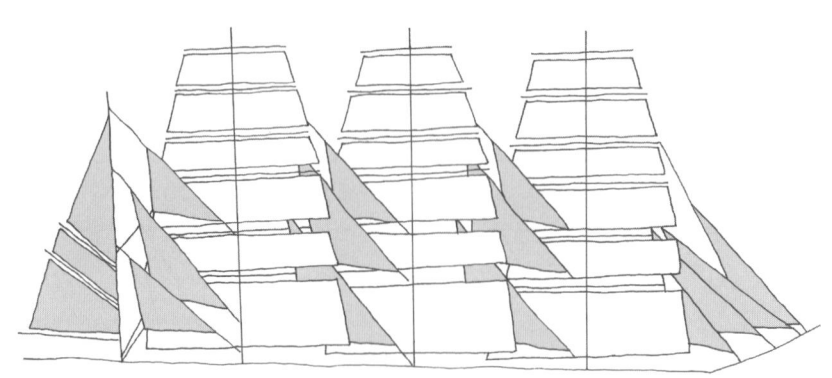

▲横帆と縦帆を備えつけた船。白い部分が横帆で、灰色の部分が縦帆。

1章
ガレー船時代の海戦

ガレー船時代の艦船・戦術

古代から海戦の主役となったガレー船は、大きさや搭載する武器などに変化は見られたものの性質に変化はなく、中世に至るまでの長期間、軍船として利用され続けた。

 **古代の海戦の主役・ガレー船とは**

古代の海戦の主役となった軍船は、ガレー船といわれる船である。

ガレー船は長さがだいたい30～40メートル。それに対して、幅は約5メートルくらいだったというから、非常にスマートな形をしていた。当然のことながら、動力は風か人力による櫂（オール）のみであり、約7ノット（時速13キロメートルくらい）の速さで航行したという。そして、敵艦を破壊するために、船首は鋭く伸びているか、衝角と呼ばれる先がとがった武器が船首に取り付けられていた。

初期のころは一列に並んだ漕ぎ手が櫂を扱ったが、海戦が大規模なものになるにつれて改良が加えられた。

そして、前480年に起こったサラミスの海戦のころ、ギリシア人が「三段櫂船」を発明した。これは、櫂を漕ぐ座席を三段にして、一段櫂船や二段櫂船よりも速力を増し、敵に体当たりしたときの破壊力を格段にアップさせたものだ。

三段櫂船には1隻あたり約200人の人間が乗り組んだが、そのうち170名近くが漕ぎ手だった。つまり、乗組員の約85パーセントが機関部員だったというわけだ。体当たりがもっとも有効な戦術だったガレー船では、とにかくスピードが重視された。帆は単なる横帆で、追い風を利用するだけのものだった。だから、向かい風になった場合は帆を下ろして、風向きが変わるのを待つよりほかなかった。この状態は、9世紀に入って三角帆（縦帆）が発明されるまで続く。

ガレー船は古代から中世に至るまでの長期間使われた。もちろん、その間に大きさや搭載する武器についてはいろいろな変化は見られたが、その性質や外観が大きく変わることはなかった。

その後のガレー船

　ガレー船は軍船として16世紀まで利用され、奇襲作戦、上陸作戦、略奪など、海戦のあらゆる作戦行動に活躍した。

　しかし、長距離航海や海上封鎖などの長期間の軍事行動には適さなかったため、時代を経て海戦が複雑化するにつれて、ガレー船は軍船としての有用性をしだいに失っていくことになる。

　1571年のレパントの海戦の直前のころ、ガレー船を改良したガレアス船といわれる船が登場した。これはヴェネチアがつくった軍艦で、30門の大砲と３本のマストをもった大型の船であった。もちろん、艦首には衝角が取り付けられている。しかし、マストは３本とも横帆で、左右両舷に備え付けられ

◉ガレー船

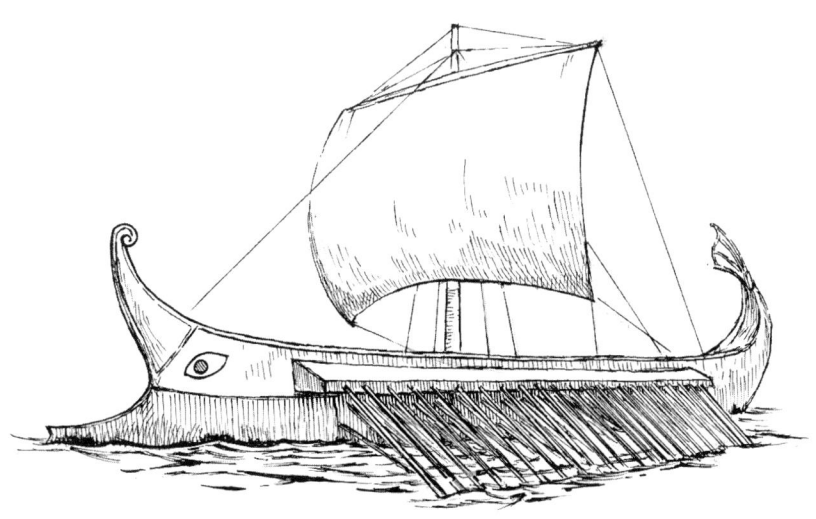

▲古代の海戦の主役となったガレー船。後期になると櫂とともに帆も備えつけられるようになった。

1章　ガレー船時代の海戦　17

●三段櫂船

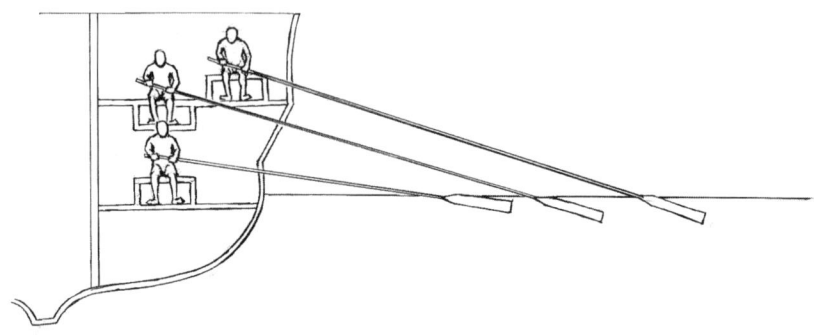

▲三段櫂船の内部。3人で櫂を扱えるように工夫されている。

た各27本のオールによって航行するものだった。1本のオールに数名の漕ぎ手がついていたが、船体が大きすぎるために速力はガレー船にはまったく及ばなかった。

 ## ガレー船時代の戦術

　ガレー船が海戦の主役であった時代、戦いは船同士のぶつかり合いだった。まず敵艦に突撃し、自艦の艦首の衝角を敵艦に激突させて、敵艦を破壊あるいは沈没させる。
　衝角の激突だけで敵を倒せないときは、将兵が敵艦に乗り移り、敵のオールを奪ってから甲板上で白兵戦にもち込んだ。
　衝角はたいてい青銅製で、対する船体は木製である。船による体当たり攻撃は非常に有効であったのだ。
　衝角攻撃と白兵戦、どちらの戦術をとるにしても、船の速力がものをいい、そのためには漕ぎ手の確保が不可欠であった。だが、15世紀にもなると、ガレー船は帆走を主とするようになり、無風状態や戦闘時にのみオールを使う

◉古代の日本船

▲古代の日本の船。海戦がほとんど起こらなかった日本では、軍事用の船はあまり発達しなかった。

◉中国の楼船

▲三国志の時代に使用された中国の軍船「楼船」。

ようになったため、漕ぎ手の数も少なくなった。

　1340年のスロイスの海戦のころには、大型のガレー船が登場した。これにより、前衛に大型のガレー船を置いて、その後ろにガレー船を隠すように配置して敵を油断させるという戦術も使われるようになった。

 ## ガレー船時代の水上武器

　すでに述べたように、ガレー船には多くの人間が乗り込んでいたが、そのほとんどは漕ぎ手であった。だが、彼らは漕ぎ手であると同時に戦闘員でもあった。白兵戦となった際には兜や胸当てをつけて、弓矢や投げ槍、剣などの武器を手にして戦ったのである。

　やがて弩（大型の弓。通常の弓より打撃力に優れたが、連射がきかなかった）の発明により、槍や弓矢を手にして戦うスタイルは去り、弩射手が戦いの主役となる。そして15世紀末には小銃が登場し、ガレー船の戦闘要員は銃兵に取って代わられる。

　次世代の武器として猛威をふるう大砲だが、16世紀に入ったころには大型化したガレー船にも搭載されていた。

　砲台を備えたガレー船は「浮かぶ要塞」として恐れられたが、大砲の破壊力や命中精度はまだまだ未熟であった。大砲は、砲音で敵軍を驚かせたり、接近してきた敵艦の甲板や乗り込んできた敵兵士を撃つことができる武器として使われただけだった。

　ただ、その後も大砲の改良はゆるみなく行われ、1571年のレパントの海戦ではその威力を存分に発揮し、ガレー船が中心となる海戦の時代は終幕するのである。

●サラミスの海戦

1章　ガレー船時代の海戦　21

大帝国ペルシアがまさかの敗退
サラミスの海戦

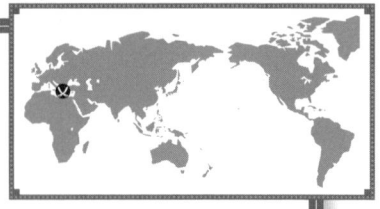

ギリシア侵略を目論んだアケメネス朝ペルシアに対し、自由ギリシアの存亡をかけたギリシア諸都市（ポリス）は大同団結。ギリシア連合軍は、大国ペルシアとの戦争に踏み切った。

勃発年 前480年
対戦国 ギリシア諸都市 VS アケメネス朝ペルシア
兵力 ギリシア諸都市：約300隻　ペルシア：ギリシアの数倍

 ## ペルシアの欧州遠征のきっかけとなったイオニアの反乱

　サラミスの海戦は、アケメネス朝ペルシア（以下、ペルシア）とペロポネソス半島（ギリシア半島）のアテナイ、スパルタ、コリントス、アイギナ、メガラなどの諸都市連合軍（ギリシア連合軍）との戦いであるペルシア戦争のひとつの戦闘にすぎない。しかし、古代オリエントを統一し、現在のイランからエジプト北部に至る大帝国を築いたペルシアのヨーロッパ侵略の第一歩を、ギリシア連合軍が食い止めた戦いとして名高い。

　ペルシア戦争の事の発端は、前499年に起こったイオニア（現在のトルコ地方のエーゲ海沿岸地域）の反乱であった。当時、イオニア地方はペルシアの勢力下にあったが、自由主義的な国風をもつギリシア系のポリスが多く、ついに反ペルシアの武装蜂起を起こしたのである。

　イオニア地方の各ポリスは互いに同盟を結び、さらに海を隔てたギリシア半島の各ポリスにも援軍を求めた。イオニアの要請に応えたのは、アテナイ（現在のアテネ）と、アテナイ北方に細長く浮かぶエウボイア島のポリス・エレトリアだった。この反乱はペルシアによって鎮圧されたが、ペルシアを激怒させたのは反乱に荷担したアテナイの行動であった。アテナイは当時のギリシア地方の大国のひとつとしてペルシアと同盟を結んでいながら、執拗

に反ペルシアを策動していたのである。

イオニアの反乱でのアテナイの加担は、ペルシアによるギリシア攻撃の口実となった。前491年、ペルシア王ダレイオス一世はついにギリシア征伐を決め、約5万の大軍をアテナイに派遣し、ここにペルシア戦争が勃発した。

トルコ沖経由でギリシア半島に向かったペルシアの大軍は、イオニアの反乱でペルシアに反したエレトリアを制圧すると、アテナイ市街へと攻め寄せた。しかし、アテナイ市街北方のマラトンに上陸したペルシア軍はアテナイ軍に敗れ、撤退を余儀なくされた。

 ## ペルシア王クセルクセスの遠征準備

マラトンの戦いに敗れたペルシアは、ギリシア征伐をあきらめたわけではなかったが、その後にエジプトで反乱が起こり、その鎮圧の最中に国王ダレイオス一世が他界し、その子クセルクセスが後を継いだ。

クセルクセスは亡き父の意志を継ぎ、アテナイ報復にとどまらずギリシア本土の征服へ向けて動き出した。運河を開き、兵站基地を設けるなど、ギリ

前5世紀のギリシア地方

1章　ガレー船時代の海戦　23

シア遠征のために周到な準備を進めていった。クセルクセスがギリシア遠征に用意した兵力は、兵士20万、軍船1200隻以上に及んだといわれている。

そして前480年、ついにクセルクセスは首都スーサを出立し、ギリシア征服に向けて進軍を開始した。当時のギリシア地方は多数のポリスが林立し、ポリス間の紛争が絶えなかった。海軍力を大幅に増強してペルシアの再度の侵攻に備えていたアテナイも、一方で宿敵アイギナと激しく争っていた。しかし、ペルシア軍出陣の情報が伝えられると、各ポリスはそれまでの紛争を一時中断し、アテナイとスパルタを中心に反ペルシアのもとに団結した。

エーゲ海北岸を西に進軍したペルシア軍は、マケドニア地方のテルマに到着すると、海陸軍に分かれてさらに南下。ギリシア本土へ乗り込んできた。

 ## アルテミシオンとテルモピュライの戦い

両軍が最初に相まみえたのは、エウボイア島北端にあるアルテミシオン沖だった。数に優っていたのはペルシア軍だった。しかし、アルテミシオン沖は水域が狭く、大型の船を主力としていたペルシア軍は数的優位を発揮できず、そのうえ悪天候に行く手を阻まれる災難も重なり、ギリシア艦隊を撃破することはできなかった。

アルテミシオン沖で両海軍が交戦していたころ、陸上ではスパルタを中心としたギリシア連合陸軍とペルシア陸軍がぶつかり（テルモピュライの戦い）、スパルタ王レオニダスが戦死、陸上の戦いはペルシア側に軍配が上がった。

テルモピュライでの敗戦を知ったギリシア連合軍はアルテミシオンより撤退し、サラミス島へ向かった。ペルシア艦隊もまた、ギリシア連合軍を追ってサラミス島へ向かい、サラミス島の入り口、サロニカ湾に到着した。ペルシア軍は約400隻の艦でこれを封鎖すると、市民が疎開して無人となっていたアテナイ市を無血占領し、少数の市民が残って抵抗していたアクロポリスもなんなく陥落させ、サラミス島に拠ったギリシア連合軍を威圧した。

ギリシア連合軍内部では、このままサラミス島沖でペルシア軍を迎撃すべきか、コリント地峡部まで退いて敵軍を待ち受けるかで軍議が紛糾したが、狭いアテナイ水道に敵軍を誘い出すことの有利を説いたアテナイの指導者テミストクレスの意見が通り、サラミス島沖での海戦を決意するに至った。

一方のペルシア軍内部でも、サラミス島のギリシア連合軍を攻撃するか、さらにペロポネソス半島まで進んで大陸へ侵攻するかで意見が分かれてい

た。普通に考えれば、数倍の戦力をもつペルシア軍は、外洋に敵軍をおびき出せる後者のほうが圧倒的に有利である。しかし、ペルシア軍が出陣してからすでに5カ月が経過し、食糧も不足しがちとなっており、ペルシア王クセルクセスは早期決着をしたい状況にあった。さらに、アルテミシオンの海戦で戦果を挙げられなかった海軍が、執拗にサラミス島沖での決戦を主張したこともあり、クセルクセスはサラミス島沖での海戦を決めたのだった。

クセルクセスは、サラミス周辺海域を封鎖するために、アッティカ本土へ至る水路であるキュノラス半島沖にフェニキア艦隊を、サラミス水道の入り口にイオニア艦隊を配置し、一方でサラミス水道の西出口にはエジプト艦隊を向かわせた。

 ## サラミスの海戦ついに開幕

サラミス水道に閉じ込められる形になったギリシア連合軍だったが、テミストクレスはこの水域に敵軍を誘い出せば戦いを有利に展開できると信じており、テミストクレスにしてみればペルシア軍の動きは思うつぼだった。

とはいえ、ギリシア連合軍が兵力数で負けていることに変わりはない。そこでテミストクレスは、ペルシア側に謀略を仕掛けることにした。ギリシア連合軍がサラミスから撤退しようとしているという偽りの情報を流し、そのうえでアテナイ軍がペルシア側に寝返るとクセルクセスに申し入れたのである。早期決着を願っていたクセルクセスは、この申し出に飛びつき、サラミス水道への突入を決定した。

こうして準備を整えたギリシア連合軍は前480年9月20日、臨戦態勢に入った。まず主力のアテナイ艦隊とペロポネス艦隊を聖ゲオルギオス島沖に配置し、その北方のエレウシス湾入り口にコリントス艦隊50隻を配置した。サラミス市を臨むアンベラキ湾には、メガラとアイギナの艦隊を潜ませた。

キュノラス半島沖でギリシア連合軍の動きを警戒していたフェニキア艦隊が、はじめに敵軍の動きに気づいた。テミストクレスの謀略を信じきっていたフェニキア艦隊は、まさにコリントス艦隊が北方のエレウシス湾へ向けて逃走を図ろうとしていると思い込んだ。そのうえ、アテナイ艦隊もまたエレウシス湾方面へ動き出したのを見て、敵軍の全面撤退を確信し、一気にサラミス水道へ突入した。フェニキア艦隊を誘い込むことに成功したギリシア連合軍は、コリントス艦隊とアテナイ艦隊がすぐさま反転。折よく強まった西

1章 ガレー船時代の海戦　25

風を追い風にして、フェニキア艦隊に襲いかかった。

　フェニキア艦隊は、敵軍の突然の反転攻撃に浮き足立ち、統制が乱れた。さらに、アンベラキ湾に集結していたメガラ・アイギナ艦隊がサラミス水道の入り口を封鎖するとともに、側面から攻撃をはじめた。大型の三段櫂船を主力としたフェニキア艦隊は、狭い水域では船と船との距離を十分にとることができず、逃げようにも反転すらできずに大混乱に陥り、味方同士が衝角でぶつかり合って自滅する艦もあるほどだった。ギリシア連合軍はフェニキア艦隊の狼狽ぶりを冷静に観察し、混乱する敵戦列のなかに入り込まないよう敵軍の外側から攻撃を続け、フェニキア艦隊はまたたく間に壊滅した。

　ペルシア海軍の先鋒隊だったフェニキア艦隊はこの一戦で戦意を喪失し、戦闘不能となってしまった。

　この戦闘を見た、そのほかのペルシア軍は、急ぎサラミス水道に侵入してきたが、狭い水域に殺到したため船列を乱し、機動力に優れたギリシア連合軍の攻撃の前に敗退を重ねていった。ペルシア軍の指揮統制は乱れ、前線の艦隊は逃亡をはじめた。しかし、後列の艦隊は手柄を立てようと前進を続け

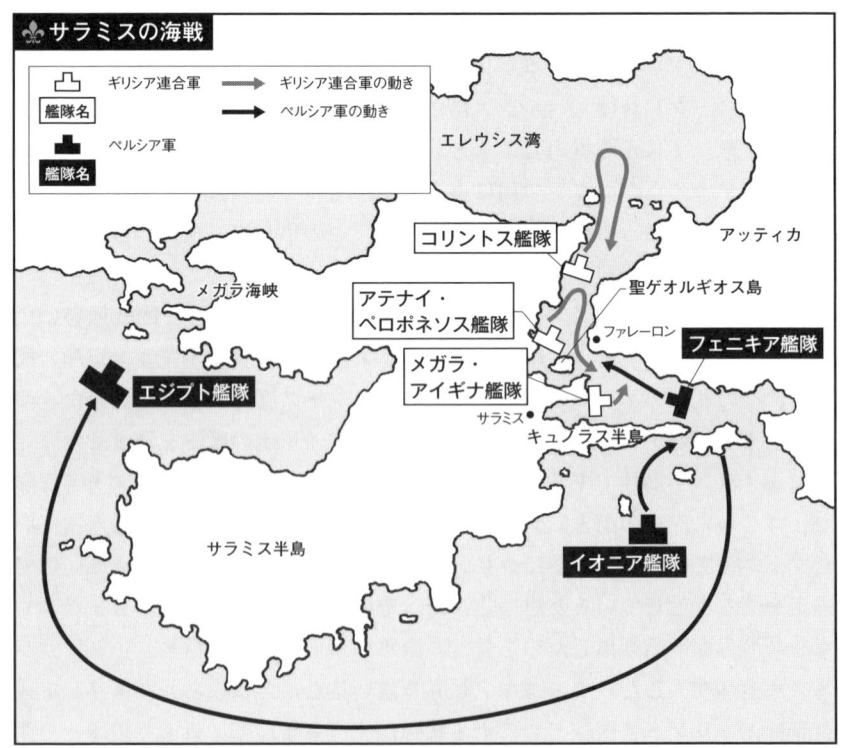

26

たため、同士討ちの形で次々に艦隊は沈没していった。

　多民族からなるペルシア軍では、敗戦の色が濃くなると内部で分裂が起きはじめた。なかでもイオニアとフェニキアの間ではいさかいが相次ぎ、責任のなすりつけ合いがはじまった。こうなると、いくら大艦隊を擁するペルシア軍といえども、もはや闘える状況ではなかった。

　ファーレロンで戦況を見守っていたペルシア王クセルクセスは、次々と沈められていく自軍の艦を見て退却を決意し、サラミス水道の陸地に配した陸上部隊を置き去りにして、命からがらイオニア方面へと撤退していった。

　ペルシア王の撤退に気づいたギリシア連合軍は、すぐさま追撃に移ったが、ペルシア艦隊はすでに去ったあとで1隻の艦も見つけられなかった。

 サラミスの海戦の意義

　こうしてサラミスの海戦は、クセルクセスを逃したものの、ギリシア連合軍の圧勝で終わった。ペルシア軍は200隻以上の艦を失い、対してギリシア連合軍の被害は40隻ほどだったとされている。

　兵力数で圧倒的に劣っていたギリシア連合軍に勝利をもたらしたのは、敵艦隊をサラミス水道という狭い海域に誘い込んだことだった。サラミス水道におびき出されたペルシア軍は数の利を生かせず敗退したのである。また、ギリシア連合軍の衝角攻撃も有効だった。衝角とは、船の舳先につける青銅の塊で、これを敵艦に体当たりのようにぶつけることで大打撃を与えたのである。

　この結果、ペルシアはエーゲ海の制海権を失い、ギリシア諸都市の独立は守られた。兵力を大動員し、王自らが先頭に立って周到に準備を進めながら敗北したペルシアは、翌年のギリシア侵略も失敗に終わった。

　一方のギリシア連合軍では、サラミスの勝利をもたらしたのは、テミストクレスをはじめとするアテナイの人間であることは明白であり、アテナイの発言力は高まった。また、エーゲ海の制海権がギリシア側に渡ったことにより、陸軍国であったスパルタは、ポリス間における影響力を大幅に縮小させ、ギリシアにおけるアテナイの存在感はますます高まっていった。

　勝利の立て役者となったテミストクレスは、その後アテナイで大きな権力を有し発言権を得たが、その座が守られたのは約10年だった。スパルタとの対立が表面化するなか、強引な反スパルタ政策が民意を得られず、追放の憂き目にあい、仇敵であったペルシアに仕官したという。

古代ギリシアを二分した大戦争
シュラクサイの海戦
アイゴスポタモイの海戦

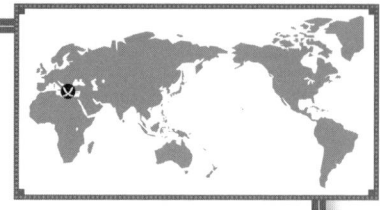

ペルシア戦争後、ギリシア地方はアテナイとスパルタの覇権争いの場となった。両国の対立は諸ポリスを巻き込み、ペロポネソス戦争に発展した。ここでは代表的な2つの海戦を紹介する。

勃発年 前431年
対戦国 スパルタ VS アテナイ
兵　力 [シュラクサイの海戦]
　　　　　スパルタ：76隻　アテナイ：110隻
　　　　　[アイゴスポタモイの海戦]
　　　　　スパルタ：不明　アテナイ：180隻

 ## アテナイとスパルタの確執

　ペルシア戦争後のギリシア地方の覇権を賭けた争いがペロポネソス戦争である。兵力的に優勢であったアテナイが敗れたシュラクサイの海戦がこの戦争の転機となり、アイゴスポタモイの海戦によりギリシア地方の覇権はアテナイからスパルタに取って代わられることになる。

　ペルシア戦争の勝利のあと、ギリシアポリスのなかで抜け出したのは、勝利に貢献したアテナイとスパルタだった。アテナイは、イオニアやアイオリスなどエーゲ海の諸ポリスと海軍攻守同盟、デロス同盟を結び盟主となった。そして、小アジアのペルシア領へ攻め込んで、沿岸の諸市をペルシアから独立させてデロス同盟に組み込んだ。

　同盟ポリスは、海軍か軍資金を供出することになり、そのいずれも盟主アテナイが管理したが、そのうちにアテナイはそれらを私物化することでますます力を強化していった。アテナイは地中海東部の制海権を手中に収め、ギリシア地方の覇権を握るようになる。デロス同盟の参加ポリスは200に達し、保有軍艦は400隻を超えた。そして、アテナイは地中海西部にまで手を伸ばしはじめたのである。

一方のスパルタは、アテナイのデロス同盟に対抗するように、ペロポネソス半島の諸ポリスをまとめてペロポネソス同盟を結び、盟主になった。
　こうしてギリシア地方ではアテナイとスパルタが対立するようになり、ペロポネソス戦争がはじまった。

 シュラクサイの海戦でアテナイ完敗

　地中海の西に矛先を向けてきたアテナイに、その方面に早くから進出していたコリントスが反発した。コリントスはスパルタに援軍を要請し、これに応えたスパルタはアテナイ地方に攻め込んだ。しかし、堅固な城壁に守られたアテナイは難攻不落で、連年にわたる攻撃にもアテナイは落ちなかった。

　スパルタとアテナイの戦闘は続いたが、前424年にスパルタの主戦派ブラシダス将軍、アテナイの主戦派クレオン将軍が戦死したことで厭戦の気運が高まり、両国は休戦協定を結んだ。

　両国の関係はしばらくは安定したが、アテナイで主戦論者のアルキビアデスが台頭すると、アテナイはスパルタとの戦争を再開させた。前415年、ア

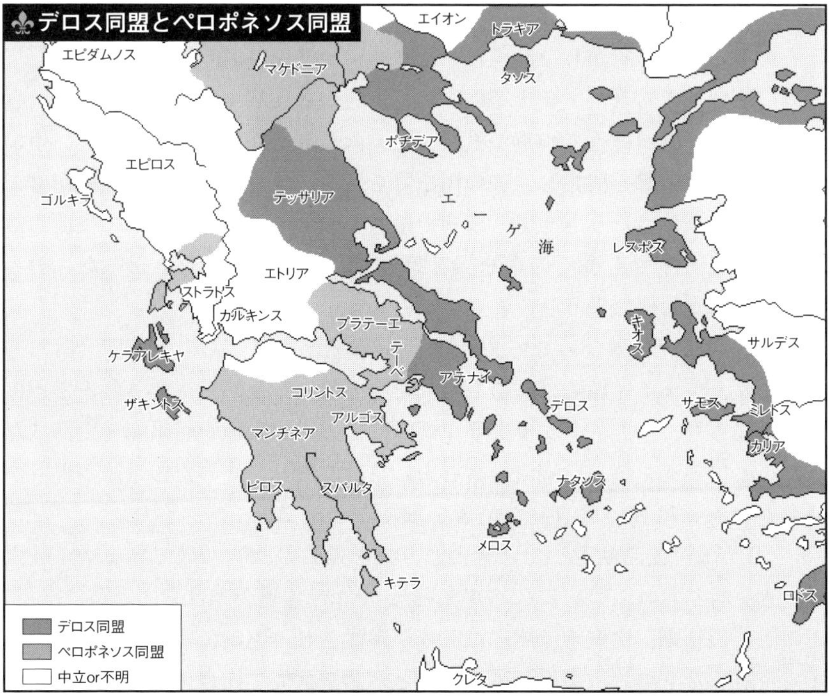

デロス同盟とペロポネソス同盟

凡例:
- デロス同盟
- ペロポネソス同盟
- 中立or不明

1章　ガレー船時代の海戦　29

ルキビアデスはイタリア半島西側にあるシチリアへの遠征を決め、自ら兵を率いて出陣し、シチリアのシュラクサイを攻囲した。

シュラクサイを攻囲したアテナイ軍は、兵5000、軍船136隻、輸送船130隻という陣容だった。指揮官は、アルキビアデスに代わりニキアスが務めていた。アテナイはシチリア方面に海軍基地をもっていなかったので、ニキアスは早期決着を望んでいた。アテナイ軍はシチリアのナクソス、カターニアを降伏させ、陸戦でシュラクサイ軍を撃破、ニキアスの目論みどおりに戦況は進んでいった。

一方のスパルタはギュリッポスを総司令官とし、14隻という小艦隊ではあったが、シュラクサイへ援軍を送った。シュラクサイの港はアテナイによって封鎖されていたが、その封鎖はゆるく、ギュリッポスの艦隊が少なかったことが幸いして、アテナイ艦隊に気づかれずに封鎖を突破する。

スパルタ軍の援軍を得たシュラクサイ側の士気は上がり、その後の小競り合いのなかでアテナイ艦隊に勝利を得ることも多くなってきた。さらにギュリッポスは、シュラクサイ艦隊にコリントス式の衝角(しょうかく)をつけ、船首を厚板で覆って、正面から突撃して敵艦を撃破できるよう強化・改良を施した。こうして準備を整えたスパルタ・シュラクサイ連合軍は前413年9月、76隻の艦隊をもって港口を封鎖し、港内にいたアテナイ艦隊110隻を包囲した。

港口を押さえられたアテナイ艦隊は、正面から反撃するより術はなく、さほど広くない港口付近で両軍が激突した。両艦隊は互いに接近すると、甲板上から弓手が狙撃を開始し、矢の雨を降らせる。また、敵艦の船体めがけて直角に船首を体当たりさせて、衝角で敵艦を破壊する。体当たりに失敗したときには、一本でも多くの櫂(かい)をへし折って、相手の推進力を奪った。そして、接舷(せつげん)した敵艦に乗り込み、互いに白兵戦を展開した。

狭い港口に両艦隊合わせて200隻に近い艦船が密集したので、同士討ちも多くなり、アテナイ艦隊は舵(かじ)を取られた味方艦に背後から衝突されるなど大混乱に陥った。一方、シュラクサイ艦隊にとっては戦場が勝手知った海域だったことに加え、彼らは潮流を読む力に長けており、そのため敵軍が混乱するなかでも常に戦いに有利な位置を取ることができた。さらに、シロッコ(アフリカ大陸から吹きつける砂混じりの熱風)が吹きつけてアテナイ艦隊は動きを封じられ、ついにスパルタ・シュラクサイ連合軍は全面攻勢に出た。この海戦の結果、アテナイ艦隊は50隻が撃沈され、港内に残った60隻は沿岸まで待避したものの、乗組員のほとんどが船を捨てて内地へ逃げ出してしま

った。対するスパルタ・シュラクサイ連合軍の喪失艦は26隻にとどまった。

こうしてシュラクサイの海戦は、アテナイの完敗に終わった。アテナイにとってはまさかの敗戦であり、シュラクサイでの敗戦で被ったダメージを回復させることはできなかった。

 ## スパルタがアテナイ植民市キュジコスを包囲

シュラクサイの敗戦で弱まったアテナイを、スパルタは容赦なく攻め立てた。また、シュラクサイの大敗を知ったデロス同盟の諸ポリスは続々と反抗し、離脱していった。前412年までにレスボス諸市、キオス、ミレトス、テオス、ロドスらがペロポネソス同盟に荷担するようになった。スパルタとともに戦ったシュラクサイも正式にペロポネソス同盟に参加し、弱体化したアテナイ海軍では制海権を維持するのも難しくなってきた。さらに、スパルタは仇敵ペルシアと同盟を結び、ペルシアの強力艦隊を貸与させることに成功した。

ペルシアからの援軍を得てエーゲ海に進出したスパルタは、その強力艦隊をミレトスに集中させてアテナイと対峙した。こうした情勢のなか、デロス同盟の反乱はエーゲ海と黒海の間のマルマラ海にも及び、アビュドス、ラムプサコス、ビュザンティオンが離脱すると、海上に兵站線を求めていたアテナイには大打撃となった。そのうえ、アテナイ国内では政変が相次ぎ、アテ

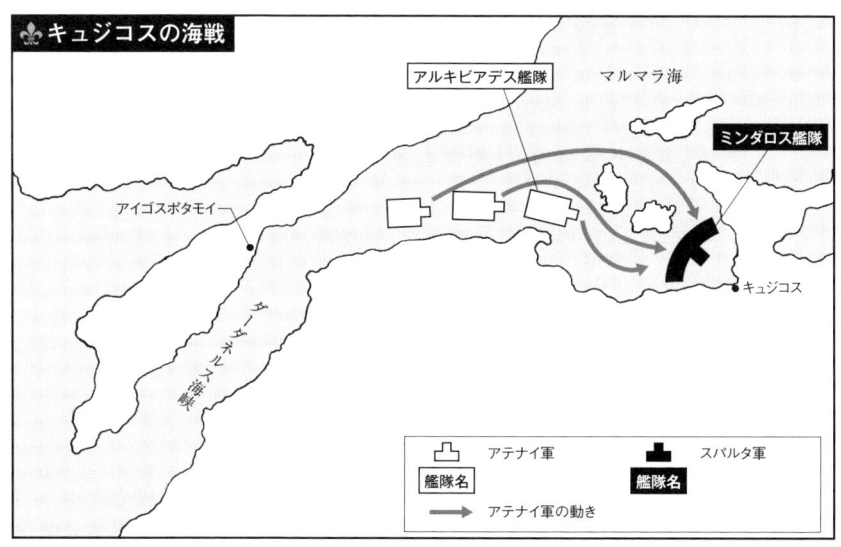

1章　ガレー船時代の海戦　31

ナイの軍事力をさらに低下させた。

　前410年、スパルタのミンダロス将軍は、ペルシアからの援助艦隊を含む80隻を率いて、エーゲ海を突破して黒海まで進出し、小アジアのアテナイ植民市キュジコスを包囲した。キュジコスはアテナイの兵糧輸送の要地だったため、アテナイはエーゲ海南西にあるサモス島から迎撃隊を出動させた。

　やや弓形にキュジコスを包囲していたミンダロス艦隊に対して、アテナイ軍のアルキビアデスは艦隊を3つに分けて縦に並んで突撃した。第一艦隊が敵艦を翻弄している間に、第二艦隊と第三艦隊でスパルタ艦隊の片翼ずつを各個撃破していった。アテナイ艦隊のこの戦術はまんまと的中し、スパルタ艦隊はミンダロスが戦死する敗北を喫し、スパルタ艦隊は潰滅してしまった。この敗戦でペロポネソス同盟は休戦を申し出たが、久々の勝利に自信を回復させたアテナイは、これを拒絶した。

　戦死したミンダロスの後をリュサンドロス将軍に任せたスパルタは前407年、今度はアテナイの軍事拠点のひとつだったサモス島に攻め寄せた。アテナイ将軍・アルキビアデスは100隻の艦隊を率いて迎撃に出動し、サモス島北部のノティウム湾付近でリュサンドロス艦隊と対峙した。

　ここで、アルキビアデスは軍事費を調達するために、副将アンティオコスに交戦を禁じたうえで指揮を任せて、自身は内陸へ上陸した。ところが、アンティオコスは勲功をあせってスパルタ艦隊に奇襲をかけてしまった。この奇襲はスパルタ軍リュサンドロス将軍によって跳ね返され、アンティオコスは戦死し、アテナイ艦隊は22隻を失って本国へ戻らざるを得なくなった。アルキビアデスは敗戦の責任を取らされ免職となり、コノンが指揮官となる。

 ## アイゴスポタモイの海戦とその後

　その後、レスポス島の戦いではスパルタが勝利し、ミチレネ湾の戦いではアテナイが勝つなど一進一退の攻防が続き、スパルタ軍のリュサンドロスは前405年、アテナイの補給ルートを断つことで戦況を有利にしようと考え、艦隊を率いてマルマラ海のダーダネルス海峡に進出した。そして、海峡沿岸のランプサコス市を攻略した。これに対しアテナイは、コノン将軍が指揮する180隻の艦隊を送り込み、アイゴスポタモイの海戦が勃発した。

　コノンは、4日間にわたってリュサンドロス艦隊を決戦に誘致するべく挑発を繰り返したが、リュサンドロスは動かなかった。この行動を臆病と断じ

たアテナイ軍内には警戒感が稀薄となり、防備の薄いアイゴスポタモイに停泊し、兵士たちは上陸して休息をとるようになった。

これを見たリュサンドロスは、停泊するアテナイ艦隊に突撃を開始した。ほとんどの兵士が上陸していたアテナイ軍は、すぐさま戦闘状態に入れる戦艦はわずか10隻ほどにすぎず、残りの170隻は空船というありさまで、アテナイ軍に抵抗する術はなかった。コノンは命からがら逃げ出したが、アテナイ艦隊のほぼすべてが拿捕され、アテナイ軍は全滅した。

数で優勢だったアテナイ軍がシュラクサイの海戦で敗れたのは、港口を押さえられて動きを封じられたことと、シュラクサイ軍に地の利があったことが要因であった。そしてアイゴスポタモイの海戦では、スパルタ軍の挑発作戦が功を奏し、アテナイ軍を破った。

この戦いで、アテナイ海軍は潰滅状態となり、補給ルートも遮断されるに至って、残された選択肢は降伏しかなかった。アテナイは武装解除のうえ、スパルタの属国として生き残ることを許され、以降アテナイの栄光の時代は戻らなかった。

一方のスパルタも、諸ポリスに寡頭政を強いたことで反発を招き、ギリシア地方の統一はピリッポス二世（アレクサンドロス大王の父親）率いるマケドニア王国に譲られることになるのである。

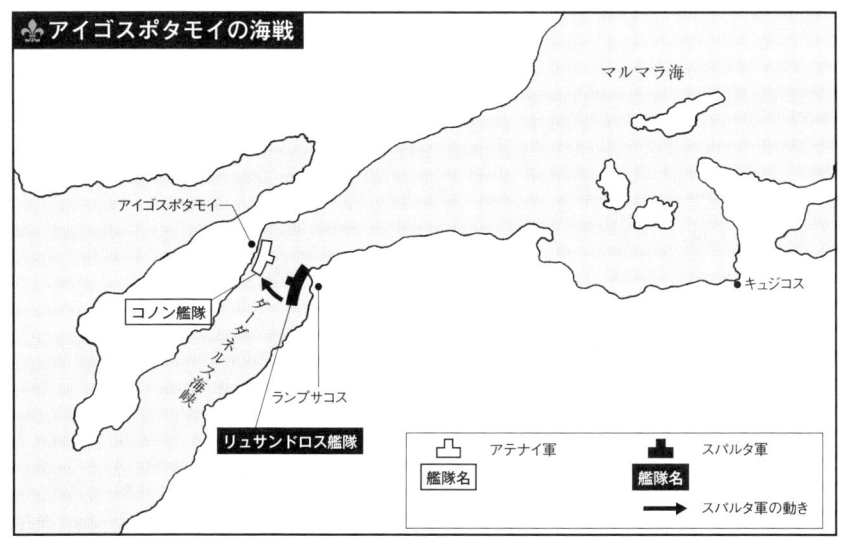

1章　ガレー船時代の海戦　33

アレクサンドロス大王のエジプト遠征の成果

テュロス攻囲戦

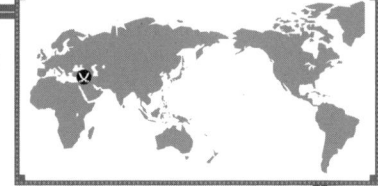

ギリシア地方に君臨したマケドニア王アレクサンドロス大王は、いよいよペルシア征伐の遠征を決めた。小アジアをまたたく間に落として意気上がるマケドニア軍だったが、周囲3キロメートルの小島に都市を築いたテュロスが、その眼前に立ちはだかった。

勃発年 前332年
対戦国 マケドニア王国 VS テュロス市
兵力 マケドニア王国：200隻以上　テュロス市：不明

 ## アレクサンドロス大王が小アジアを制圧

　アレクサンドロス大王の大遠征にとって、最初の関門がテュロスとの戦いだった。この戦いで勝利したアレクサンドロス大王は、やがてはインドにまで達する大帝国を築くことになり、テュロスの攻囲戦は歴史の分岐点となった戦いといってよいだろう。

　ギリシア地方で勢力を誇ったスパルタとアテナイの両ポリスが衰退すると、それに代わって発展したのが、ギリシア南部に興ったマケドニア王国だった。ピリッポス二世の時代に大きく成長したマケドニアは、前336年にアレクサンドロス三世（アレクサンドロス大王）が即位すると、さらなる版図の拡大を目論むようになった。アレクサンドロスが目標としたのが、地中海を隔てたアジア西部に君臨していた大国ペルシアの討伐であった。

　アレクサンドロスはギリシアの各ポリスと同盟を結んで後顧の憂いをなくすと、前334年春、大軍を率いてペルシア西端の小アジアに向けて出陣し、ヘレスポントス海峡を越えてイリオンに上陸した。

　グラニコス川の会戦でペルシア軍との緒戦に勝利したアレクサンドロスは、サルディス、ミレトス、ハリカルナッソスなどペルシアの拠点都市を次々に制圧し、小アジアにおける影響力を強めていった。その後、前333年

のイッソスの戦いでペルシア王ダレイオス三世の率いるペルシア精鋭部隊を破ったマケドニア軍は、小アジアをほぼ制圧した。

アレクサンドロスがフェニキアに侵攻

しかし、ここからがアレクサンドロスの苦難の道だった。小アジアを制圧したとはいえ、フェニキア・シリア地方の港湾都市は依然ペルシア側についており、東地中海の制海権はペルシアに握られたままである。制海権を奪わなければ最終的な勝利を得られないことを、アレクサンドロスは知っていた。

しかし、マケドニアは陸軍国であり海軍力は非常に脆弱で、マケドニアが制海権を手にすることは容易なことではなかった。そこでアレクサンドロスは、ペルシア艦隊が発着する地中海沿岸のフェニキア地方の港を封鎖するため、イッソスから南下し、フェニキアの港湾都市を陥落させ、彼らの艦隊をそっくりマケドニア海軍として取り入れようとした。

フェニキアに侵攻したマケドニア軍はアラドス、ビブロス、シドンといったフェニキア諸都市の攻略には成功したが、3都市ともに全面降伏させることはできなかった。また、中立を保っていたテュロスはあくまでも中立を守り、マケドニア軍の侵攻をかたくなに拒んだ。

テュロス攻略に対するアレクサンドロスの考え

フェニキア系の都市テュロスは、かつては地中海沿岸にあったが、そのころは地中海に浮かぶ周囲約3キロメートルの小島に都市を構えていた。海抜50メートルの城壁に囲まれ、周囲には80隻のガレー船が常時テュロスを守っており、海軍力の弱いマケドニアにとって攻略は非常に困難であった。

しかし、アレクサンドロスはテュロス攻略を不可避であると考えていた。まず、テュロスの中立を認めてしまえば、ほかのフェニキア諸都市も追随してしまう可能性があった。次に、テュロスを攻略すれば、ペルシア艦隊のうち最大の艦隊数を誇るフェニキア全土を味方につけることができる。そして、フェニキア艦隊をマケドニア軍に組み入れれば、キプロス島もたやすく攻略でき、そうなればエジプトへの侵攻も容易になる。

アレクサンドロスはこのように考え、前332年、テュロス攻略を決意した。しかし、海上はいまだにペルシアの制圧下にあり、テュロスにも多くの船が

残されている。

　そこでアレクサンドロスは、沿岸の旧テュロス市街から堤防を築いてテュロスまでの道を造り、その先端に攻城兵器を設置して攻撃を加えることにした。当然のように、テュロスからは工事の妨害が相次いだ。城壁上から矢が射られ、軍船による攻撃も激しくなる。ある程度工事が進むと、廃船に火をつけて堤防に突進してくる。堤防工事は頓挫し、アレクサンドロスは海上制圧の重要性を改めて認識したのである。

マケドニア海軍とテュロス海軍が遭遇

　こうした状況下、ペルシア軍に従軍していたアラドス王ゲロストラトスとビブロス王エニュロスは、自国がアレクサンドロスに攻略され、さらに彼がテュロスを攻撃中であることを知ると、ペルシア軍から抜け出してアレクサンドロスに降伏して全軍を合流させた。それを知ったシドンもアレクサンドロスに全面降伏し、艦船を送ってきた。これらフェニキア艦隊は80隻もの数にのぼった。

　さらに、フェニキア諸都市がアレクサンドロスに降ったことを知ったキプロス島が、120隻の軍船を率いてアレクサンドロス軍に合流した。

　こうして200隻の軍船を手に入れたアレクサンドロスは、ついにテュロスに向けてシドンを出航した。アレクサンドロスは右翼陣を率い、フェニキア諸都市の王とプニュタゴラスを除いたキプロス島の王もこれに従った。プニュタゴラスはアレクサンドロスの子・クラテロスとともに左翼陣を率いて出陣した。

　マケドニアの大軍の出撃を知ったテュロスは、マケドニア艦隊の進入を防ぐために、集めうる限りの三段櫂船を各港に並べて港を封鎖し、防御態勢を整えた。

　アレクサンドロスは港にびっしりと三段櫂船が並んでいるのを見て強行突入を断念したが、海洋都市であったフェニキア艦隊は果敢に北側の港に突撃し、テュロス側の三段櫂船3隻を沈めた。

　こうして敵艦に一太刀を浴びせたアレクサンドロスは、自軍をいったん引き上げさせた。そして改めてキプロス艦隊を北側の港に、フェニキア艦隊を南側の港に向かわせてテュロス艦隊の動きを警戒・監視させた。

テュロス艦隊がマケドニア軍を奇襲

　一方でアレクサンドロスは、フェニキア艦隊らに海上を警護させている間に堤防建設を再開してこれを完成させ、その上に投石機などの兵器をそろえ、マケドニア艦隊にも兵器を搭載してテュロスの城壁に接近させようとした。

　当時のガレー船は、喫水が浅く縦長の船だったため、こうした攻城兵器を設置するとバランスが取れず役に立たなかった。そこでアレクサンドロスは、縦長のガレー船を2隻平行に並べて、それらの甲板に板を渡し、その上に破城槌や投石機などの兵器を設置した。

　テュロスはマケドニア艦隊の城壁への接近を阻むため、敵艦に対し火矢を放ち、あるいは大きな岩を落として抵抗した。海中に落ちた岩が進路を防いだため、マケドニア艦隊がそれを取り除くために錨を下ろすと、自軍の船を

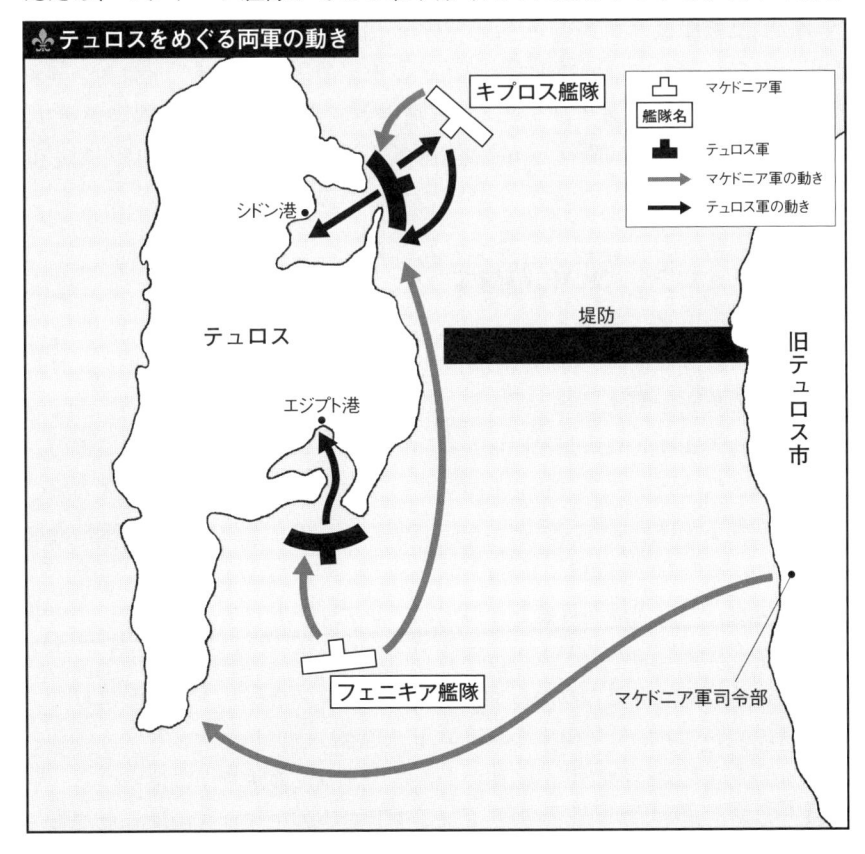

テュロスをめぐる両軍の動き

1章　ガレー船時代の海戦

出撃させて投錨中のマケドニア艦隊のそばを突っ切ったり、潜水夫を海に潜らせて錨を切断したりして、マケドニア艦隊を停泊させないようにした。

しかし、こうした妨害行為も大軍のマケドニア軍の前には焼け石に水で、テュロスはついに北側のシドン港を封鎖中のキプロス艦隊への艦隊攻撃を決意した。この攻撃にテュロスが用意したのは、五段櫂船と四段櫂船を3隻ずつという主力艦隊と、三段櫂船7隻だった。テュロス艦隊は、キプロス艦隊の乗組員が艦を離れて兵舎に戻るころを見計らって敵軍に近づき、奇襲攻撃を仕掛けた。

ほとんどの乗組員が陸に上がっていたキプロス艦隊は、テュロス艦隊の奇襲に成す術なく、多くの艦を破壊されてしまった。

南側のエジプト港を封鎖中のフェニキア艦隊に乗船していたアレクサンドロスは、テュロス艦隊奇襲の報告を受けると、すぐさま5隻の三段櫂船を率いてシドン港へ向かった。

テュロス艦隊はアレクサンドロス自らの出陣を知ると、戦闘を中断して反転、一目散に港へ向けて遁走を開始した。しかし、アレクサンドロスの到着のほうが早く、アレクサンドロス軍は逃走するテュロス艦隊に襲いかかり、多くの艦を航行不能に陥れ、四段櫂船1隻を捕捉、本船である五段櫂船を港の入り口で拿捕した。

テュロス、ついに陥落す

テュロス艦隊の主力を打ち破ったアレクサンドロスは、すぐさまテュロスの城壁への攻撃を開始した。

そして、テュロスの南側に回った射出装置を搭載した艦によって城壁の一部が破壊されると、アレクサンドロス自らがマケドニア船とテュロスの城の間に渡り板をかけ、城内に突進した。しかし、このときはテュロス軍に侵攻を阻まれ、やむなく撤退していった。

1カ所からの突入は不可能だと考えたアレクサンドロスは、破壊した城壁にさらなる攻撃を加える一方で、南北の港に数隻の三段櫂船を派遣し、防備が手薄になっているところから上陸させ、テュロスを挟撃することにした。

南側のエジプト港を封鎖中のフェニキア艦隊は、アレクサンドロスの命を受けると、港を強行突破して、襲いかかるテュロス艦隊を岸に追いつめ、そのほとんどを撃破した。北側のシドン港を封鎖中のキプロス艦隊もただちに

港に突入してテュロスに上陸すると、テュロス北部の市街地を占拠した。

　北と南から攻撃を受けたテュロスは、崩れかけた城壁の上から熱砂や石を落とすなどして防戦に努めたが、絶対数で劣る兵士をさらに南北に分散させてしまったためマケドニアの大軍の波状攻撃を許し、ついにマケドニア兵が城内にまでなだれ込んできた。さらに、堤防に控えていたマケドニア陸軍が戦闘に加わると、もはやテュロスの防衛網は、マケドニア軍の加速度的な猛攻に追いつかなくなっていた。

テュロス攻略の意義

　アレクサンドロスは、自ら陣頭に立つとテュロス軍の最後の抵抗を押さえつけ、難攻不落のテュロスは陥落した。前332年7月、テュロス島中心の神殿が落とされ、7カ月の長きにわたった攻囲戦はマケドニアの勝利で幕を閉じた。マケドニアの戦死者は約400名。対するテュロス軍の戦死者は8000名にも及び、さらに占領後に奴隷として売られた市民は3万人を超えたという。

　テュロス軍はキプロス艦隊への奇襲は成功させたが、アレクサンドロス軍本隊の素早い動きによって主力を失い、それがテュロス陥落を早めてしまった。

　テュロスを落としたアレクサンドロスは、その後抵抗を続けていた中東のガザも陥落させ、そのままの勢いでエジプトまでをも制圧した。同時に、海上ではマケドニア艦隊がペルシア艦隊を一掃し、港湾もことごとく封鎖、陥落させて制海権をペルシアから力ずくで奪い取っていったのである。

　こうして、翌年からはじまるアレクサンドロスのペルシア侵攻は、盤石の態勢を整えて行われることになり、制海権を奪われたペルシアは滅亡への道を歩むことになるのである。

西地中海をめぐるローマとカルタゴの争い
ミレー沖の海戦
エクノムスの海戦
リリベウムの海戦

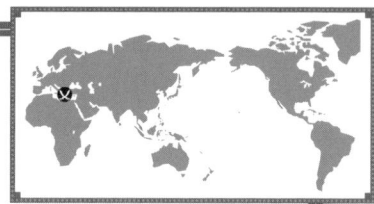

イタリア半島で勢力を拡大させてきた古代ローマは、さらなる拡大を目指して、西地中海の海洋国家カルタゴとの対決に踏み切る。第一次ポエニ戦争の3つの海戦は、西地中海の覇権をかけた戦いだった。

勃発年 前260年、前256年、前249年
対戦国 古代ローマ VS カルタゴ
兵力 ［ミレー沖の海戦］　　　　　　　　　［エクノムスの海戦］
　　　　古代ローマ：17隻　カルタゴ：約50隻　古代ローマ：330隻　カルタゴ：350隻
　　　　［リリベウムの海戦］
　　　　古代ローマ：310隻　カルタゴ：不明

西地中海に君臨したローマとカルタゴ

　前265年、西地中海に浮かぶ島・シチリア島の領有をめぐって、古代ローマとカルタゴの間で戦争が勃発した。世に言う第一次ポエニ戦争である。エクノムスの海戦とリリベウムの海戦は、この戦争において両国がそれぞれ勝利した代表的な海戦である。

　イタリア半島ティベル河畔の小さな城砦都市から出発したローマはその後、徐々に勢力を拡大し、ポエニ戦争がはじまったころにはサルニウム以北を平定し、半島南部に点在していたギリシア系の諸ポリスを圧迫しはじめていた。一方のカルタゴは、アフリカ大陸の北端、地中海沿岸にあるチュニス湾内に起こった都市で、その歴史は前814年ごろまでさかのぼるとされる。商業国として繁栄をきわめたカルタゴは、前6世紀には西地中海の覇権を握り、前4世紀初頭にはシチリア半島の大部分を支配下におさめた。ポエニ戦争の時代にはイベリア半島にまで影響力を広め、その権勢はローマをはるかにしのぎ、西地中海最大の国家へと成長していた。

　地中海を挟んで南北に隣り合う両国は、当初は良好な関係を保っていた。

前348年には相互不可侵の同盟を結び、前282年にイタリア半島南部の都市タラントがローマとシチリアに侵攻してきたときには攻守同盟を結んで共同してこれに当たり、タラントの侵攻を阻んだこともあった。

しかし、ローマが勢力を拡大させ、半島南部へ浸食してくると、ローマの目は必然的に地中海へ向かうことになる。その最初の目標となったのが、イタリア半島とほぼ接して地中海に浮かぶシチリア島だった。

シチリア島をめぐってローマとカルタゴが対立

すでに述べたように、そのころのシチリア島はカルタゴの影響下にあったが、島の南東端に位置するギリシア系の都市シラクサは、カルタゴの支配に反抗していた。シラクサはギリシア本土のエピロスに救援を求め、前275年、シラクサ・エピロス連合とカルタゴの間で戦争がはじまった。カルタゴはローマの支援もあってこの戦いに勝利し、エピロス軍をシチリア島から駆逐したが、エピロス軍の傭兵隊マメルチニ隊が撤退の途中でシチリア島東北端に位置するメッシナを占領した。

マメルチニ隊がメッシナで暴虐の限りを尽くしたため、シラクサは今度はカルタゴと結んでマメルチニ隊を襲った。シラクサ・カルタゴ連合軍はまたたくまにメッシナを包囲し、窮地に陥ったマメルチニ隊はローマに助けを求

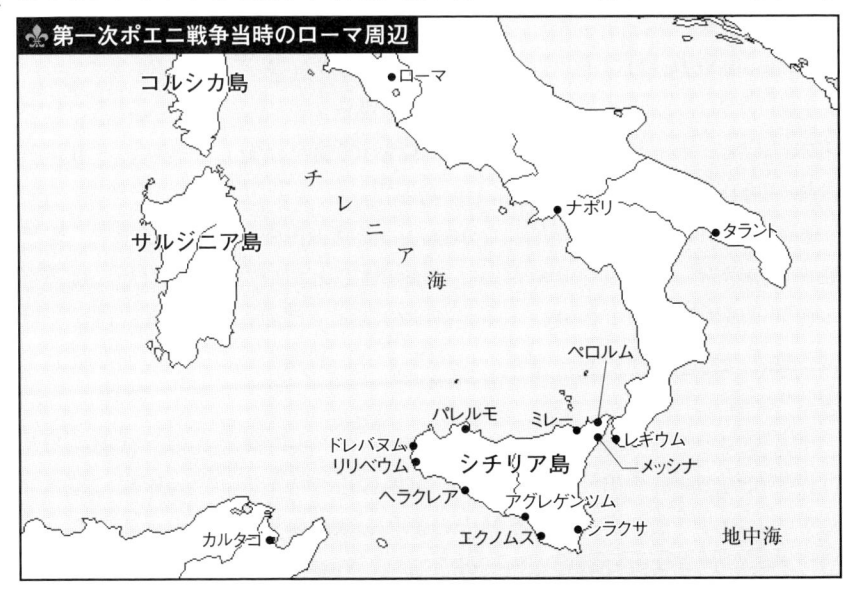

めた。かつての敵であり、メッシナにおける暴虐行為を非人道的行為と見なしていたローマ元老院は援軍派遣に反対したが、シチリア島征服による貿易の実利を求める国民の声が高まり、ローマはマメルチニ隊の救援を決めた。

ローマの参戦により、シチリア島の戦局は180度転回した。

メッシナに上陸したローマ軍は、メッシナを包囲して戦闘を有利に進めていたカルタゴ連合軍を追いやると、カルタゴと結んでいたシラクサを仲間に引き入れて同盟を結んだ。ローマとシラクサが同盟すると、シチリア島にいたその他のギリシア人も次々とローマに降伏。勢いづいたローマ軍はさらに西進して、前260年にはシチリア島におけるカルタゴの本拠地・アグレゲンツムを陥落させた。こうして島の西部の一部を除いて、ほぼ全土がローマの支配下になったのである。

しかし、制海権はいまだにカルタゴが握っており、ローマにとってシチリア支配を確固たるものにするためには、海上の権益確保が急務であった。

ローマは海軍力を増強し、ついに西地中海一の海軍大国であるカルタゴとの海上決戦を決意した。

ミレー沖でカルタゴ海軍が惨敗を喫する

とはいえ、カルタゴ海軍に比肩しうる海軍力を用意することは、ローマにとっては至難の業であった。なにしろローマはそれまで海戦の経験がほとんどなく、海軍力はほぼゼロに近い状況だったからである。

しかし、ローマは難破したカルタゴの五段櫂船を運よく手に入れ、これを手本にして、わずか1年足らずで五段櫂船100隻を建造し、それとともに三段櫂船200隻を進水させることにも成功した。

だが、それだけではまだ足りなかった。当時の海戦は接近戦が主で、艦と艦をぶつけ合って沈没させるという戦法がとられていた。そのためには漕ぎ手の熟練度が不可欠であり、1年足らずの期間では船員の腕の底上げまではできなかった。実際、ローマは一度カルタゴに海戦を挑み、一方的な敗北を喫していた。

そこでローマが考案したのが、コルヴスという兵器だった。コルヴスとは、先に鉤がついた吊り橋のことで、敵艦に近づいて、相手の甲板に先端の鉤を引っ掛けて吊り橋を倒し、味方の歩兵を敵艦の甲板へ渡らせるための兵器である。こうすれば戦闘は白兵戦となり、陸戦で鍛えたローマ軍の長所を

生かすことができる。

こうして準備万端整えたローマは前260年、執政官スキピオを司令官とする17隻の艦隊をシチリアに派遣した。

ローマの動きを察したカルタゴは、シチリア島西岸の都市パレルモにいた分遣隊をすぐさま行動に移させ、両軍はメッシナの北西ミレー沖で遭遇した。わずか17隻というローマ艦隊をあなどったカルタゴ軍は、戦列を整えないままに突撃したが、至るところでローマ軍のコルヴスが架けられ、カルタゴ軍は圧倒されてしまう。結局カルタゴは14隻を撃沈され、31隻が拿捕されるという惨敗を喫してしまった。新兵器コルヴスによって白兵戦にもち込んだローマ軍の戦術的な勝利であった。

エクノムスの海戦で再びローマが勝利

ミレー沖の海戦に勝利したローマは、その勢いのままにシチリア島の北に浮かぶコルシカ島を占領し、チレニア海（コルシカ島とローマの間の海域）の制海権をほぼ手中に収めた。これでシチリア制圧も以前に比べればだいぶ

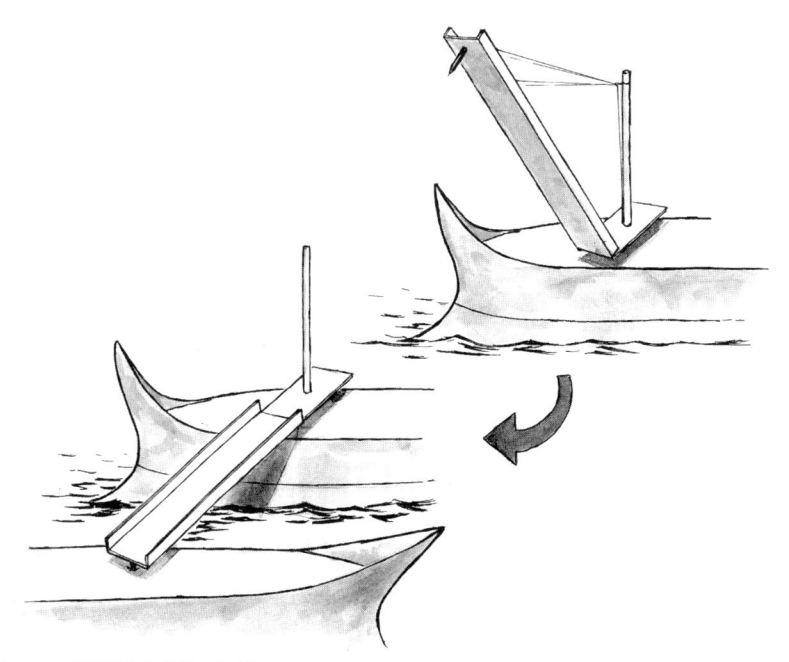

▲ローマが考案した兵器コルヴス

1章　ガレー船時代の海戦　43

容易になるはずだったが、依然としてカルタゴの影響を色濃く残すシチリア島では、時間がたつにつれ、一度はローマに降った諸都市が次々とカルタゴ側へと寝返っていった。
　シチリアを占領しただけではカルタゴとの戦いには勝てないと考えたローマは、カルタゴ本土への侵攻を画策。前256年春、レグルスとマンリウスという2人の執政官を司令官として、カルタゴに330隻という大軍を派遣した。ローマ艦隊出撃の報を受けたカルタゴは、ミレー沖の海戦後の4年間で新造した350隻の艦隊を編成してリリベウムを出航し、ヘラクレアに向かう。こうしてエクノムス沖で相まみえた両軍の戦力は、合わせて30万にも及んだという。
　ローマ軍は330隻の艦隊を4つに分け、主力のレグルス率いる第一艦隊とマンリウス率いる第二艦隊が敵軍に向かって斜めに陣し、第三艦隊は横一列に並んで後方に陣した。こうして3つの艦隊で三角形を形づくるように陣形を整え、第四艦隊は第三艦隊の後方に横一列に並べた。
　一方のカルタゴ軍の司令官ハミルカルは、ローマ軍と同様に350隻の艦隊を4つに分けた。カルタゴ側の陣形は、第一・第二・第三艦隊を横一列に並べて敵を迎え撃ち、第四艦隊は縦にして左翼後方に置いた。
　ローマ軍の第一・第二艦隊がカルタゴ艦隊に突撃して戦闘がはじまった。カルタゴ軍はこれに対し、当初の作戦では敵の第一・第二艦隊と第三・第四艦隊とを分断させ、第三艦隊が敵の左翼をつくはずだった。しかし、第三艦

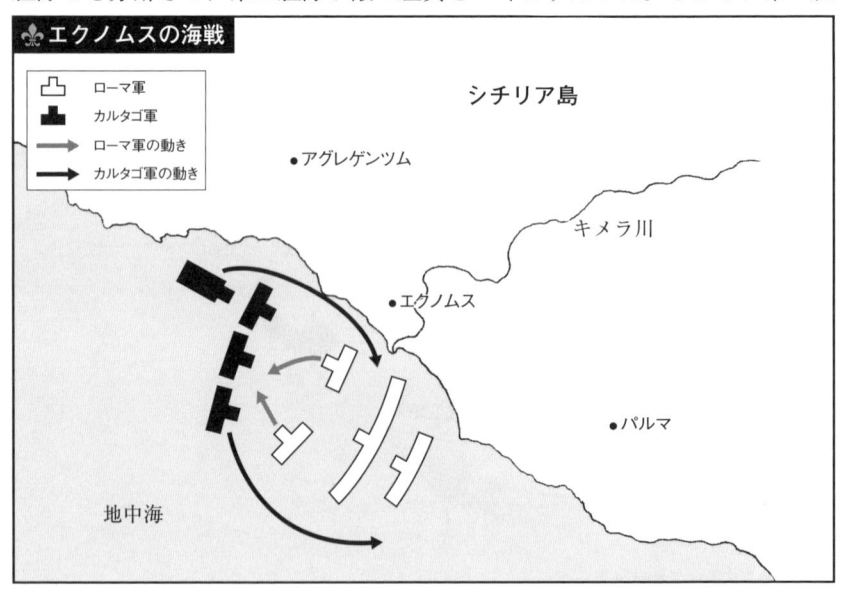

隊は遠く迂回してしまい、ローマ軍第四艦隊と相対することになってしまう。しかも、予備隊として後方に布陣していた第四艦隊が進出を開始し、ローマ軍第三艦隊と戦闘をはじめた。

こうして海上の3カ所で激戦となった。しかし、ハミルカルはローマ軍を戦隊の中央におびき寄せて一気につぶそうと考えて、自陣の中央にあたる第二艦隊の防備をわざと手薄にさせていた。そのため、互いの第一・第二艦隊同士の戦闘はコルヴスをうまく利用したローマ軍が有利となり、カルタゴ軍本隊は撃破された。

一方、ローマ軍第三艦隊と第四艦隊は、カルタゴ軍に追いつめられ苦境に陥っていたが、中央での戦いに勝利したローマ軍第一・第二艦隊の救援を受けてカルタゴ艦隊を敗走させた。カルタゴ軍第四艦隊に至っては、ほぼ全鑑がローマ軍に拿捕されてしまった。

結局、ローマ艦隊は24隻が撃沈されたが、カルタゴ艦隊30隻を海に沈め、60隻以上の艦を捕捉するという勝利を収めたのである。カルタゴ軍にとっては、コルヴス対策を怠ったことが敗因となったといえよう。

リリベウム港の海戦でカルタゴが勝利

エクノムスの海戦に勝利したローマ軍はカルタゴに上陸し、ついにアフリカ大陸に降り立った。しかし、地の利はカルタゴにあり、アフリカ大陸における戦局は一進一退が続いたあと、前255年にカルタゴがローマ軍を撤退させることに成功した。

また、ローマ艦隊が台風などの自然災害で多くの艦を失ったこともあってカルタゴ側も息を吹き返し、ポエニ戦争は終わることなく、シチリアの主導権争いは続行された。

前249年、ローマは310隻の大軍を擁してリリベウム港に進軍した。カルタゴの最後の根拠地であるドレパヌムを陥落させるためだった。

この海戦でも、ローマはやはりコルヴスに頼った戦いを仕掛けてきた。しかし、エクノムスの海戦から8年もたっており、カルタゴもそれ相応の打開策を用意していた。カルタゴの思惑はただ一点。コルヴスを使えない状況をつくり出すことである。

結論は夜襲だった。

カルタゴ軍は、波荒く風雨激しい夜を選び、ローマ軍を急襲した。操舵技

1章　ガレー船時代の海戦　　45

術はもとより上なのだから、海が荒れているほうがカルタゴにとっては都合がよかった。

　敵の夜襲を予想していなかったローマ軍はあわてて態勢を立て直そうとするが、苦手の風浪に思うように動くことができず、187隻もの艦隊が沈められてしまった。拿捕された船が93隻、逃げ帰れたのはたった30隻だった。さらに救援に駆けつけたローマ軍の艦船も、カルタゴ海軍によってほぼ潰滅させられ、暴風雨のなか、帰国できたのはわずかに2隻のみだった。リリベウムの海戦は、コルヴスを使わせない状況をつくり出すことに成功したカルタゴの圧勝だった。

第一次ポエニ戦争のその後

　勢いに乗じたカルタゴは、シチリア島の主導権争いのイニシアチブを完全に握った。そして、リリベウムで潰滅させたローマ軍の再度の攻撃はないとたかをくくっていた。だが、ローマはまだシチリア島をあきらめていなかった。

　前241年、ローマはなんとか200隻の船を新たに建造し、ドレバヌム近海に奇襲をかけたのである。ローマ軍の攻撃を予想していなかったカルタゴは、戦列を整えることもできないままに戦闘に突入することになり、50隻もの艦を撃沈されて敗走した。

　この戦いで、リリベウムとドレバヌムというカルタゴにとってはシチリア島における最後の拠点がローマ側に落ちた。これで、西地中海の制海権はローマに握られることになり、カルタゴはついに講和を決意した。この講和で、カルタゴは多額の賠償金の支払いと、イタリア半島に近接するすべての島々をローマに割譲することになった。

　こうして24年に及んだ長い戦いは幕を閉じた。その後もローマとカルタゴの対立は続いたが、第一次ポエニ戦争の勝利によってカルタゴに対して海軍の優位を確立したローマがその後は主導権を握った。第二次ポエニ戦争ではカルタゴの将軍ハンニバルの活躍もあったがカルタゴは再び敗れ、第三次ポエニ戦争でカルタゴ本土はローマ軍により壊滅させられ、前149年、アフリカ大陸に一時代を築いたカルタゴは滅亡した。

Column 1 ── モルビアン湾の海戦

　モルビアン湾の海戦は、ローマ帝政の基礎を築いた英雄カエサルが行ったガリア戦争の初期に起こった海戦である。

　ローマはポエニ戦争でカルタゴと戦うと同時にマケドニアやシリアとも争っており、戦闘規模は大きくなっていた。ローマ軍の中核を成していたのは、召集された自費武装の中小土地所有者だったため、彼らの負担は大きくなり、ついには土地を手放して没落する者が多くなった。招集による兵士を確保できなくなったローマ軍は、これまで例外として行われてきた志願兵の受け入れを通例化したが、彼らは国家の兵士ではなく将軍個人の私兵となってしまった。そのためローマは、軍事力をもつ将軍同士の対立を生み、将軍と元老院の対立をも生じ、内乱状態に陥ったのである。

　この内乱に一応の決着をつけたのが、カエサルであった。カエサルは海賊討伐と東方遠征の成功で名を挙げた将軍ポンペイウスと、ポンペイウスの政敵として力をつけつつあったクラッススと密約して前60年、3人で政治を行うという同盟を結んだのである。こうしてカエサルは、未制圧だったガリア（現在のフランス、ベルギー、ルクセンブルク、スイス、オランダ南部、ドイツ西部）の総督となり、前57年には全ガリアを平定した。

　しかし翌年、ブルターニュ半島（フランス北西部）のヴェネティ族がカエサルに反し、周辺の部族もこれに同調してしまった。鎮圧に向かったカエサルは軍団を5方面に分けて、そのうちのひとつを海側から攻めさせた。ヴェネティ族は大西洋沿岸を根拠地としている海洋民族で、ローマ海軍よりも頑丈で船首と船尾が高い大型船を所有していた。ヴェネティ族は約220隻の船をモルビアン湾に集めて、ローマ艦隊を待ち受けた。

　モルビアン湾に現れたローマ艦隊は、その数は不明だがヴェネティ族のそれよりは少なかった。しかも、ローマ艦隊の衝角では頑丈な敵船を突き破れないうえに、船高がある敵船に対してはコルヴスも使えず、矢も届かない。しかし、ヴェネティ族艦隊にも大きな弱点があった。船高があるため、櫂を使えなかったのである。つまり多くの船が帆船だったのだ。ローマ艦隊は長くて丈夫なロープを用意し、その先端に鋭い鉤状のものを取り付けて投げ込み、敵船の帆を引きちぎった。動きを封じられたヴェネティ族艦隊をローマ艦隊が取り囲み、ついにローマ軍は敵船に乗り移ることに成功した。白兵戦になればローマ軍が有利であり、ヴェネティ族艦隊は数隻を残してほぼ壊滅したのだった。

1章　ガレー船時代の海戦

皇帝独裁を決めたローマ内乱の最終戦
アクティウムの海戦

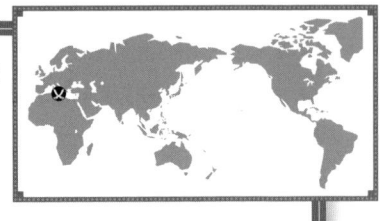

カエサルの死後に起こった権力闘争はローマ国内を乱し、やがてオクタヴィアヌスとアントニウスの2者が覇権をかけて争った。アントニウスはエジプトのクレオパトラと結び、両者はついにアクティウム沖での最終決戦に臨む。

勃発年 前31年
対戦国 オクタヴィアヌス VS アントニウス（ローマ内戦）
兵力 オクタヴィアヌス軍：450隻　アントニウス軍：500隻

カエサル死後、乱れるローマ国内

　前31年に起こったアクティウムの海戦は、1世紀近く続いたローマの内乱に終止符を打った戦いである。この戦いに勝利したオクタヴィアヌスによってローマは帝政としての歴史を歩むことになり、まさに歴史の転機となった海戦であった。

　紀元前44年、ローマの終身独裁官カエサルが暗殺されると、ローマ国内はにわかに乱れた。カエサルの右腕だったマルクス・アントニウスと、カエサルが後継に指名したカエサルの甥ガイウス・オクタヴィアヌス、カエサルの支持者で富豪のレピドゥスの3人による権力闘争が巻き起こり、アントニウスはガリア全土を、オクタヴィアヌスがシチリア、サルディニア、アフリカを、レピドゥスがヒスパニアとナルボネンシスを分割統治することになった。

　しかし、3者が並び立つわけもなく、まずレピドゥスが失脚した。アントニウスは、ブルータス一派を掃討した直後にエジプトの女王クレオパトラと出会い、エジプトへ渡っていた。アントニウスはイタリア東部とエジプトで権勢を強化したが、ローマで優勢となったのはオクタヴィアヌスだった。

　オクタヴィアヌスはその後、前35年にイタリア東部ドナウ川に面したパンノニアを、前34年にアドリア海沿岸のダルマティアを制圧し、勢力範囲を広

げていった。一方、エジプトに渡ったアントニウスも、前34年に小アジアのアルメニアを制圧し、オクタヴィアヌスに対抗した。ところが、アントニウスはアルメニア遠征の凱旋挙行をエジプトの首都アレクサンドリアで行ったため、ローマ市民の非難の的となり、その威信を失墜させた。さらに、アントニウスは、妻であるオクタヴィアヌスの姉と離縁し、クレオパトラとの結婚を発表。そればかりか、クレオパトラとその子供たちに地中海東部のローマ領を次々と与えるに至って、ローマ市民の怒りは頂点に達した。

この機に乗じたのがオクタヴィアヌスだった。オクタヴィアヌスは、アントニウスがクレオパトラに籠絡され、ローマをエジプトの支配下に置こうとしているとして、ローマ市民の支持を取りつけることに成功した。

アクティウムの海戦・序章

オクタヴィアヌスは前32年、アントニウスとクレオパトラを敵に回して、ついにエジプトに宣戦を布告した。

宣戦を布告されたアントニウスは、すぐさまエペイロス地方のアンブラキア湾に陸海軍を集結させて戦闘態勢を整えると、アントニウス軍きっての猛将カニヂウスに陸軍の指揮権を与えて、陸路ギリシアに進出させた。アントニウス自身は艦隊を率いて、クレオパトラとともにサモス島、アテネを経て

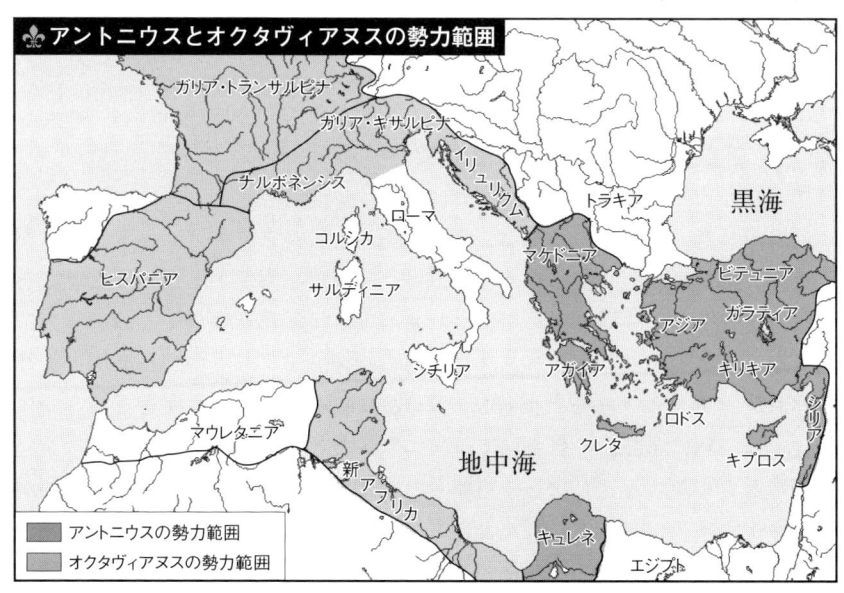

アントニウスとオクタヴィアヌスの勢力範囲

- アントニウスの勢力範囲
- オクタヴィアヌスの勢力範囲

1章 ガレー船時代の海戦

コルキラに達し、湾口のアクティウム半島に陣営を構えた。アントニウス軍の兵力は、兵士10万人、騎兵1万2000人、エジプトとフェニキア艦隊を含むガレー船200隻以上だった。しかし、クレオパトラを伴っていたアントニウスは、ローマ市民から反感を買っていたため、アクティウム半島からイタリア半島へ渡ることができなかった。

　一方のオクタヴィアヌスは、イタリア南部のアドリア海に面するブルンディシウムから出撃し、アクティウム半島の対岸に上陸、イオニア海側のコマロス湾に陣を敷いた。オクタヴィアヌス軍の兵力は、兵士8万人、400隻の艦隊で、勇将アグリッパが艦隊を指揮することになった。戦闘に精通しているアグリッパは、別働隊を率いてバルカン半島南西端にあるメトネでエジプト船団を急襲し、そのまま海路を北上しながらアントニウス側の拠点を次々と制圧していった。

　アントニウスの補給路を断つことに成功したアグリッパ艦隊はさらに北上し、たちまちアクティウム湾を包囲した。一方のアンブラキア湾の入り口も、オクタヴィアヌス艦隊が封鎖し、アントニウスはたちまち窮地に追い込まれた。この状況下、アントニウス軍からオクタヴィアヌス軍に寝返る者、降伏する兵士が続出し、アントニウスの劣勢が明らかになってきた。

　アントニウス軍内では現状を打破するため、海上の艦隊を放棄して陸路マケドニアに退いて態勢を立て直す案、艦隊で海戦に打って出る案が出ていた。しかし、海戦案を主張したのがクレオパトラだったため、アントニウスは彼女の海戦案を採用した。

アクティウム沖で両軍激突

　前31年9月、アントニウスは230隻の艦隊を率いてアクティウムから出撃した。アントニウスは艦隊を4つに分け、自身は主力をともなって右翼に布陣し、海峡を背に陣形を組んだ。クレオパトラは60隻を率いて、陣の後方に控えた。対するオクタヴィアヌスは艦隊の指揮をアグリッパに任せ、アグリッパもアントニウス艦隊と同様に、500隻の艦隊をイオニア海を背に3つに分けて横一列に布陣し、自身はアントニウスと相対する左翼に陣取った。

　両軍とも布陣するとしばらく対峙したまま動かなかったが、アグリッパが艦隊を1マイルほど後方に退くと、アントニウス艦隊が前進を開始し、アクティウムの海戦の幕が切って落とされた。アントニウス艦隊は大型投石機を

使って、アグリッパ艦隊に石の雨を降らせた。対するアグリッパ艦隊は火焰(かえん)投射機で応戦し、オクタヴィアヌス艦隊に火災を発生させた。近接戦になれば鉤(かぎ)で敵船をたぐり寄せて、敵船甲板上での白兵戦となった。

船体の装備ではアントニウス艦隊に分があった。10段櫂船の船首に装甲衝角(かいせん)を設置した巨艦が何十隻と海上を埋め尽くしていた。しかし、可動性の点ではアグリッパ艦隊に分があり、艦船数もアグリッパ艦隊が多かったこともあって、混戦になればなるほど可動性の差が戦況を左右した。

戦闘開始当初は、投石機による遠距離戦でアントニウス艦隊が優勢だったが、両軍の距離が縮まってくると可動性に劣るアントニウス艦隊の各艦は、アグリッパ艦隊数隻に包囲攻撃されるようになり、次々と各個撃破されていった。しかしアントニウス自ら率いる右翼艦隊は、こうした状況下でも奮戦を重ねて、アグリッパ艦隊は容易に致命傷を与えることができなかった。アントニウス軍の左翼艦隊と中央艦隊では、反転してアクティウム半島へ逃げ出す船も相次ぎ、もはや潰滅寸前の状態となった。

アントニウスは起死回生の一策として、左翼アグリッパ艦隊の側面に回り

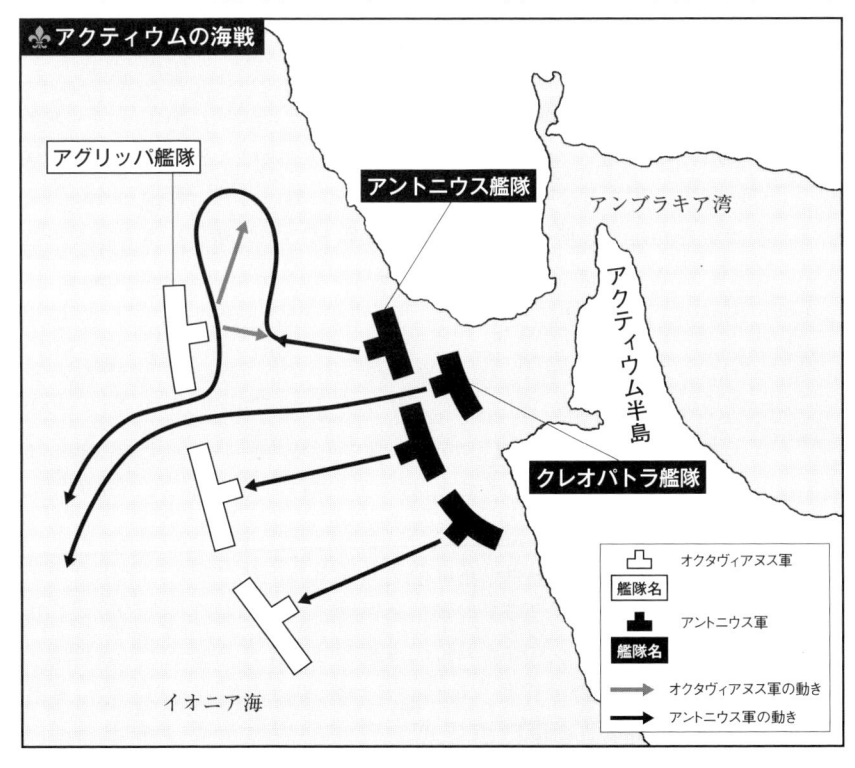

アクティウムの海戦

1章　ガレー船時代の海戦　51

込むように北上し、自艦を風上へ導いて有利な位置を得ようとした。一方アグリッパは、風下に回って形勢が不利になることを避けるため、アントニウスに釣られるように北上した。これにより、アグリッパ艦隊の中央艦隊と左翼艦隊の間が大きく乖離(かいり)し、その間隙をついて後方に控えていたクレオパトラ艦隊60隻が進出してきた。アグリッパ艦隊は前後に挟撃される形となった。

アグリッパはアントニウスにしてやられたと思い、あわてて艦隊を回頭させて元の位置に戻ろうとした。ところが、クレオパトラはなんとそのままアグリッパ艦隊の横を通り過ぎて、一路アレクサンドリアへ向けて逃走を開始したのである。アグリッパ艦隊は、「その光景を唖然として見ていた」と記録に残されているから、彼女の行動がいかに不可解なものだったかわかる。

回頭するアグリッパ左翼艦隊は、アントニウス右翼艦隊にとっては格好の的となるはずだった。それなのに、アントニウスはその絶好の機会をふいにして、クレオパトラを追って自らも逃走を開始したのである。後に続くアントニウス軍が皆無だったことからも、彼の行動もまた不可解なものであった。

アントニウスとクレオパトラの自害

結局、大将の突然の戦線離脱によって、勝敗は決した。自軍を見捨て女を追っかけて逃走したアントニウスに、兵士たちの士気は一気に低下した。反転して逃げる者、アグリッパに降伏する者はいたが、勝利を目指して戦闘を続ける者はいなかった。降って湧いたような勝利にアグリッパ軍も状況を飲み込めず、しばらく交戦を続けたというから、アクティウム海戦の結末は、あまりに突然なものだった。

遁走(とんそう)したアントニウスとクレオパトラは無事にエジプトに到着したが、完全にローマ市民の信頼を失った。オクタヴィアヌスは即座にエジプトへ兵を向けて、アントニウスとクレオパトラを追撃した。もはやアントニウスに味方する兵士はなく、アントニウスとクレオパトラはともに自害して果てた。

アクティウムの海戦は、アントニウスの武将らしからぬ戦いぶりにより大海戦とはならなかったが、その影響はあまりにも大きかった。オクタヴィアヌスの勝利はローマ内の権力闘争の終結を告げ、長きにわたった内戦に終止符が打たれたのである。三頭政治の時代は終わり、オクタヴィアヌスにはアウグストゥスの称号が授けられ、彼はローマ唯一の支配者となった。それは、ローマ帝国の誕生を意味していた。

1章　ガレー船時代の海戦　53

古代中国、三国時代の幕開け
赤壁の戦い

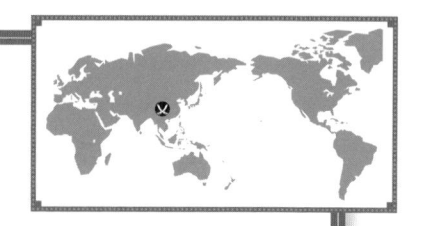

中国大陸北部を制覇し勢いに乗る魏の曹操は、天下統一を果たすために大軍を率いて南下。対する呉の孫権は劉備（のちに蜀漢を建国）と手を結び、長江の水上で両軍が激突した。

勃発年 208年
対戦国 魏 VS 呉・蜀漢連合軍（中国内戦）
兵　力 魏：不明　呉・蜀漢連合軍：不明

三国の動乱時代に突入した中国

　2世紀末、黄巾の乱をきっかけに、中国は各地に群雄が割拠する動乱の時代を迎える。やがて、大陸北部を制圧した曹操の魏、南西部に支持基盤を固めた孫権の呉、南東をおさえた劉備の蜀漢の三国が鼎立する三国時代に突入するが、そのきっかけともなった戦いが赤壁の戦いである。

　北部を制した曹操の次の目標は、長江以南の地であった。この地域は孫権の勢力範囲であり、孫権は大軍を擁する曹操軍を前に、劉備と結ぶことによって対抗した。

　孫権と劉備はともに長江沿岸まで軍を進め、それぞれ柴桑、夏口に駐屯した。それに対し、大軍を率いて南下してきた曹操軍は、孫権・劉備連合軍の対岸の烏林に陣を張り、長江をはさんで対峙した。両軍は、208年12月、ついに長江沿岸の赤壁で衝突する。

劣勢の孫権軍の秘策

　曹操軍の兵力は25万、対する孫権・劉備連合軍の兵力はわずか3万だったという（兵力については諸説ある）。曹操は、これまで袁紹や呂布といった

群雄を滅ぼし、連戦連勝であっという間に北部を制圧した剛の者である。赤壁の戦い直前には、劉備を追い詰めてもいる。

大砲や小銃といった火力兵器がまだなかった当時、勝敗を決するのは兵力数であることが多かった。曹操軍の数は、孫権軍の8倍にも達し、普通に考えれば孫権軍に勝ち目はない。

しかし、孫権がこの勝ち目のない戦いに打って出たのには、もちろんわけがあった。

まず、北部出身の曹操軍は水上戦に慣れていない。そして、連年にわたる戦闘のため曹操軍は疲弊しきっている。最後に、曹操軍の水軍の主力は先年配下についたばかりの者で編成されており、いまだ曹操に心服しているとはいえない。

孫権はこうした曹操軍の弱点を見抜いたうえで、十分な勝算をもって戦いに臨んだのである。

当時の中国には、甲板が三層につくられた指揮官用の大型船である樓船、防壁を設けた甲板をつけた戦闘用の船である闘艦、転覆しづらいようにつくられた海鶻、両舷前後に弩や槍用の穴をあけ敵船に突進する蒙衝、主に兵士の運搬に使われた快速船・走舸といった数種類の船があり、これらが戦列を組んで水上で相まみえたのである。

十分に勝算があるとして戦いに臨んだ孫権軍ではあったが、孫権軍の将軍・黄蓋は、さらに策をめぐらせた。黄蓋は、対岸の曹操軍の艦船が密集していることに目をつけ、これらに火を放って曹操水軍を潰滅させようと考えたのである。そのため、黄蓋は曹操に偽りの降伏文を送り、投降するふりをして火船を放つことにし、孫権もそれを了承した。

孫権・劉備連合軍を指揮するのは周瑜、対する曹操軍は曹操自ら指揮を執った。

曹操は、当然のことながら自軍の弱点は承知していた。また、疫病が軍内に広がりはじめ、多くの兵士が犠牲になっていた。そのため、早期決着を狙っていた曹操は、黄蓋の偽応に対しても半信半疑ではあったが、ついに信用してしまった。

曹操水軍、大火災

黄蓋は日が沈んだのを確認すると、自ら蒙衝に乗り込み、十数隻の走舸、

1章 ガレー船時代の海戦　55

闘艦を引き連れて出航した。その蒙衝には、火をつけるために油をしみ込ませた薪や草が積まれ、それを幕で覆って隠してあった。

　曹操軍は、黄蓋の艦船が約束どおりの軍旗を掲げて航行しているのを見て、黄蓋の投降が真実だと安心しきっていた。黄蓋は、曹操軍陣営に800メートルまで迫った地点で、火船の準備を開始した。それを見て、曹操は黄蓋の偽応に気がついたが、時すでに遅かった。

　黄蓋が船に火をつけると全艦がそれにならい、黄蓋艦隊は炎を巻き上げながら曹操陣営へと突入した。黄蓋ら乗組員は船を捨てて長江へ飛び込んだ。火船となった艦船は、密集した曹操水軍のまっただ中へ飛び込み、曹操軍の艦船は、またたくまに炎に包まれた。

　たちまち曹操軍は混乱に陥った。次々に突進してくる火船をかわす術はなく、消火も間に合わない。大軍を擁して密集させた艦隊が、完全に裏目に出た。

　周瑜は、この機に乗じて一気呵成に攻め込もうと、長江南岸から次々に艦船を出航させた。ところが、折からの強風にあおられた炎が、陸地の曹操陣営までも焼き尽くし、曹操はすぐさま撤退してしまい、とどめを刺すことはできなかった。

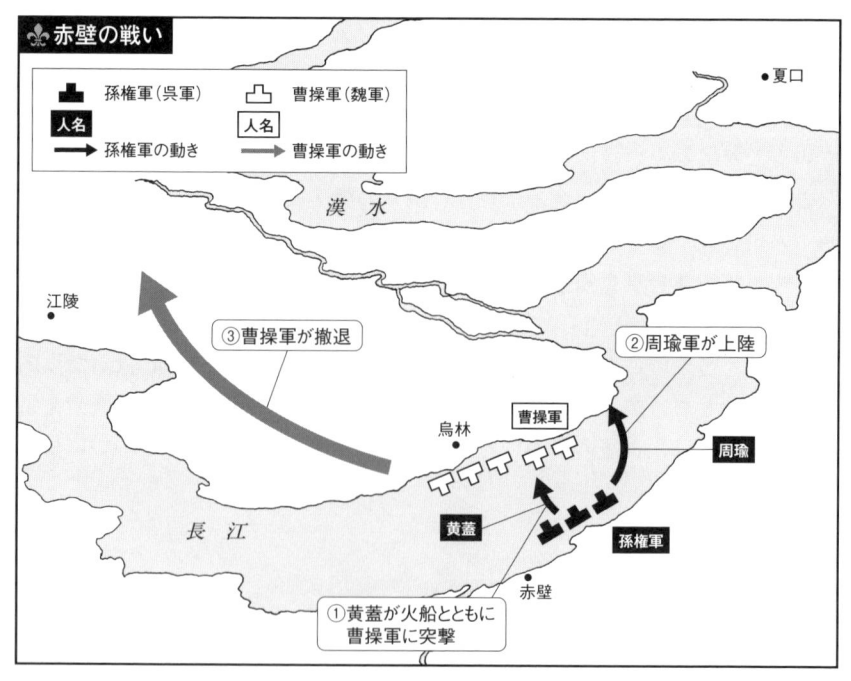

赤壁の戦い

- 孫権軍（呉軍）
- 曹操軍（魏軍）
- 孫権軍の動き
- 曹操軍の動き

①黄蓋が火船とともに曹操軍に突撃
②周瑜軍が上陸
③曹操軍が撤退

曹操は、残された自軍の船をすべて自沈させて、北方へ遁走した。孫権・劉備連合軍は、長江を渡りこれを追撃したが、曹操軍の逃げ足は早く、孫権・劉備連合軍も追撃をあきらめた。

こうして戦いは終わったが、赤壁の戦いで活躍した水軍は、すべて呉軍のものだった。蜀漢軍の水軍は魏と同様に貧弱であったが、陸上には兵力を投入していた。しかし、一瞬で勝敗がついてしまったため、蜀漢軍が活躍することはなかった。

赤壁の戦い後の曹操

赤壁の戦いは、25万の兵力がわずか3万の軍勢に敗れたことで、孫権軍にとっては大勝であった。孫権軍の状況判断の適切さが勝利を呼び込んだのだが、曹操にしてみれば大軍を率いてきたのが仇となってしまった。すでに述べたように、曹操軍は大軍といえども兵は疲れ、編成したばかりの水軍は統制がとれていなかった。それに加えて疫病の流行により士気は停滞していた。国の存亡を賭けて戦いに臨んだ孫権軍に比べれば、まったくやる気がなかったのである。

その後、曹操はさらに版図を拡大していくが、水上戦の難しさを痛感した彼は、赤壁の戦いに完敗を喫したあとは、死ぬまで長江を渡ることはなかった。

そして、その後の魏にとっても赤壁の戦いでの大敗はトラウマとなり、曹操の後継・曹丕の代になっても何度か南征を試みたが、長江を渡ることはできなかった。結局、曹家を滅ぼした晋になってからの、279年まで長江を渡ることはなかったのである。

日本が経験した最初の本格的な海戦

白村江の戦い

唐・新羅連合軍に滅ぼされた百済に対し、日本の中大兄皇子は百済復興のために援軍を派遣した。これまで外国との戦争を経験したことがなかった日本は、朝鮮半島の白村江で唐・新羅の大軍と対決する。

勃発年 663年
対戦国 唐・新羅連合 VS 百済・日本連合
兵　力 唐・新羅連合：170隻　百済・日本連合：約400隻

百済を滅ぼした新羅が朝鮮半島で優勢に

　白村江の戦いは、日本がはじめて経験した本格的な対外海戦である。相手は、当時のアジア最大の国・唐であった。

　舞台となった朝鮮半島では、4世紀半ばより高句麗、新羅、百済の三国が鼎立し、互いに反目しあっては武力衝突を引き起こすこともしばしばだった。イニシアチブを握っていたのは、後方に広大な大陸を抱える高句麗だった。この三国の争いは7世紀に至るまで続き、中国・日本を巻き込んでいく。

　618年に中国を統一した唐は、早くから朝鮮半島への進出を考え、親唐派だった新羅と同盟を結んで高句麗への侵攻をはじめた。対する高句麗は百済と結び、唐・新羅に対抗した。

　唐は、まず百済討伐を決め、660年3月、新羅と連合軍を組んで百済へ攻め込んだ。百済は、唐・新羅連合軍の大軍にあっというまに制圧され、高句麗の援軍を待たずに降伏。ここに百済は実質的に滅んだ。しかし、百済の遺臣たちは王の甥にあたる鬼室福信を中心に、すぐさま反撃に転じた。

　福信は、百済北部の扶余城に拠っていた唐の将軍・劉仁願を逆に包囲攻撃し、戦争を終了させたと思っていた唐を驚かせた。さらに福信は、海を隔てた日本に援軍を求め、同時に人質（といっても賓客扱いだった）として日本

に送られていた百済王子・豊璋の返還を要求した。

日本が百済に援軍を派遣

　日本では645年の政変により親百済派の中大兄皇子が実権を握っていた。中大兄皇子は百済への援軍派遣を決め、駿河国で軍船を建造させ、斉明天皇とともに難波宮に移って武器を集めさせた。

　661年正月、中大兄皇子は軍勢を率いて北九州へ向けて出航、筑紫に到着すると本営・朝倉宮を設置し、ここを百済救援の本拠地とした。中大兄皇子は自ら陣頭指揮を執って百済救援作戦を着々と進め翌年、豊璋とともに阿部比羅夫を総大将にした5000名の護衛船団170隻を百済へ派遣した。

　こうして百済に渡った阿部比羅夫は無事に福信と合流し、豊璋は百済王として擁立された。彼らは錦江河口（白村江）に近い周留城を首都に構え、唐・新羅連合軍の攻撃に備えた。

　高句麗を征圧中だった唐・新羅連合軍は、日本軍の到着を知ると、すぐさま百済に兵を派遣し、再び百済と争うことになった。一進一退の争いが続いたが、百済内部で豊璋と鬼室福信が対立し福信が殺害されるという事件が起こり、求心力を失った百済軍は一気に弱体化した。

日本海軍初の対外海戦──白村江の戦い

　同じころ、唐は孫仁師に7000名の兵を与えて対百済戦の援軍とした。孫仁師は百済軍を撃破しながら先に百済に入っていた劉仁軌将軍と合流し、さらに新羅将軍28名が率いる精鋭軍もこれに加わり、唐・新羅連合軍は万全の態勢を整えた。百済内部の内紛を知らされた中大兄皇子は、663年8月、400隻という大船団を編成し1万余名の救援船団を再び百済に送り、これに対抗した。

　唐・新羅連合軍は、豊璋の拠る周留城を攻囲し、唐艦隊170隻は白村江を封鎖した。日本から派遣された救援艦隊は、唐艦隊が白村江に到着し湾を封鎖した10日後に白村江に姿を現した。豊璋は周留城を抜け出して、南の避城方面から白村江へ出て日本艦隊と合流した。

　唐艦隊は左右に翼を広げる陣形、いわゆる鶴翼の陣に陣形を組み、日本艦隊を待ち受けた。日本艦隊の先遣隊の先制攻撃を迎撃した唐艦隊は、日本先

1章　ガレー船時代の海戦　　59

遣隊の追撃には移らず、陣形を崩さずに白村江を封鎖したまま敵軍の攻撃を待った。

　先遣隊による攻撃にも動じない敵軍を見て、日本艦隊の司令官・蘆原君臣（いおはらきみおみ）は一斉攻撃を決め、艦隊を前衛艦隊・中央艦隊・後方艦隊の３軍に編成し、白村江へ突撃を開始した。

　しかし、それまで海戦経験もなく、中央集権の体制も整っていなかった日本艦隊には、一元的な指揮系統が存在しなかった。そのため、蘆原の命令は徹底せず、各艦が思い思いの行動をするばかりであった。また、日本軍の艦船は軍船ではなく白兵戦を想定した輸送船にすぎず、対する唐艦隊は蒙衝（もうしょう）など大型艦船を用意しており、その点でも日本艦隊は及ばなかったのである。

　結果、日本艦隊は「我らが先制攻撃に成功すれば、敵艦は後退するに違い

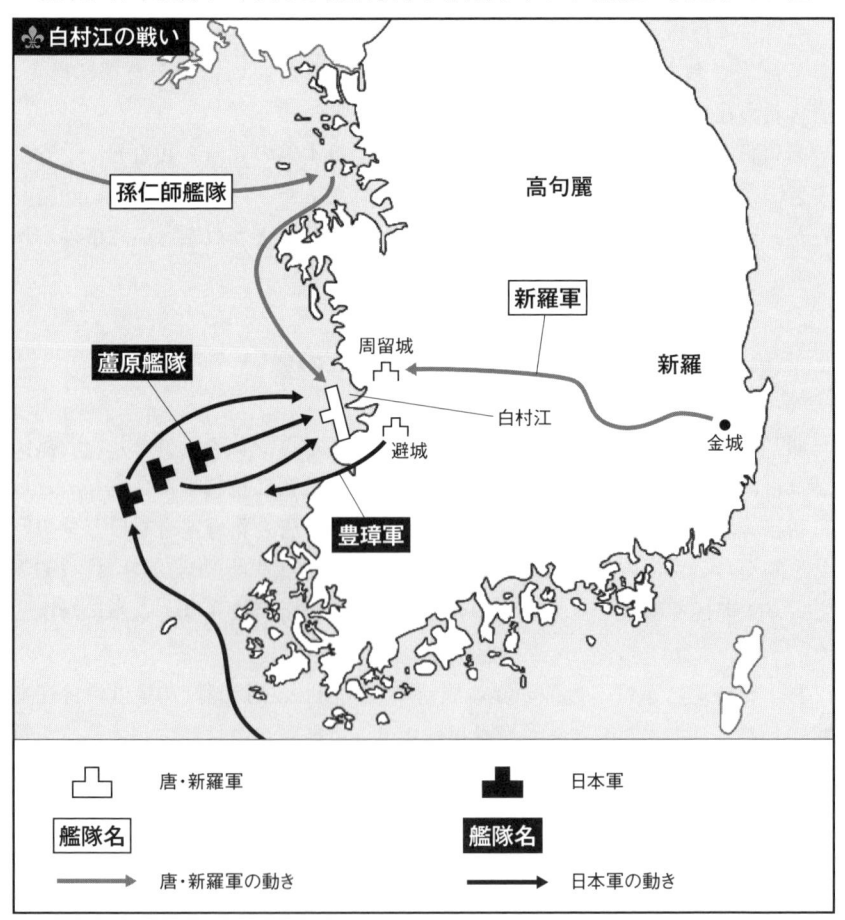

ない」という根拠のない自信のもと、何の作戦もないまま突撃したのである。両翼を広げて待ちかまえていた唐軍にとって、艦数では負けているとはいえ、この日本艦隊の各艦攻撃は赤子の手をひねるようなものだった。突入してくる日本艦隊を、左右から挟み込んで集中攻撃を加えて各個撃破していった。

日本艦隊は、遮二無二突撃する艦、救援に向かおうと転進する艦、敗北を悟って逃亡をはかり後方から攻撃を受ける艦と、まったく統制が取れないまま、またたくまに混乱に陥った。

その混乱に乗じて、唐艦隊は総攻撃を開始し、甲板上から火矢を放って日本艦を焼き払い、蒙衝の体当たりで沈没させ、日本艦隊を潰滅に追いやった。日本軍では、朴市田来津（えちのたくつ）が唐兵数十名を斬り捨て奮戦するなどしたが、個人の武勇だけでは戦況を変えるには至らず、朴市田来津もあえなく戦死した。日本艦隊と合流していた豊璋は、混乱する戦場からほうほうの体で逃げ出し、そのまま高句麗方面へ逃亡してしまった。白村江は、日本艦隊の残骸で埋め尽くされた。白村江の戦いに完勝した唐・新羅連合軍は、1カ月後には国王不在の周留城を陥落させ、最後まで抵抗を続けていた任存城も落として、百済制圧に成功した。

その後の朝鮮半島

白村江の戦いは、船の差もあったが、統制力の差が勝敗を分けた戦いであった。高度に中央集権化された唐軍の指揮統制は戦い中も乱れることなく、各艦が思い思いの行動をとった日本軍に勝ち目はなかったのである。

その後、朝鮮半島では、668年に高句麗が唐・新羅連合軍によって滅ぼされ、さらに唐の朝鮮半島の影響力を排除したい新羅が唐に反旗を翻して、676年まで両国の戦争が続いた。この戦争は新羅が勝利し、朝鮮半島は新羅の支配下に治められた。

白村江の戦いで完敗を喫した日本は、朝鮮半島での影響力を完全に失い、それ以降、朝鮮半島への進出は見送られ、国内整備を急がされた。唐・新羅連合軍がいつ襲来するかわからないなか、大宰府や博多湾に水城を築き、対馬に防人（さきもり）を置いて防備態勢を固めた。しかし、唐・新羅連合軍の標的が高句麗に移ったため日本は事なきを得、とりあえず日本の外敵による襲来の恐怖は去ったのである。その後、日本は8世紀に入って唐との国交を回復し、894年に遣唐使が廃止されるまで両国は友好的な関係を築いた。

1章　ガレー船時代の海戦

源平両家の存亡を賭けた最後の戦い

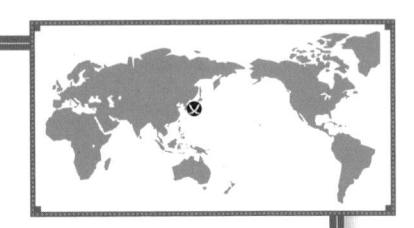

壇ノ浦の戦い

京都を追われて西へ逃げた平氏軍と、源義経率いる源氏軍が、関門海峡の赤間関沖でついに最終決戦を行う。潮の流れを熟知した平氏軍が先手を奪って、日本の将来を決する大海戦がはじまった。

- 勃発年　1185年
- 対戦国　源氏 VS 平氏（日本内戦）
- 兵　力　源氏：840隻　平氏：約500隻

源氏軍に敗れた平氏軍が西へ逃げる

　壇ノ浦の戦いは、平安末期に日本の名族である源氏と平氏が存亡を賭けて戦った戦いである。この内乱の過程で、源頼朝は各地の武士団と主従関係を結ぶことに成功し、ついに武士政権を誕生させた。その後の日本は600年以上にわたって武士政権が続くわけで、壇ノ浦の戦いは日本史上の重大なエポックメーキングな戦いであった。

　1159年に起こった平治の乱後に政治の実権を握った平清盛は、一門によって朝廷の官位を独占し、貴族たちの反感を買うようになり、さまざまな利害の対立を生むようになっていた。そして1180年、後白河天皇の第二皇子・以仁王が、諸国の源氏に対して平氏打倒の挙兵を促す命令を発し、日本の覇権を賭けた平氏と源氏の争いがはじまった。

　源氏軍を率いるのは、源氏の棟梁・源頼朝。対する平氏軍は、1181年に清盛が死に、その子・宗盛が一門を率いたが、有能な総帥であった清盛を失った平氏軍は苦戦を強いられた。

　京都を追われた平氏軍は、一の谷の戦いと屋島の戦いで敗北を喫して瀬戸内海の制海権を失った。

　そして、西へと追いやられ、中国・九州地方で奮戦していた平知盛軍の拠

点である長門国（現在の山口県）彦島に兵をそろえ、源氏との最後の決戦に臨んだ。

当時の海戦の戦い方

　平氏軍を彦島に追いつめた源氏軍の指揮官・源義経は、1185年3月、関門海峡へ向けて出航し、海峡の東の入り口にある満珠島付近に到着し、ここを最後の出撃地とした。840隻という大船団であったとされる。

　一方、平知盛率いる平氏軍も彦島を出航し、瀬戸内海を西進してくる義経艦隊を迎え撃つ態勢を整えた。

　総数約500隻をそろえた平氏軍は、艦数では負けてはいたが、一門の女房とともに安徳天皇まで座乗させるという捨て身の覚悟で決戦に挑み、士気は非常に高かった。また、平氏はもともと瀬戸内海を拠点にしていた一門であり、海戦には自信をもっていたのである。

　当時の日本の軍船は、地中海で暴れまわっていたガレー船とは異なり、20人くらい乗るのがせいぜいといった小船であり、当然のことながら衝角のような武器はついていなかった。

　日本における海戦は体当たり攻撃ではなく、敵艦に接近したところで熊手のようなもので引っ掛けて敵艦の動きを封じ、そのあとは地中海での海戦と同じく、敵艦に乗り移って白兵戦に移行するというものだった。また、船は非常に貴重なものであったから、敵味方ともになるべく沈没を避けるような戦い方がとられた。

潮流に翻弄された両艦隊

　赤間関沖まで進軍した平氏軍は、知盛の指揮によって全軍を3軍に分け、単縦陣に展開して源氏軍へと向かっていった。

　そして、源氏軍まで400〜500メートルくらいの距離まで近づいた平氏軍が矢を射かけたのを皮切りに、ついに源平争乱の最後となる戦いの火蓋が切って落とされた。

　開戦当初の矢合戦では平氏軍が優勢となり、源氏軍は劣勢に立たされた。さらに源氏軍にとってはタイミング悪く、潮の流れが東に向けて急になった。この潮流の変化は平氏軍にとっては追い風となり、流れに乗じた平氏軍

はさらに進軍した。

　数をそろえたとはいえ、小さな船でしかなかった源氏軍は、平氏軍の攻撃を避けるために後退するとともに、8ノットにも及んだとされる潮の流れにも押し流されてしまう。源氏軍のなかには、潮流を避けて海岸寄りに位置していた数隻の軍船が、平氏軍の船を熊手で引っ掛けてこれに乗り移り白兵戦を展開した者もあったが、義経率いる本隊は満珠島付近まで流されてしまった。

　勝利を確信した平氏軍は、さらに船と船の距離をつめて源氏軍を圧迫しようとするが、このとき義経が、船の漕ぎ手への攻撃を指示した。漕ぎ手は船を操縦するだけの非戦闘員である。当時としては、この義経の戦術は卑怯きわまりないものだった。しかし、このままでは敗色濃厚であり、義経も手段を選んでいる場合ではなかった。

　義経の指示のもと、各艦の射手は兵士には目もくれず、いっせいに敵艦の漕ぎ手めがけて矢を放った。無防備のうえに櫂や艪(かいろ)を手にしていた漕ぎ手たちは、次々に倒れていった。

　しかも、潮の流れが速かったため、漕ぎ手を失い行動の自由を奪われた船は流れのままにあらぬ方向へ流され、平氏艦隊は列を乱した。

　兵士が武器を捨てて艪を手に取るが、櫂は使えても艪の扱いは素人には困難である。浮き足立った平氏軍に対し、源氏軍がいっせいに反撃を開始した。

　形成を逆転された平氏軍は反転、退却をはじめたが、このときこれまで東

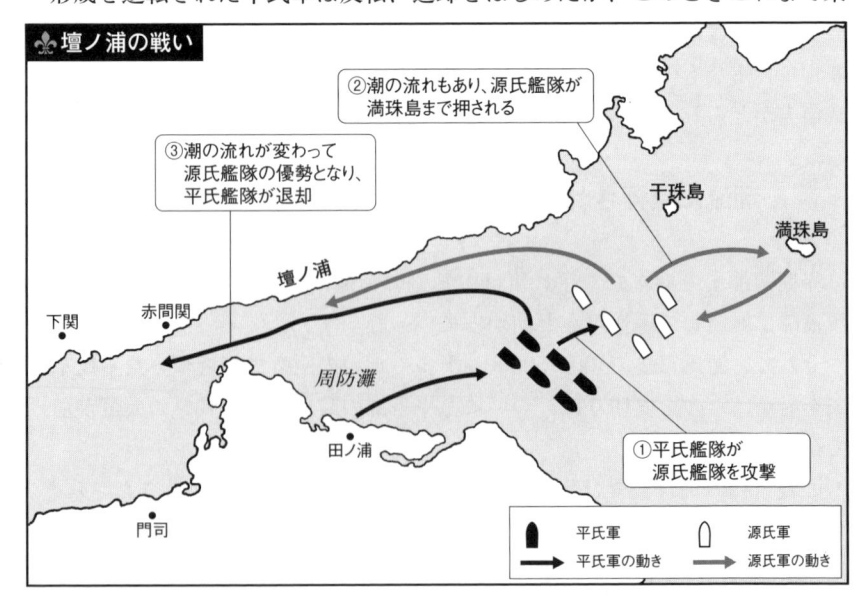

壇ノ浦の戦い

②潮の流れもあり、源氏艦隊が満珠島まで押される

③潮の流れが変わって源氏艦隊の優勢となり、平氏艦隊が退却

干珠島
満珠島
壇ノ浦
下関
赤間関
周防灘
田ノ浦
門司

①平氏艦隊が源氏艦隊を攻撃

平氏軍　　源氏軍
平氏軍の動き　　源氏軍の動き

に流れていた潮が一転して西向きに変わった。今度は潮の流れが源氏軍に味方したのである。

　潮の急流に乗った源氏軍は速度を早めて平氏軍に迫り、ついに平氏艦隊を壇ノ浦沖まで追いつめた。壇ノ浦の陸上には、すでに源氏軍が待ち構えていた。

　退路を絶たれた平氏軍は最後の抵抗を試みるが、勢いに乗じて迫り来る艦隊と、陸上から放たれる矢の一斉攻撃で挟撃され、平氏軍の運命は決まった。平教経（のりつね）という武将はひとり奮戦し、近づいてきた義経の船に乗り込んだが、身軽な義経は戦いを避けてほかの味方船に飛び移ってしまったという。教経は結局、ほかの敵兵を道連れに海に飛び込んだ。

　平氏軍の大将・知盛は小舟に乗って安徳天皇座乗の船に乗り移ると、平氏軍の敗北を告げた。そして平氏軍の生き残った者たちは、天皇や知盛に続いて次々と海に身を投げていった。

　こうして早朝からはじまった海戦は、平氏一門の入水によって日が暮れる前に幕を閉じた。

勝敗を分けた義経の戦術とは

　瀬戸内海を熟知していた平氏軍は、関門海峡付近の潮が、いつ、どのように流れるかは、当然ながら知っていた。平氏軍のほうから戦いを仕掛けたのも、潮の流れを自軍に有利にするためだった。実際、平氏軍の戦術は間違ってはいなかった。彼らは、源氏軍をあわやというところまで追いつめたのである。

　しかし、平氏軍にとって予想外だったのは、当時の戦ではタブーとされていた、義経の指示による非戦闘員である漕ぎ手への攻撃だった。この掟破りの戦術が勝敗を分けたのである。

　壇ノ浦の戦いにより、長く朝廷に君臨した平氏は滅亡し、源氏が覇権を唱えるようになる。

モンゴル帝国の巨大遠征軍が日本を襲う

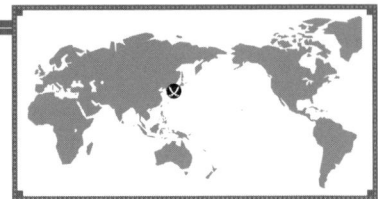

元寇

ユーラシア大陸に広大な領土を築いたモンゴル帝国の次なる目標となったのが日本であった。日本にとって初めての外国からの侵略戦争である。大量の兵と船を日本に投入してきたモンゴル軍に対し、日本は集団戦法すら知らず苦戦を強いられる。

勃発年 1274年、1281年
対戦国 日本 VS モンゴル帝国
兵力 [文永の役]
日本：不明　モンゴル帝国（元）：約900隻
[弘安の役]
日本：不明　モンゴル帝国（元）：約4000隻

モンゴル帝国の出現

　東洋の島国・日本が、はじめて外国の脅威にさらされたのが、モンゴル帝国と戦った元寇である。

　13世紀、ユーラシア大陸に空前の大帝国を築き上げたモンゴル帝国は、5代フビライ・ハンの時代に朝鮮半島を属国にするなど版図を最大にすると、ついに海の向こうの日本へと矛先を向けた。

　フビライは1268年、まず日本に朝貢を求める使者を派遣した。当時の日本は鎌倉幕府の時代であり、実質的な権力は執権の北条氏が握っていたが、幕府は返書を与えなかった。元の国書は通好を求めながらも、明らかに日本に隷属を求めるものであり、承服しなければ武力行使も辞さないとあったからである。

　それでもフビライは、1272年までに4回の使者を送って日本を懐柔しようと試みたが、執権の北条時宗はそれらすべてを黙殺。フビライは予告どおり、日本遠征を決心した。

文永の役がはじまる

　1274年1月、フビライは朝鮮半島の属国・高麗に大型艦船300隻の建造を命じた。騎馬民族であるモンゴル帝国には、海戦に対する知識も経験も不足していたため、日本遠征の主力を高麗に頼らねばならなかった。フビライは、総司令官にヒンドゥ将軍を任命し、主席副司令官として洪茶丘、次席副司令官として劉復亨、高麗軍指揮官に金方慶を任命する大がかりな遠征軍を編成し、本格的に日本攻略の準備を進めていった。

　遠征軍は、大型船300隻、バートル軽疾舟と呼ばれる小型快速艇300隻、輸送船300隻に3万人の兵士を乗せて、同年10月に朝鮮半島の合浦から出撃した。

　モンゴル・高麗連合軍（以下、元軍）は、出港から2日後には日本と朝鮮半島の間に横たわる対馬に到着した。バートル軽疾舟に移乗して上陸してくる連合軍を迎え撃ったのは、対馬の地頭・宗助国率いるわずか80騎の武士だった。圧倒的な兵力差の前に、対馬軍はあっという間に壊滅し、蒙古襲来の急報を届けるために博多へ向かった2名を除いて、全員が戦死した。

　当時の日本には、異国からの襲撃を防衛するシステムは存在していなかった。外交、貿易を統括する部署として大宰府があり、西国統制のための鎮西奉行があったものの、どちらも国土防衛に関しては指揮権もなければ、相応の軍備なども用意されていなかった。そこで幕府は、元軍の来襲に備えて1272年に異国警固番役を新設して筑前、肥前沿岸の防備に当たらせていたが、その指揮を任せられたのは鎮西奉行だったから、すぐさま軍備を整えることもできなかった。

　さて、対馬を落とした元軍は、続いて壱岐に上陸を果たした。壱岐を守るのは、守護代の平景隆である。景隆は、約100騎の武士団で迎撃にあたるも、衆寡敵せず1日ともたずに全滅してしまった。続けざまに肥前に来航した元軍は、ここでも圧倒的な戦力差を生かして、いともたやすく制圧した。

　侵攻先の海上拠点をことごとく奪った元軍は、博多の西にある今津沖に錨を下ろし、そこから上陸を開始した。2万の大軍を二手に分けて、5000の高麗軍が博多東の筥崎に集結した日本軍に襲いかかり、1万5000の主力部隊が博多に攻め入った。

　一方の日本軍は、対馬陥落を知らされた鎮西奉行によってできる限りの戦力が博多に集結したが、その数は1万にも満たなかった。兵力差もさること

1章　ガレー船時代の海戦　　67

ながら、両軍の戦闘方法の違いも、戦果の明暗を分けた。日本には、それまで集団戦術というものがなく、合戦では名乗りを上げての一騎打ちが主流だった。対する元軍は集団戦術に長け、一騎で突入してくる日本兵を次々と打ち破っていった。

両軍の武器にも力差があった。日本軍の弓の射程距離が100メートルほどだったのに対し、元軍のそれは200メートルもあったし、その先には毒が塗られていた。また、"てつはう（鉄砲）"と呼ばれた手榴弾のような武器を炸裂させて、日本軍をさんざんに打ちのめしたのである。

筥崎では、上陸してくる元軍を騎馬兵で迎撃するなど善戦していた日本軍だったが、博多が陸海からの攻撃を支えきれず、ついに落とされるに至って筥崎からも撤退、大宰府まで後退を余儀なくされた。

ところが、一夜明けて様相は一変する。博多湾を埋め尽くしていた元軍の大艦隊が、一隻残らず姿を消していたのだ。日本では長らく台風により潰滅したと信じられており、これを神風と呼んだが、元（モンゴル帝国から改名）の史料には「官軍整わず矢尽きる」と記されており、高麗の史料には、大暴風雨によって１万3500の犠牲とともに艦隊は沈んだことになっている。また、１回目の遠征は示威行為だけで撤退したという説もある。

元軍撤退の理由は不明だが、いずれにせよ日本は窮地を脱した。この戦いを、日本では文永の役と呼んでいる。

弘安の役

文永の役後、フビライは日本に降伏勧告の使者を派遣したが、時宗はこの使節団を処刑。1279年にも再度、使者が送られてきたが、博多に到着したところを捕らえて処刑した。日本は徹底抗戦の道を選んだのである。

使節団の運命を知って激怒したフビライは1280年、再び日本遠征を決め、高麗に900隻の艦船の建造を命じ、翌年２月に出征の勅令を下した。

今回の遠征軍は、元軍・高麗軍に、前年に完全征圧した南宋軍も加わり、前回以上の大規模なものとなった。フビライはこれを、高麗から出撃する「東路軍」と、江南から出撃する「江南軍」とに分けた。東路軍は艦船900隻に兵力３万。一方、江南軍は艦船3500隻に兵力10万という編成である。しかし、大軍勢ではあったが、制圧したばかりの南宋軍を中心とした江南軍や、無理やり連れてこられた高麗軍の士気は低く、急造の軍勢の練度は決して高

くなかった。対する日本は、文永の役の反省を生かし、まず海岸の水際防御のために石塁を築き、博多湾一帯を覆い尽くした。さらに、関東からも兵士を送り込み、万全の態勢をとって元・高麗・南宋連合軍を迎え撃った。

1281年5月、東路軍が合浦を出港し、前回同様、対馬と壱岐に侵攻し、これらを陥落させた。ここで主力の江南軍と合流する予定だったが、東路軍は江南軍の到着を待たずに博多へ向かった。東路軍は3万の戦力を二分し、分隊を関門海峡封鎖に向かわせた。だが、長門守護・北条宗頼が率いる2万の日本軍に迎撃され、関門海峡の封鎖をあきらめて主隊と合流した。

東路軍主隊は博多湾への侵攻を試みるが、石塁に阻まれて前回のようにたやすく上陸することができず、博多の対岸の志賀島を泊地にして、そこから

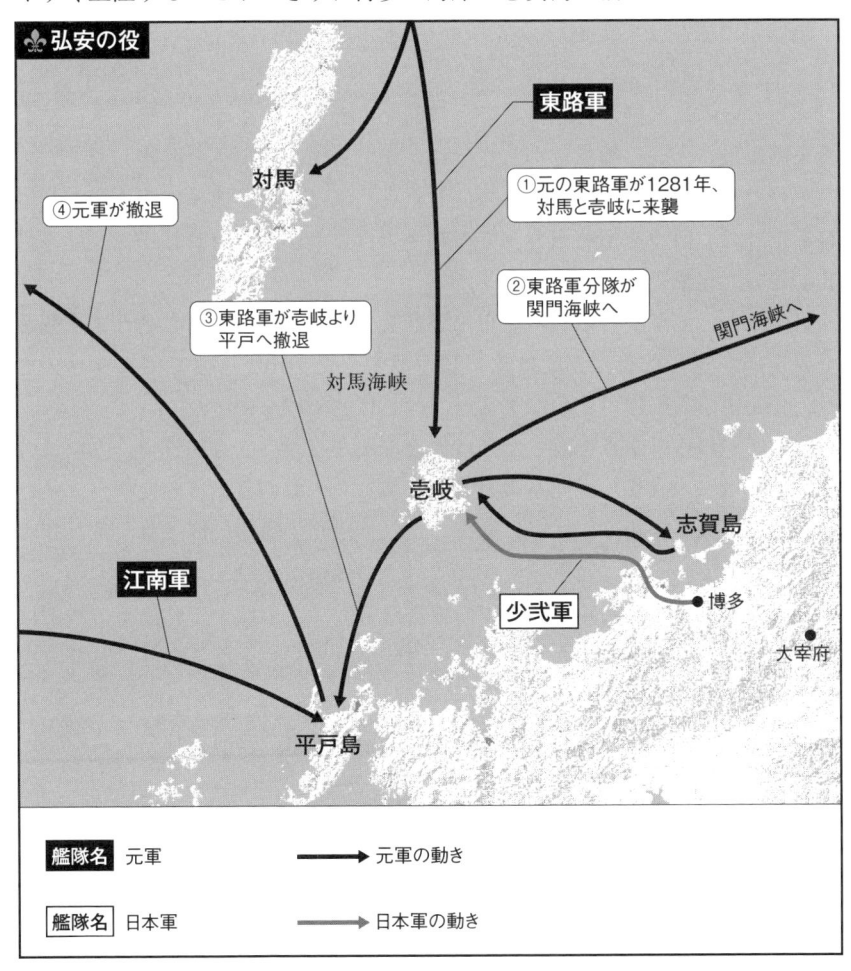

弘安の役

東路軍
①元の東路軍が1281年、対馬と壱岐に来襲
②東路軍分隊が関門海峡へ
④元軍が撤退
③東路軍が壱岐より平戸へ撤退
対馬
対馬海峡
関門海峡へ
壱岐
志賀島
博多
大宰府
江南軍
少弐軍
平戸島

| 艦隊名 | 元軍 | ⟶ 元軍の動き |
| 艦隊名 | 日本軍 | ⟶ 日本軍の動き |

1章 ガレー船時代の海戦　69

博多を攻撃することにした。

これに対し日本軍は、志賀島の東路軍艦隊へ夜襲をかけた。日本軍の船は、輸送船に武士を乗せただけのものであったが、小回りが利くので夜襲をかけるには好都合だった。船の帆柱を倒して敵の大型艦船に乗り込み、船上で大立ち回りを繰り広げた。海戦や弓などによる遠距離戦では不利な日本軍だったが、白兵戦では元軍と互角の戦いを繰り広げた。

夜襲、奇襲が何度も繰り返され、そのうち干潮時に露出する「海の中道」を利用して一軍が志賀島に依る東路軍を急襲し、大打撃を与えた。この戦いで元軍は1000名以上の戦死者を出し、連日連夜にわたる日本軍の夜襲に耐えきれず、志賀島からも後退せざるを得なくなった。

東路軍は壱岐まで後退し、主力である江南軍の到着を待つことにしたが、日本軍の少弐経資(しょうにつねすけ)はその間隙を突いて、1万の軍を率いて壱岐へ進軍した。日本軍の艦隊は櫓漕ぎの小舟という貧弱なものであったが、疲弊しきっていた東路軍はこの弱小艦隊を押し返すことができず、平戸へと敗走した。

平戸で待ちに待った江南軍と合流した東路軍は、再び博多征圧を目指して錨を上げた。博多を閉め出されてから1カ月以上がたった7月27日、元軍は4000隻の大艦隊で博多湾に侵入した。

日本軍も、博多から多数の船を出撃させて、これまでと同じように夜襲と奇襲を繰り返したが、今度は敵の数が多すぎた。10隻単位で損害を与えても、4000隻の大艦隊にとってダメージはさほどではなかった。

攻めあぐねる日本軍を救ったのは大暴風雨だった。7月30日夜、九州地方に大型の台風が直撃し、元軍の大艦隊を襲ったのである。造船技術が未熟だった元軍の大型艦船は、互いに衝突したり横殴りの風雨に倒され、荒れ狂う波にのまれていった。元軍は、2000隻以上の艦船が沈没し、海軍戦力の3分の2以上を失った。とくに江南軍の被害は甚大で、もはやこれ以上の戦闘は不可能だった。元軍は、志賀島などに上陸済みの兵士を置き去りにして敗走を余儀なくされた。残された3万名の兵士たちは、日本軍の掃討戦に敗れて、日本と友好関係にあった南宋兵士を除いて全員が処刑された。この戦いが、弘安の役である。

2度の敗戦という失態を演じたフビライは、それでも日本遠征に執念を燃やしていたが、江南各地で反乱が続出するなど内紛が頻発し、それらを鎮圧して遠征が先延ばしになる中、フビライが死去したことで日本遠征は取りやめとなった。

1章 ガレー船時代の海戦　71

英仏を泥沼の戦争に導く

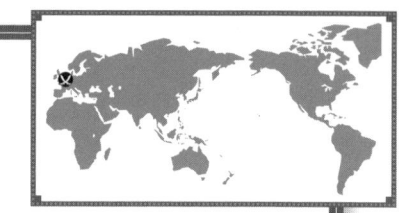

スロイスの海戦

百年戦争の緒戦、イングランド王エドワード三世はスロイス港のフランス艦隊に向けて大艦隊を差し向けた。この海戦でフランス艦隊に壊滅的な打撃を与えたエドワード三世の戦術とは。

勃発年 1340年
対戦国 イングランド VS フランス
兵　力 イングランド：147隻　フランス：190隻

英仏百年戦争の始まり

　スロイスの海戦は、フランス王家の後継問題をめぐるイングランドとフランスとの争いである百年戦争の初期の戦いのひとつであるが、この海戦が両国の争いを100年も持続させるきっかけになった。

　1328年のフランス王シャルル四世の死去によりカペー朝は断絶し、従兄弟のヴァロア朝フィリップ六世が王位を継承した。これに異を唱えたのが、イングランド王エドワード三世だった。エドワードはシャルル四世の甥にあたり、王位継承権は自分にあると主張したのである。エドワードはフランス諸侯の説得にあたったが失敗し、両国の間は険悪となった。そして1337年11月、エドワードが自身のフランス王位継承を宣言し、ヴァロワ朝に対して挑戦状を叩きつけるに至って両者は完全に決裂、長い長い百年戦争へと突入していくのである。

エドワードとフィリップの攻防

　エドワードは、フランス本土侵攻の足がかりとして、まずはイングランド海峡に面したフランドル地方に照準を定めた。フランドルは現在のベルギー

北部にあたる地域で、1302年にフランスから独立したばかりだった。イングランドからの輸入によって商業が発達した国であったために親イングランド派が多い地域でもあった。

エドワードの行動を知ったフィリップ六世は、フランドルが全面的にエドワード側につく前に攻勢を開始した。ヒュー・キエレ提督、ピエール・ベウシェ提督、ジェノバの海賊バルバベラの3人を指揮官にした190隻の艦隊を派遣してフランドル北方のスロイス港を占拠し、エドワード艦隊に対する防備を固めたのである。

エドワードはすぐにでもフランドルに進出したフランス艦隊を襲撃したかったが、軍艦の建造が間に合わず、これを延期した。しかし、その間にもエドワードは艦隊の準備を進め、イングランド東岸にあるグレート・ヤーマスから64隻、南岸のシンク・ポーツから37隻を手に入れた。そして本国の軍艦建造が終わった1340年6月、一大艦隊を編成したエドワードはトーマス号に乗船し、これを旗艦にした147隻の艦隊でフランドルに向けて出航した。

対するフランス軍も、19隻の大型船を含む190隻の大艦隊でスロイス港を守備し、臨戦態勢を整えていた。バルバベラは先制攻撃による海上戦を主張したが、キエレとベウシェの両提督は港内での防衛戦を選び、スロイス港の入り口付近に待機してイングランド艦隊を迎え撃つことにした。

フランス艦隊は港に錨を下ろしたまま、艦隊を3つに分けて港口に三列になるように整列させて、最前線の艦隊は、船と船の間を突破されないように船同士を太綱のようなもので連結した（連結はしていなかったとする説もある）。各艦には弩兵、投石兵が配備され、最前線のクリストファー号とエドワード号にはとくに多くの弩兵が乗せられていた。フランス艦隊は巨大な要塞にも見えたが、その実は、引き潮と波の影響で不安定な状態だった。

スロイス沖に到着したイングランド艦隊は風と潮が自軍に有利になるのを、フランス艦隊を目の前にしながら、じっと待っていた。その目安は、太陽が自軍の背後に傾いて目に入らない時間になるまでだった。

海上戦を主張していたバルバベラは、配下のガレー船20隻ばかりを率いて勝手に港外に出撃し、沖に待機していたイングランド軍を急襲した。このときは、太陽を背にしていたバルバベラ艦隊が優勢で、バルバベラはエドワードを負傷させ、数隻のイングランド船を拿捕する活躍を見せた。しかし、連結した味方艦隊の不安定さに敗色を感じ取っていたバルバベラは、スロイス港内のフランス艦隊には戻らずに、そのまま戦線を離脱してしまった。

1章　ガレー船時代の海戦　　73

イングランド艦隊は、バルバベラの奇襲でいったんは隊列を崩されたが、すぐに態勢を立て直した。エドワードは艦隊を3つに分けて並べ、前列に大型艦を3隻目ごとに配置し、その中間2隻には長弓兵を配備し、後方に予備隊を置いた。前方艦隊の指揮を任されたのは、ロバート・モーレイ提督だった。

　午後になって、太陽を背にしたロバート・モーレイ提督率いる前方艦隊が、港内のフランス艦隊に突進した。当時の海戦ではまだ火砲が使われておらず、近接戦からの白兵戦が主流だった。この近接戦で威力を発揮したのが、モーレイ艦隊の長弓兵だった。

　イングランド軍の長弓の射程距離は200メートルほどもあり、フランス軍の弩（普通の弓より重く、打撃力に優れるが連射がきかない）の100メートルをはるかに超えていた。イングランド軍は、長弓で狙いを定めず弾幕のように矢の雨を降らせ、フランス艦隊の甲板上の兵士を一掃したのである。そして、長弓の攻撃が一段落してから、いっせいに敵船になだれ込んで白兵戦で殲滅にかかった。

　イングランド軍は、第一列艦隊が正面からフランス艦隊に襲いかかり、第二列と第三列の艦隊は、それぞれ側面からフランス艦隊を攻撃した。そのいずれでも、長弓攻撃から白兵戦という戦法がとられた。フランス艦隊は港内で艦船を連結していたため動きがとれず、イングランド軍の長弓攻撃をまと

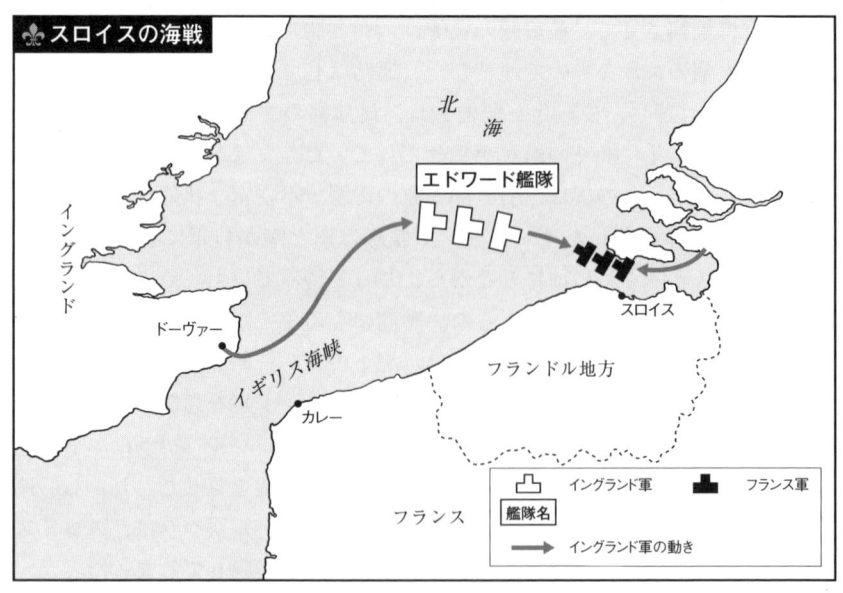

もに受けるはめになってしまった。

　長弓の攻撃にさらされながらも、投石によってイングランド艦船の数隻を破損させるなど、フランス軍もよく応戦したが、イングランド軍の猛攻を支えきれなかった。フランス艦隊は第一列が突破されると、続く第二列、第三列の艦隊は大混乱に陥り、多くの兵士が逃亡してしまった。

　さらに、エドワードが戦前に行ったフランドル市民への現地工作により、フランドル軍50隻ほどが劣勢となったフランス艦隊第三列の背後から攻撃を加えるに至って、フランス軍の敗北は決定した。泳いで逃げのびたフランス兵たちは、陸で待ちかまえていたフランドル軍によって殲滅されてしまった。

　巨大な要塞と化していたフランス艦隊は、戦線離脱したバルバベラのガレー船24隻を除いた166隻が全滅し、キエレ提督が戦死、ベウシェ提督は捕縛されて死刑に処せられた。人的被害は2万5000にものぼった。一方、イングランド軍は、4000名の戦死者を出したものの、バルバベラに拿捕された艦船以外に喪失艦はなく、完勝といえる勝利を収めたのだった。

その後の百年戦争

　スロイスの海戦でイングランド軍が圧勝できたのは、まず潮の流れが自軍に有利になるのを待って突撃したことがあげられる。実際、フランス艦隊はイングランド艦隊が突入してくる前から潮に流される船が相次ぎ、互いに衝突するという問題を発生させていた。

　そして、エドワードが採用した長弓の威力も、勝敗を分けたといってよい。イングランドの長弓兵は、フランス艦隊の上甲板の兵士をも一掃してしまうほどの破壊力をもっていたのである。

　この海戦の勝利により、イングランドはイギリス海峡の制海権を手に入れ、これにより随時フランスに遠征軍を送る態勢が整った。だが、これはイングランド軍を大陸での戦いに引きずり込むことになり、戦争を長期化させる原因ともなった。百年戦争の出発点はエドワードの宣戦布告だったが、長期化させてしまったのは、皮肉にもスロイスの海戦におけるイングランド海軍の大勝利だったのである。

マルマラ海の海戦

ローマ帝国の正統・東ローマ帝国の滅亡

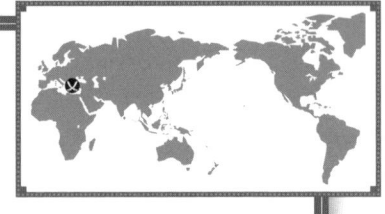

アナトリアの小国家から大帝国に成長したオスマン帝国は、やがて東ローマ帝国を脅かす存在となった。オスマン帝国は、キリスト教の聖地であり、ローマ帝国最後の砦ともいえるコンスタンティノープルへと兵を進める。

勃発年 1453年
対戦国 オスマン帝国 VS 東ローマ帝国
兵力 オスマン帝国：約300隻　東ローマ帝国：5隻

難攻不落の都市コンスタンティノープル

　4世紀後半に誕生し、その後1000年という長きにわたってギリシア地方から小アジア一帯に領土を保った東ローマ帝国が、イスラム王国オスマン帝国に滅ぼされたのが、コンスタンティノープルの戦いである。その戦いのなかで発生したマルマラ海の海戦は、コンスタンティノープル陥落のきっかけとなった戦いであった。

　ヨーロッパとアジアを分かつボスポラス海峡のヨーロッパ側に位置し、ヨーロッパ側からアジア側へと海に突き出した町、それがコンスタンティノープル（現在のイスタンブール）である。コンスタンティノープルは東ローマ帝国の首都で、476年に西ローマ帝国が滅びてからは、キリスト教の聖地であり、ローマ帝国の最後の砦でもあった。

　東ローマ帝国はビザンティン帝国とも呼ばれ、11世紀前半にはバルカン半島やアナトリア半島東部を支配下に収める大国となったが、十字軍の侵攻やたび重なるトルコ系イスラム勢力の侵攻により、徐々にその領土を奪われ、1202年には第4回十字軍によりコンスタンティノープルを占領された。その後、東ローマ帝国は再興されたが昔日の面影はなくなり、1448年にコンスタンティノス11世が即位したころにはほとんどの領土を失い、首都コンスタン

ティノープルだけが残された。

　そのころ、アジア大陸に覇を唱えていたのがオスマン帝国だった。オスマン帝国はバルカン半島やアナトリア半島にまで進出し、本格的にヨーロッパへの侵攻をはじめていたが、そのためにはアジアとヨーロッパをつなぐコンスタンティノープルを制圧しなければならなかった。

　コンスタンティノープルはボスポラス海峡とマルマラ海に囲まれ、北部には細く狭い金角湾を構えており、陸とつながる西側には三重にわたる大城壁が築かれている難攻不落の要塞だった。さらに、金角湾には湾内に敵が侵入しないように鎖が引かれ、湾を封鎖していた。

　1451年にオスマン帝国のスルタンを継いだメフメット二世は、この難攻不落のコンスタンティノープルに挑んだ。メフメットは、まずボスポラス海峡に城塞を建設し、巨砲3門を設置して海峡を通過する敵船を撃退するための態勢を整えた。

　コンスタンティノスはメフメットに対して何度も抗議したが、オスマン帝国は1453年1月、コンスタンティノープル攻略の本格攻勢を決定した。

マルマラ海の海戦

　メフメットは、コンスタンティノープル攻略の糸口を、それまでの陸上からではなく海上からに見いだした。そのため、エーゲ海とダーダネルス海峡に挟まれたゲリボル半島で、18隻の艦船と300隻の武装商船を建造させ、万全の準備を整えた。

　コンスタンティノスは、これに対してヨーロッパ諸国に援助を求めたが、過去フィレンツェで行われた宗教会議で東ローマ帝国と衝突していたキリスト教諸国は、オスマン帝国の脅威を感じながらも即座に援軍を送ることに躊躇した。しかし、コンスタンティノープルの陥落が通商利益に直接ダメージを受けることになるベネチアとジェノア、コンスタンティノープルと国境を接しオスマン帝国の脅威を直接受けることになるギリシアの3国は、東ローマ帝国への援助を受け入れた。

　オスマン帝国によるコンスタンティノープル攻囲は、1453年4月から開始された。オスマン帝国が用意した兵力は20万ともいわれる大軍であり、対する東ローマ帝国の兵力は、ベネチア・ジェノア・ギリシアの援軍を足しても1万ほどだった。

ただし、海軍力に限っては、ヨーロッパ３国が上回っていた。派遣された艦船は、ギリシア艦隊10隻、ベネチア・ジェノア艦隊16隻にすぎなかったが、海兵の練度においては海戦経験の少ないオスマン帝国艦隊は、はるかに及ばなかったのである。

シチリア島を出航したベネチア・ジェノアの先兵艦隊５隻は、マルマラ海に到着したころオスマン帝国艦隊に発見された。メフメットは、バルサ・オグリを318隻の艦隊司令官に任命し、たった５隻のベネチア・ジェノア艦隊を撃滅させようと派遣した。

バルサは、ベネチア・ジェノア艦隊の進路をふさぐべく、318隻の大軍で彼らの前方に立ちふさがった。操舵技術に劣るバルサ艦隊は、接舷して白兵戦にもち込もうと考えていた。しかし、海上を庭にするベネチア・ジェノア艦隊は、バルサ艦隊を翻弄するように縦陣の陣形を崩さず、縦横無尽に海上を行き来した。

バルサ艦隊の主力は18隻の艦船で、ベネチア・ジェノア艦隊はその主力めがけて砲撃を加えた。そして、残りの300隻に及ぶガレー船の武装商船には、操舵技術に任せた体当たりを繰り返して、次々とバルサ艦隊を撃沈させていった。さらに、「ギリシアの火（ギリシア火薬とも）」と呼ばれる東ローマ帝国門外不出の秘密火器により、バルサ艦隊は次々に大火災を発生させて海の藻屑となった。「ギリシアの火」とは、液体状の化学薬品で空気にふれると発火したといわれ、水では消火できなかったという。

海戦経験の乏しいオスマン帝国艦隊は戦列を組むこともできず、各艦がおのおの好き勝手にベネチア・ジェノア艦隊に攻撃を加えようと接近したが、ことごとく砲撃や「ギリシアの火」によって遮られ、右往左往している間に体当たりを食らって沈んでいった。

そのうちバルサ艦隊は散り散りになり、その間隙を縫ってベネチア・ジェノア艦隊は、無傷のまま金角湾にたどり着いた。バルサは、残った艦隊を率いて金角湾に追撃をかけたが、それを見たベネチア・ジェノアの５隻は、すぐさま反転して縦陣のままバルサ艦隊に突入していった。ここでも操舵技術の差はいかんともしがたく、バルサ艦隊はいいようにあしらわれて損害を大きくするばかりであった。

数的有利から楽勝を予想していたメフメットは、この光景に怒り心頭に発し、バルサに艦隊修復の暇を与えず、さらなる追撃を厳命した。この時点で、バルサ艦隊の主力18隻はほとんど戦闘能力を喪失していた。150隻ほど

に減ってしまったバルサ艦隊は、縦陣のまま一直線にベネチア・ジェノア艦隊に突撃を開始し、なんとか白兵戦に持ち込もうとした。しかし、2時間に及ぶ戦闘の末、またもやベネチア・ジェノア艦隊にダメージを与えられずにバルサ艦隊は撤退した。

たった5隻で318隻の大艦隊を撃退したベネチア・ジェノア艦隊は、意気揚々と金角湾に入港した。海上の制海権は東ローマ帝国のものとなり、メフメットはボスポラス海峡から金角湾への侵入をあきらめざるを得なくなった。

オスマン帝国軍が金角湾を占領

たやすく金角湾に侵入できなくなったメフメットは、それでも金角湾の占領が、東ローマ帝国側の兵力を分散させる意味で重要であるとの認識を改めなかった。しかし、港湾入り口を鎖で封鎖された金角湾を突破することは容易ではなく、オスマン帝国艦隊はいたずらに損害を増やすばかりだった。メフメットは、この状況を打破するために、ボスポラス川岸から陸上経由で金

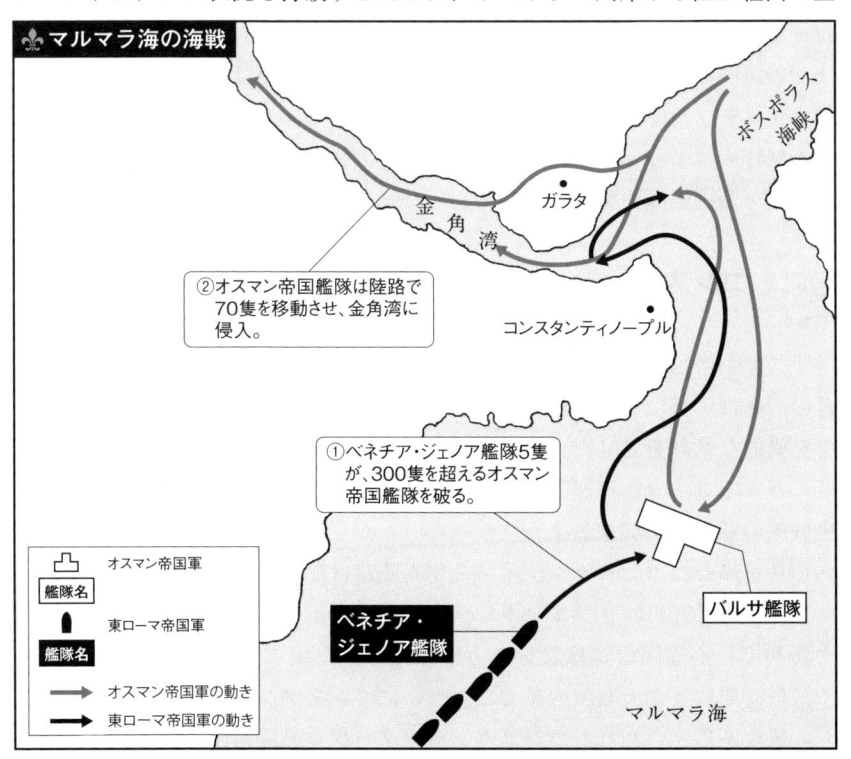

マルマラ海の海戦

②オスマン帝国艦隊は陸路で70隻を移動させ、金角湾に侵入。

①ベネチア・ジェノア艦隊5隻が、300隻を超えるオスマン帝国艦隊を破る。

バルサ艦隊

ベネチア・ジェノア艦隊

マルマラ海

ボスポラス海峡
金角湾
ガラタ
コンスタンティノープル

艦隊名 オスマン帝国軍
艦隊名 東ローマ帝国軍
→ オスマン帝国軍の動き
→ 東ローマ帝国軍の動き

1章 ガレー船時代の海戦　79

角湾内に艦船を輸送させる奇策を思いついた。

　金角湾を挟んだ対岸の都市ガラタは、この戦争において中立を保っていた。メフメットはこのガラタを説得し、金角湾までの陸路を確保した。木の枝を敷いて、その上に油を塗り、オスマン帝国軍はわずか一夜で金角湾内に70隻を移動させた。

　これに虚をつかれた東ローマ帝国艦隊が戦備を整えている間に、オスマン帝国軍は、金角湾の最峡部に陸軍部隊と連絡する浮橋をかけ、そこに砲台を設置して東ローマ帝国艦隊に攻撃を加えた。金角湾内から封鎖を解除すると、外で待機していたオスマン帝国艦隊はいっせいに湾内になだれ込み、東ローマ帝国軍をあっというまに撃滅した。そのためコンスタンティノスは、メフメットの思惑どおり、もとより少ない兵力をさらに金角湾にも派兵しなければならず、西側の城壁の守兵を薄くせざるを得なかった。

　陸戦になれば、海戦と違って数的有利はかなりのアドバンテージとなる。東ローマ帝国軍は徐々に劣勢に立たされ、そしてついに城壁は破られた。金角湾内、ボスポラス海峡で奮戦を続けていたベネチア・ジェノア艦隊は、東ローマ帝国の敗北を悟り、そのまま帰国してしまった。メフメットは、それまでの海戦の結果からベネチア・ジェノア艦隊の追撃はあきらめ、コンスタンティノープル陥落へ全力を注力することにした。

　奇襲作戦によって金角湾の封鎖を解き、大艦隊によって総攻撃を仕掛けたオスマン帝国艦隊の戦術の勝利であった。

コンスタンティノープル陥落

　オスマン帝国軍は、コンスタンティノープルへ猛攻を開始したが、難攻不落の要塞は劣勢になりながら、コンスタンティノス自ら陣頭指揮を執ることで驚異的な粘りを見せた。そのうち、オスマン帝国軍内にはハンガリーをはじめとするヨーロッパ諸国の援軍が噂されるようになり、軍内では停戦派と主戦派の意見が衝突するようになった。しかし、指揮官メフメットは、今回の機会を逃せばコンスタンティノープル陥落は難しいことを知っていた。

　1453年5月29日、メフメットは全オスマン帝国軍に総攻撃を命じた。もはや勝利でしか帰国の道はないことを知らされたオスマン帝国兵の士気は高く、数時間に及ぶ大激戦の果てに、ついにコンスタンティノープルを占領した。難攻不落といわれたコンスタンティノープルの陥落は、東ローマ帝国の

滅亡を意味した。

オスマン帝国の勝利により、ベネチアやジェノアは地中海における貿易権益を奪われ、その国力を大幅に減退させた。また、バルカン半島への進出が容易になったオスマン帝国によって、周辺諸国は徐々にオスマン帝国の支配下に置かれ、その後ヨーロッパ各国とオスマン帝国との対立が表面化していくことになる。

Column 2 —— コンスタンティノープルの戦い

1453年にオスマン帝国によって滅ぼされた、東ローマ帝国の首都コンスタンティノープルは、それまでも何度もイスラム帝国の侵攻の的にさらされていた。なかでも、皇帝レオン三世の治世時（717〜741年）のそれは、かなり大規模なものだった。

当時のイスラム帝国は、地中海西方の出口ジブラルタル海峡を制圧し、東ローマ帝国領だった中部カルタゴとシリアを陥落させていた。そして718年、いよいよヨーロッパ大陸への侵攻の要となる東ローマ帝国の最後の砦コンスタンティノープルに照準を定めた。軍勢8万、艦船1800隻の軍勢を率いたのはズレイマンである。

コンスタンティノープルは陸上に大城壁を築いており、金角湾の入り口は鉄鎖で封鎖されていた。ズレイマンは海戦を決意し、コンスタンティノープル近海はイスラム帝国の艦船で埋め尽くされた。

ところが、数的にも圧倒的に有利なはずだったイスラム艦隊は、レオン三世率いる東ローマ帝国海軍に完敗を喫することになる。レオン三世は、「ギリシアの火」を各艦船に取り付け、イスラム艦隊を次々に焼き払っていった。このギリシアの火は、7世紀に東ローマ帝国が発明した兵器で、船首や船尾に筒を取り付け、その筒から発射された液体が炎となって敵船を炎上させた。その炎は海上でも燃え続け、水をかけるといっそう広がり、砂でしか消火ができなかったといわれる。

さらに厳冬に見舞われたイスラム軍内で疫病が蔓延し、形勢有利と見たブルガリアから東ローマに援軍が送られるに至って、ズレイマンは撤退を余儀なくされた。イスラム帝国は、この戦いで5万人以上の戦死者を出し、無事に母国に帰港できた艦船はたったの10隻しかなかった。

カトリック連合軍とオスマン帝国の決戦
プレヴェザの海戦

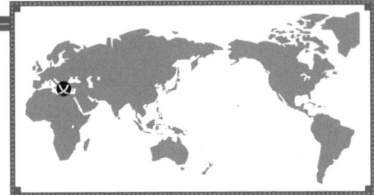

バルバリア海賊を自軍に取り込んだオスマン帝国は、またしてもヨーロッパへ侵攻を開始し、ローマ教皇のもとに集結したヨーロッパカトリック連合軍とプレヴェザ沖で相まみえる。

- **勃発年** 1538年
- **対戦国** オスマン帝国 VS カトリック連合軍
- **兵力** オスマン帝国：約120隻　カトリック連合軍：約200隻

海賊バルバロッサとオスマン帝国が合流！

　東ローマ帝国滅亡後、オスマン帝国のヨーロッパへの進出はさらに露骨となり、ヨーロッパ諸国は常に脅威にさらされることになった。そして、1538年のプレヴェザの海戦により、オスマン帝国の海上における覇権は確定的となったのである。

　16世紀、オスマン帝国は屈指の君主スレイマン一世のもとに最盛期を迎え、領国諸国を経済的にも軍事的にも繁栄させ、積極的に版図を広げていった。

　そのころ、北アフリカのバルバリア地方では、アルジェリア海賊が猛威を振るっていた。なかでも、ギリシア出身の海賊ハイレッディン・バルバロッサは一族を率いて、アルジェリア海賊を組織的にまとめ上げ、バルバリア地方のスペインの拠点を次々に撃破していった。さらに強力な戦艦を建造し、西地中海から北大西洋の至るところに出没しては、ヨーロッパ諸国の商船を襲撃したり、沿海地方に攻め入ったりしては掠奪を繰り返した。

　そして1534年、地中海の制海権にも貪欲だったスレイマンと、ヨーロッパ諸国に反抗的だったバルバロッサの利害が一致する。バルバロッサがオスマン帝国艦隊の総指揮官に任命されると、オスマン帝国海軍は一気に増強されたのである。

聖ヨハネ騎士団が1522年にロードス島を追われたあと、東地中海に残されたキリスト教の海上勢力でもっとも有力だったのがベネチア共和国だった。ヨーロッパ諸勢力と戦闘・和解を繰り返しながら、東地中海に中立を保ってきたベネチアにとって、東地中海の制海権を脅かしはじめたオスマン帝国は脅威だった。

そこでベネチアは、当時のヨーロッパの大国スペインに助けを求めた。オスマン帝国の西進を快く思っていなかったスペイン王カール五世はこれを快諾し、ベネチアとともにオスマン帝国に対抗することになった。

ローマ教皇のもとにカトリック連合軍が集結

ベネチアはスペインと手を結ぶ一方で、ローマ教皇ピウス五世にも援軍を求めた。これ以上、異教国オスマン帝国の攻勢を許したくないローマ教皇がこれに応じると、ローマ教皇に追随してポルトガル、マルタ、フィレンツェが加わり、ヨーロッパのカトリック大連合ができあがった。

そのころ、バルバロッサがガレー船135隻を率いて、イタリア半島に向かっていた。バルバロッサは1カ月にわたってイタリアのアプーリア沿岸を荒らし回ると、今度はギリシア西岸のベネチア領コルフ島に向かった。

バルバロッサは航路の途中でオスマン帝国軍のルトフィ提督艦隊と合流すると、1537年8月、コルフ島の砦に砲撃を開始した。コルフ島守備軍も必死に応戦するが、ルトフィ艦隊の正確な砲撃により2隻のガレー船を失い、戦死者も多くなってくると防衛もままならなくなってきた。しかし、冬が近づきつつあったためにバルバロッサ艦隊は包囲を解き、コルフ島はからくも難を逃れることができた。

バルバロッサは、その後もアドリア海とエーゲ海に出没しては、掠奪を繰り返した。ヨーロッパ諸国は連合を組んだとはいえ、いまだ一枚岩ではなかったから、神出鬼没のバルバロッサに有効な手だてを打てずにいた。

1538年の夏、バルバロッサは150隻の艦隊を率いて、またもエーゲ海に現れた。クレタ島を急襲し、80に及ぶ村落を荒廃させた。

ここに至って、ついにカトリック連合軍は開戦を決定し、バルバロッサを討つために艦数200隻、兵力6万にものぼるアンドリア・ドリア率いる大艦隊をクレタ島へ派遣した。

プレヴェザで両軍相まみえる

　連合軍の派兵を知ったバルバロッサは、艦数122隻に兵力2万ほどを率いて地中海からイオニア海に侵入し、先年に攻めたコルフ島の南にあるプレヴェザ沖に到着した。この時点で、カトリック連合軍も付近まで到着していたが、ドリアはバルバロッサがコルフ島を攻めると踏んで、プレヴェザを北上していた。対するバルバロッサは、ドリア艦隊の行方をつかめず、とりあえずプレヴェザ湾に入って投錨した。

　1538年9月25日、バルバロッサ艦隊がプレヴェザ湾に入ったことを知ったドリア艦隊は、湾口の沖に姿を現した。しかし、プレヴェザ湾の入り口が予想外に狭く、またバルバロッサによって沿岸一帯に大砲が配備されていたため、ドリア艦隊は湾内に入ることができなかった。さらに、湾口の砂州は、バルバロッサ艦隊のガレー船より大型なガレオン船を主力にしたドリア艦隊の動きを、完全に封じ込めることになった。

　両軍はしばし膠着状態にあったが、先に動いたのはバルバロッサだった。バルバロッサは不意に湾外に出ると、半円状の陣形を組んでドリア艦隊の包囲にかかったのである。

　連合軍は、ベネチア艦隊80隻、ローマ教皇艦隊36隻、スペイン艦隊30隻が

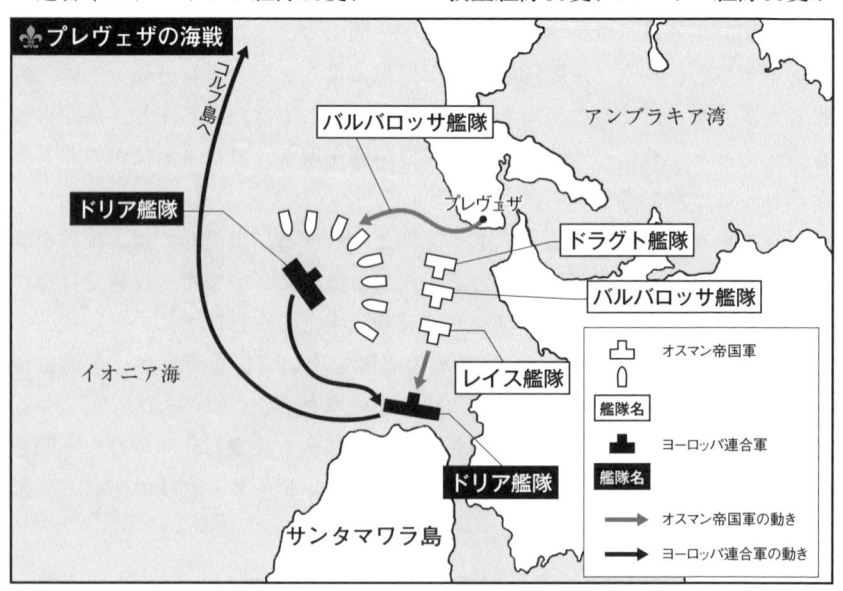

主力を形成していたが、各艦隊が自国の利益ばかりを主張し、まったく統制がとれていなかった。そのため、どの艦隊も自国の保身ばかりを考え、それを指揮するドリアも一国に損害が集中するのを嫌って、大規模な作戦に打って出ることができなかった。連合軍は数的有利をまったく生かせず、バルバロッサ艦隊の包囲砲撃にさらされながら、南のサンタマワラ島沖に退却するよりなかった。

その翌日、バルバロッサはサンタマワラ島沖に投錨するドリア艦隊に向かって進軍を開始した。一直線に長蛇の陣を組んで、中央にバルバロッサ、前衛にサーリフ・レイス提督、後衛にドラグト提督を配置し、ドリア艦隊に砲撃を加えはじめた。

ドリアは、バルバロッサの追撃がここまで速いとは思っておらず、艦隊は思い思いに投錨していたため迎撃の陣形を組めなかった。そのため、各艦隊それぞれが、バルバロッサ艦隊と対峙しなければならなくなった。

やがて海上が凪になると、帆船のガレオン船を主力としていたドリア艦隊は動くことができなくなる。対するバルバロッサ艦隊のほとんどは漕船のガレー船だったため、終盤はバルバロッサ艦隊の一方的な攻撃に終始した。

しかし、ドリア艦隊の主力であるガレオン船は巨大で装甲も堅かった。そのため、バルバロッサ艦隊の砲撃にさらされても全壊することはなかった。また、ガレー船からの砲撃は低弾道で発射され、巨船のガレオン船の甲板や上部マストに当てることが困難だった。

長時間にわたって繰り広げられた両軍の戦闘は日没とともに終了し、カトリック連合軍はコルフ島へ敗走した。カトリック連合軍は13隻の艦船を失い、36隻の艦船が拿捕された。対するバルバロッサ艦隊の喪失艦は1隻もなく、プレヴェザの海戦はオスマン帝国軍の圧勝で終わった。

バルバロッサ艦隊の勝利の要因は、ヨーロッパ連合軍の不統制が第一であったが、味方のいる陸地を背後にひかえた湾内を確保したことと、広々とした外海に誘い出されなかったことが挙げられる。外海で戦っていれば、数的有利もさることながら、ヨーロッパ連合軍のガレオン船は十分にその威力を発揮できたはずだからだ。

プレヴェザの海戦に勝利したことで、オスマン帝国は東地中海の制海権を完全に掌握した。ヨーロッパ諸国はさらに追い詰められることになったのである。

地中海の制海権を賭けた中世最後の海戦
レパントの海戦

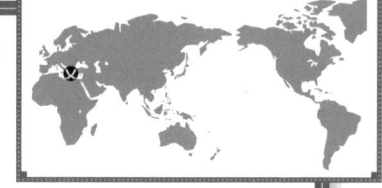

東ローマ帝国を滅ぼしヨーロッパ大陸へ進出してきたオスマン帝国に対し、ヨーロッパのカトリック教国は再び団結する。こうして、地中海の覇権をめぐる戦い、レパントの海戦の幕が上がる。

- **勃発年** 1571年
- **対戦国** カトリック連合軍 VS オスマン帝国
- **兵力** カトリック連合軍：285隻　オスマン帝国：約300隻

オスマン帝国の脅威に再びローマ教皇が立つ

16世紀はオスマン帝国の黄金時代であった。コンスタンティノープルの戦いで東ローマ帝国を滅ぼしたオスマン帝国はその後、北アフリカまで進出し、ヨーロッパ諸国を震え上がらせた。だが、プレヴェザの海戦に勝利し東地中海の制海権を奪ってさらなる西進を目指すオスマン帝国の野望を打ち砕いたのが、レパントの海戦であった。

オスマン帝国の最盛期を築いたスレイマン一世が1566年に死ぬと、セリム二世が後を継ぎ、父の遺志を受け継いだ彼もまた対外膨張策をとり、1570年7月、ベネチア領キプロス島への進撃を決定した。

これに対し、単独では到底相手にならないベネチアは、ローマ教皇ピウス五世に援助を求めた。教皇は、異教徒の進撃を抑えるために再び立ち上がり、自らガレー船12隻を提供する条件で、カトリック諸国にも連合軍への参加を呼びかけた。

これに、チュニジアをめぐってオスマン帝国と折り合いの悪かったスペインやジェノア、ナポリ、サヴォイアといった南欧諸国が応じ、ロードス島をオスマン帝国に奪われマルタ島に本拠を移した聖ヨハネ騎士団も参加。総艦船数285隻、兵力２万5000というカトリック大連合軍が、シチリア島のメッ

シナに集結した。総司令官には、スペイン王フェリペ二世の異母弟ドン・ファン・デ・アウストリアが指名された。

対するオスマン帝国軍は、ミュエッジン・ザデ・アリを司令官にした総勢300艦の大艦隊で、ヨーロッパに向けて出陣した。そして、連合軍のメッシナからの出撃の報を受けたオスマン帝国軍は全艦隊をギリシア半島の南、レパントに集結させた。

こうして1571年10月、両軍はついにレパント沖で戦闘態勢に入った。

オスマン帝国艦隊を苦しめたガレアス船

カトリック連合軍は、ドン・ファン座乗の旗艦レアル号を中央艦隊として、やや弓型のほぼ一直線の陣形をとり、左翼にバルバリゴ提督率いるヴェネチア艦隊、右翼にドリア提督率いるガレー船54隻を配置し、スペイン海軍提督サンタ・クルズのスペイン艦隊30隻を予備隊として後方に配置した。また、そのいずれの部隊にも、ベネチアが用意した新鋭艦ガレアス船が2隻ずつ与えられた。

対するオスマン帝国軍も、連合軍と同じほぼ一直線の陣形をとり、右翼にアレキサンドリア総督シロッコ・パシャ、左翼にアルジェリア総督ウルチ・アリを配置、中央には総司令官ミュエッジン・ザデ・アリ率いる旗艦スルタナ号が陣取った。

緒戦でオスマン帝国軍の度肝を抜いたのは、ベネチアが用意したガレアス船だった。ガレアス船は、それまで主流だったガレー船より喫水が高く、さらに甲板に大砲が設置されていた。

それまでの海戦は、ガレー船同士による近接戦が主流であり、ガレアス船のように遠方の敵を砲撃するための砲門は用意されていなかった。今回の海戦にあたって、オスマン帝国軍はやはりガレー船による近接戦に勝機を見いだしていた。

その結果、このとき両軍が備えていた砲門の数は、連合軍1800門に対して、オスマン帝国軍は750門と、じつに2倍以上の差をつけられていた。

この海戦ではじめて用いられたガレアス船の大砲は、それほど火力が強いわけではなかったが、オスマン帝国軍を混乱させるには十分な働きをしたのである。

レパントの海戦の幕が上がる

　カトリック連合軍左翼バルバリゴ艦隊とオスマン帝国軍右翼シロッコ艦隊の激突で、レパントの海戦の火蓋が切って落とされた。連合軍のガレアス船が放った砲撃は、一撃でオスマン帝国軍船1隻を沈めた。シロッコ艦隊はガレアス船の砲撃に混乱したものの被害は少なく、なんとか体勢を立て直してバルバリゴ艦隊の左側に回り込もうと舵を切った。

　巨艦のガレアス船は方向転換に時間がかかり、その隙にシロッコ艦隊は近接戦にもち込んだ。近接戦ではオスマン帝国軍に一日の長があり、連合軍が劣勢に立たされる。近接戦のなかでバルバリゴが瀕死の重傷を負い、その後指揮を執ったマルコ・コンタリニも戦死し、連合軍左翼は壊滅寸前にまで追い込まれた。

　そこに、右翼を担当していたドリア提督麾下のキュイリーニ提督率いるベネチア艦隊が救援に駆けつけ、シロッコ隊の左側から攻撃を仕掛けた。シロッコ艦隊はキュイリーニ艦隊の突撃を支えきれず後退を余儀なくされ、背後に陸を構える状態となったために機動力を失ってしまった。追いつめられた

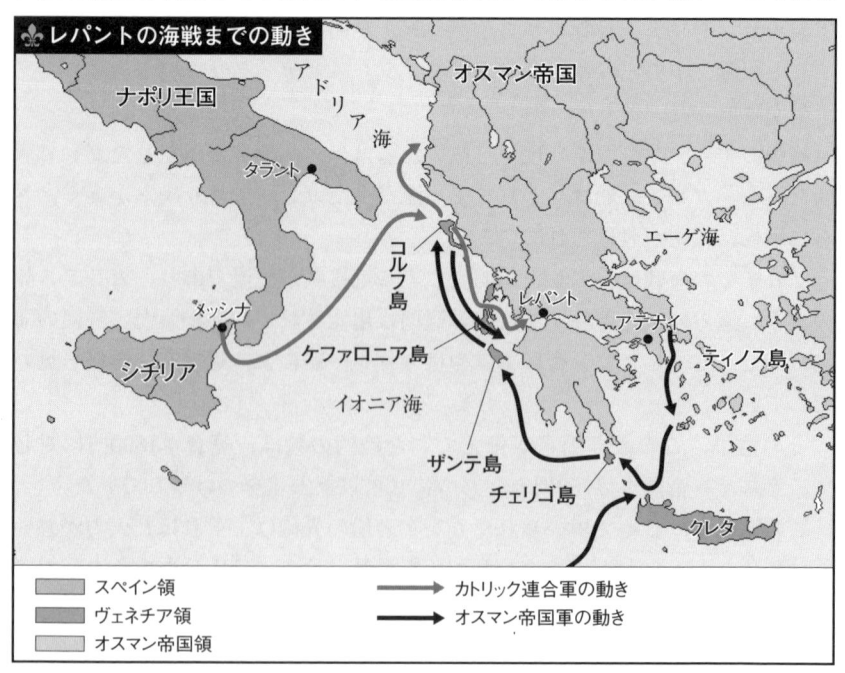

シロッコ艦隊は次々に撃沈され、ついにはオスマン帝国軍指揮官シロッコ・パシャが戦死した。

指揮官を失ったオスマン帝国軍右翼は激しく動揺し、連合軍に一気に戦局を挽回され、1隻残らず殲滅されてしまった。

連合軍左翼艦隊が勝利して30分後、今度は中央の両旗艦が激突した。ガレアス船の咆哮に動揺したミュエッジン座乗の旗艦だったが、果敢に前進を続けて、得意の近接戦、白兵戦にもち込んだ。両軍はがっぷり四つに組み合い、数時間も戦い続けた。

オスマン帝国艦隊指揮官の死と敗走

その間、レパント沖の南側ではオスマン帝国軍の左翼艦隊ウルチ・アリが先手をとり、連合軍の右翼艦隊を攻めようと行動を開始した。しかし、それを察知した連合軍右翼艦隊を率いるドリアは、その包囲を避けるべく左に転回して南に進路をとった。そのため、中央艦隊との距離が著しく離れてしまい、その間隙をウルチ・アリに突かれてしまう。

ウルチ・アリは目標を右翼艦隊から中央艦隊に変え、中央艦隊右の部隊の殲滅にかかるが、右翼のドリア艦隊の一部隊ジョヴァンニ・ディ・カルドーナ艦長率いる16隻のガレー船が、ドリア艦隊の戦列を勝手に離れてウルチ・アリの進路に立ちふさがった。しかし、50隻を超えるアリ艦隊に16隻のカルドーナ艦隊が立ち向かうのは無謀であり、しばらく交戦を続けたが2隻が撃沈、残りはすべて拿捕され、カルドーナ艦隊は全滅した。

だが、彼らの勇敢な行動は無駄ではなかった。ウルチ・アリがカルドーナ艦隊に足止めを食らっている間に、後方に控えていた連合軍予備隊のサンタ・クルズ隊が、ぽっかり空いた間隙を埋めるべく中央艦隊右側面に艦を回し、新たに右翼艦隊として戦列を整えたのである。

そのころ、中央戦列では両軍の旗艦の激闘が続いていたが、連合軍が小銃による射撃を試みたことから、オスマン帝国軍は劣勢を強いられていた。やがて、総司令官ミュエッジンが額に銃弾を受けて倒れると、右翼隊同様に指揮系統は乱れ、逆風の煽りも受けて旗艦が拿捕され、オスマン帝国軍中央艦隊は完全に撃破されてしまった。

中央艦隊右に孤立したウルチ・アリは、それでもあきらめなかった。南下を続けるドリア隊に60隻を向かわせ、自らは30隻を率いて中央隊ドン・ファ

ン座乗の旗艦レアル号の右側面に攻撃を加えた。

　ウルチ・アリの攻撃により、連合軍本隊の最右翼は崩されてしまったが、右翼と中央をもぎとられたオスマン帝国軍にもはや勝ち目はなかった。ウルチ・アリは後方でドリア艦隊と交戦する60隻を置き去りにして西への突破を試みて、イオニア海サンタ・マウラに向けて脱出をはかる。そして日没までにプレヴェザに到着したが、無事に脱出できたのは数十隻というありさまだった。

　オスマン帝国は戦闘員3万人を失い、ガレー船113隻が撃沈され、117隻が拿捕される完敗を喫した。

　対する連合軍の損失は、戦闘員1万5000人で、撃沈させられたガレー船は12隻だった。連合軍の損失も小さくはなかったが、オスマン帝国軍を敗走させたという点で、レパントの海戦は連合軍の勝利となった。

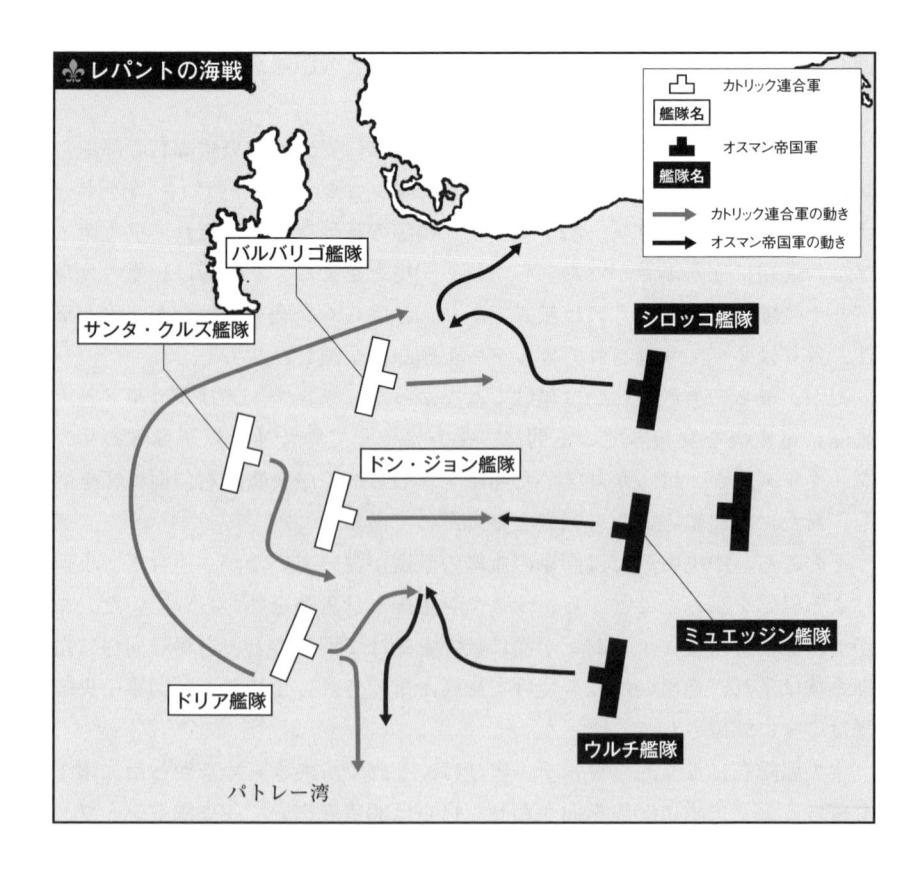

明暗を分けた軍事力

　連合軍の勝因は、オスマン帝国軍がもちえなかったガレアス船の開発にいち早く成功したことにあった。
　その砲撃の火力はいまだ未熟で、敵艦を一発で沈められるものではなかったが、それまでより遠方から攻撃し、敵艦を破損させることができた。これが大きなアドバンテージとなった。白兵戦に長けたオスマン帝国軍の人員を、白兵戦がはじまる前に削減できたことが、勝利に結びついたといえる。実際、レパントの海戦を契機に、海戦は近接戦から火力による砲撃戦へと移行していく。
　快勝にわく連合軍は意気揚々と引き揚げるが、オスマン帝国の脅威が去ると、連合国間での対立が顕在化した。
　共和国制を敷いていたベネチアは、もともと他国から疎外されていたので、その他のカトリック諸国との折り合いは決して良くはなかった。1573年には連合軍の旗頭だった教皇ピウス五世が逝去し、ベネチアはレパントの海戦のきっかけでもあったキプロス島の領有権を放棄してオスマン帝国と和平を結ぶに至り、連合軍はそれ以上オスマン帝国を追いつめることができなかった。
　そのため大打撃を被ったオスマン帝国にとどめをさすことができず、その後の復興を許してしまい、地中海の制海権の力関係は以前とほぼ変わらなかった。
　だが、無敵と恐れられたオスマン帝国艦隊をほぼ壊滅に追いやった事実は、ヨーロッパ各国に自信と名誉を回復させ、以降の歴史に与えた精神的効果は大きかった。ガレー船ザ・エンゼル号が帰港した10月17日は永久祝日とされ、現在に至っている。

2章
帆走船時代の海戦

帆走船時代の艦船・戦術

2000年以上にわたって海戦の主役を務めてきたガレー船に代わって登場したのが、ガレオン船などの大型帆走船である。大砲を搭載した新軍艦は、海戦の戦術も大きく変えることになった。

ガレー船の終幕

　大航海時代を経て海の向こうに乗り出したヨーロッパの強国は、海外に植民地をもつようになり、それは各国間に新たな紛争の火種を生み出すことになった。本国と植民地をつなぐ海上交通が、今まで以上に各国の生命線となったのである。それとともに艦船も発達していった。

　そして16世紀後半になりガレー船は海戦の主役としての役割を終え、ガレー船以上にすぐれた新しい大型帆船、いわゆる帆走船（はんそうせん）が登場した。カラック船やガレオン船と呼ばれたこれらの船は、より操縦しやすく改良されたが、いちばんの違いは大砲を備えていたことだった。船体の側面に多数の穴があけられ、大砲が段状に配置された。こうして、これまでのガレー船による近接戦ではできなかった、遠く離れた場所から敵艦を攻撃できるようになったのである。

　帆船はすでに13世紀ごろから使われるようになっていたが、商船として使用することが多く、軍事的に利用されることはあまりなかった。小型だったからである。1492年に新大陸アメリカを発見したコロンブスが乗船していた船はカラック船であったが、総トン数80トンくらいの小さな船であり、戦闘用の帆走船としてはまだまだ未熟だった。

　カラック船は、横帆と三角帆（縦帆）が張られた船で、もともとは商船として使用されたが、16世紀に入って大型化が進んで軍用化され、側舷（そくげん）砲撃をはじめて可能にした船である。

遠距離からの攻撃が可能になった

　ガレオン船は、カラック船を大型化したもので、さらにこれに強武装をほどこしたものである。船の下甲板から砲撃できるように船の重心より下に大砲が搭載され、船首と船尾には船櫓（せんろ）が備えつけられていた。船櫓の上には小口径のカノン砲が設置された。マストの帆は上下三段に備えつけられ、ガレー船と違って悪天候の日でも航海が可能だった。また、ガレー船のように衝角（しょうかく）もついていた。

　大型帆走船・ガレオン船の登場は、海戦の戦術に革命を起こした。これまでの近接戦ではなく、敵艦と離れた場所からの攻撃が可能となったのである。これにより、数に任せれば勝負になった海戦は、兵力数で劣っていても砲力の威力によって勝つことができるようになった。1588年のアルマダの海戦では、イングランド軍は乗組員の数で負けていたが、遠くから砲撃をし、敵が近接してきたら逃走するというアウト・レンジ戦術でスペイン艦隊を破

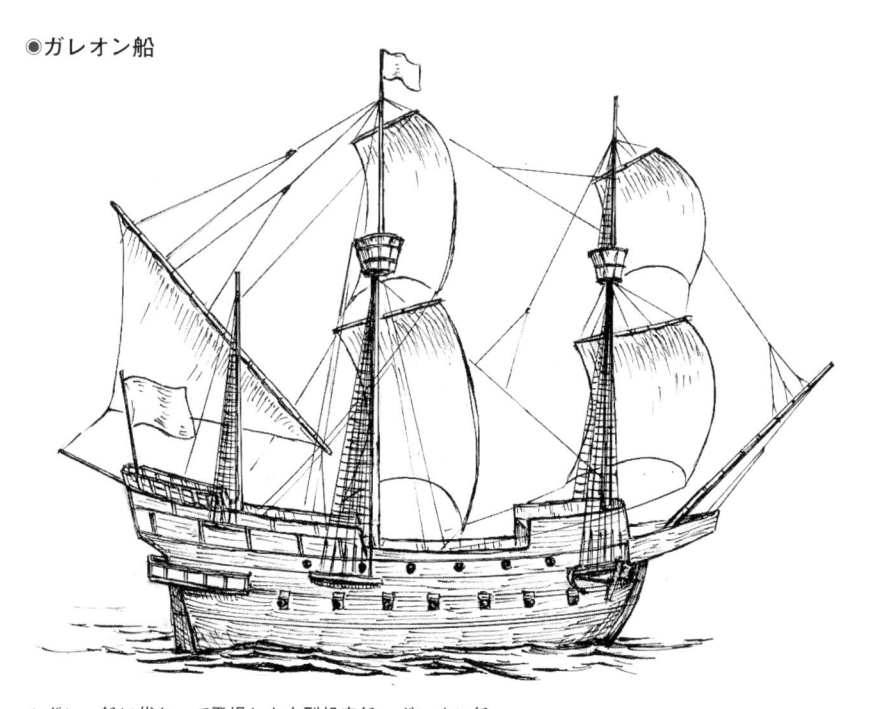

●ガレオン船

▲ガレー船に代わって登場した大型帆走船・ガレオン船。

2章　帆走船時代の海戦

●帆走船の内部

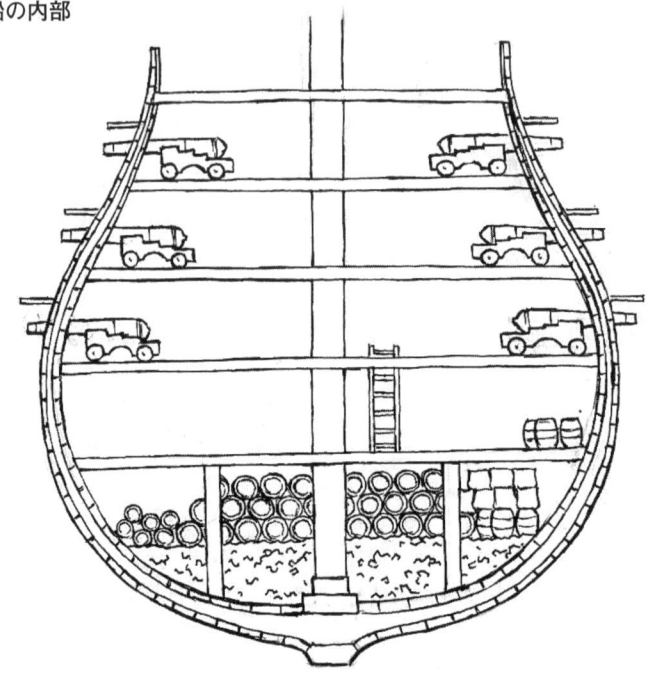

▲帆走船には大砲が搭載されていた。

っている。

　それまでの海戦の戦闘様式は集団戦であった。艦隊はいくつかの群に分かれ、それぞれの旗艦のまわりに集団をつくる。だが、群に分かれているとはいえ、その群は決して戦術的に分かれているわけではなく、地方や母港別に分かれたのであった。

　それはアルマダの海戦の場合もそうであったが、1653年のポートランド沖の海戦が、この戦い方を変化させた。すなわち、確固たる戦闘隊形をつくることが海戦での勝利をつかむ方法であることが実証されたのである。こうして単縦陣や単横陣などが戦術的に行われるようになり、とくにイングランド（イギリス）は縦陣を最良の戦闘隊形と考えるようになった。等間隔で縦一列に艦先を並べる単縦陣は、至近距離から組織的な砲撃を行うことができ、指揮系統もスムーズだったのである。

　イングランド同様、ほかのヨーロッパ諸国も単縦陣と単横陣を身につけ、18世紀半ばまでの海戦は、両艦隊とも並行的に接近して、向かい合った単艦同士が戦うようになった。そして、どちらかの艦が戦闘不能になるまで戦い

は続けられた。単縦陣を頑なに守る海戦は、1805年に起こったトラファルガーの海戦におけるネルソン・タッチの出現まで続けられることになる。ネルソン・タッチとは、ネルソンがフランス艦隊に対して、艦隊をいくつかの群に分けて、敵の陣形を数カ所で分断させた戦い方である。それは、決まった陣形にとらわれるのではなく、戦場の状況に応じて陣形を変えるという思想に通じた。

また、海戦が戦術的に行われるようになったことは、専門の海軍士官を誕生させることになった。

産業革命後も木造のまま

18世紀に入ると、偵察用のフリゲート艦が登場し、主力の帆走船とともに戦列を組むようになり、哨戒や護衛を行う軍船と戦闘を行う軍船という分業が図られるようになった。

フリゲート艦は、後世の巡洋艦に相当する船である。戦列には加わらなかったが、戦列艦以外の敵艦を攻撃するために30門ほどの大砲を装備していた。

●フリゲート艦

▲哨戒や護衛を任務として新たに建造されたフリゲート艦。

2章　帆走船時代の海戦　　97

帆走船は木造のままだったが、ガレオン船からは進歩を遂げ、看板は平らになり、艦尾には余計な装飾も施されなくなった。
　そして、主力艦は巨大になった。ナポレオン戦争で活躍したフランス提督ネルソンの旗艦ヴィクトリー号は、長さが68メートルにも達し、高さは7.1メートル。無敵艦隊時代の最大艦の2倍ほどの大きさである。砲門は合計で104門もあった。
　18世紀の後半、イギリスに産業革命が起こり、蒸気機関が発明された。これにより船に蒸気機関を搭載した蒸気船が登場する。石炭を燃料にして動く蒸気船は風や人力に頼ることなく航行でき、彼らの行動範囲は今まで以上に広がったのである。
　蒸気船はまたたく間に世界中を席巻し、同じころに鉄製の船も発明された。しかし、軍艦は相変わらず木造であった。風は無料で使えるが石炭を使うには金がかかるし、石炭を供給する基地もまだ少なかった。そして、産業革命発祥の地であるイギリスでさえ、鉄は被弾したときにバラバラになって乗組員への被害が尋常ではないという理由で、鉄製軍艦の建造は見送られたのである。

●カラック船

▲カラック船ができて側舷砲撃が可能になった。

◉トラファルガーの海戦

イングランドとスペインの一大決戦
アルマダの海戦

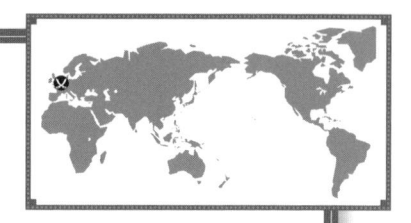

ネーデルラントをめぐる対立などからスペインはついにイングランド本土への侵攻を決意し、大艦隊を派遣した。こうして近代最初の海戦が、大西洋上で勃発する。

- 勃発年 1588年
- 対戦国 イングランド VS スペイン
- 兵力 イングランド軍：171隻　スペイン軍：130隻

太陽が沈まない帝国スペイン

　16世紀、ヨーロッパ大陸の覇権を握っていたのはスペインであった。世界各地に植民地をもち、"太陽の没することのない帝国"と形容されるほど繁栄をきわめたスペインだったが、このアルマダの海戦を契機に没落していくことになる。

　他国に先駆けて新大陸、新航路の発見に乗り出し、植民政策で国力を増大させたスペインは、1556年に即位したフェリペ二世のときにその絶頂を迎えた。1571年のレパントの海戦で大国オスマン帝国を破り、1580年には、同じように植民政策で繁栄を誇っていたポルトガルを併呑し、一大帝国を築いた。

　フェリペ二世は、広大な版図と雑多な民族の統治を、キリスト教カトリックの布教による宗教的な専制で行おうとしたが、彼のやり方に異を唱えたのが、スペイン統治下にあったネーデルラント（現在のオランダ）だった。そのころネーデルラントにはプロテスタント勢力が拡大しており、宗教の自由と自由自治を求めてスペインから独立するために戦争を仕掛けてきたのである。この対立に介入したのが、プロテスタントの国イングランドだった。イングランド王エリザベス一世はフェリペ二世の義妹にあたるが、即位後は反カトリックの政策をとり、スペインと対立していたのである。ネーデルラン

トの反乱は1584年に鎮圧されたが、この一連の戦乱で、スペインとイングランドの関係は急速に悪化した。それでもスペインは、なんとかイングランドを懐柔しようと努めたがうまくいかず、フェリペ二世はイングランドの武力制圧へと傾いていくのである。

スペイン艦隊、イングランドへ向け出港

　フェリペ二世がイングランドとの決戦に用意したスペインの強力海軍が、すなわち無敵艦隊である。レパントの海戦で名声を高めたサンタ・クルズ提督率いるスペイン艦隊は、1582年と1583年の海戦でフランス艦隊を壊滅させ、近隣諸国から恐れられる存在となっていた。

　フェリペ二世はこの無敵艦隊と、ネーデルラントを制圧中のパルマ公率いる陸上部隊とを合流させて、イギリス対岸のダンケルクからテムズ河口へ上陸部隊を輸送することにした。

　1587年、いよいよサンタ・クルズの指揮のもと、リスボン港でイングランド遠征艦隊の編成作業が開始されたが、翌年サンタ・クルズが病死してしまい、スペイン軍に衝撃が走った。フェリペ二世は、サンタ・クルズの後任に、軍歴のないメディナ・シドニアを抜擢した。シドニアは敬虔(けいけん)なカトリックであり、また大貴族であったため、艦隊の提督らをはじめ兵士たちが従うだろうとの思惑からだったといわれている。

　シドニアが引き継いだ無敵艦隊は総数130隻で、うちガレオン船20隻、ガレアス船4隻、ガレー船4隻、武装商船カラック船44隻、小型船58隻、水兵8050人、陸兵1万8973人、非戦闘員3000人という陣容だった。なかでも、航行性能に優れ、それまでのカラック船やガレアス船より多くの大砲を搭載できるガレオン船が主力となっていた。

　シドニアは、自らは旗艦サン・マルティン号（ガレオン船）に乗船し、無敵艦隊を率いて1588年5月、リスボンを出港して北上し、一路イングランドを目指した。対するイングランドは、総司令官にチャールズ・ハワード、副司令官にドレイクを指名し、旗艦アーク・ロイヤル号をはじめとするハワード艦隊34隻、旗艦リベンジ号を含むドレイク艦隊34隻、ロンドン艦隊30隻、ヘンリー・シーモア提督率いる艦隊23隻、その他50隻の171隻が集まった。

　スペイン艦隊は、北上を開始して間もなく悪天候のために足止めを食い、7月になって改めて遠征の途についた。しかし、イギリス海峡にさしかかっ

たところで、またもや時化（しけ）に襲われて、ここでガレー船4隻とカラック船サンタ・アナ号が脱落してしまう。

シドニアは、ネーデルラント領ダンケルクに待機するパルマ公と合流すべく針路を東へとるが、プリマス沖を通過するところで、イングランドの偵察艦によって発見され、両者はここで最初の戦火を交えることになる。

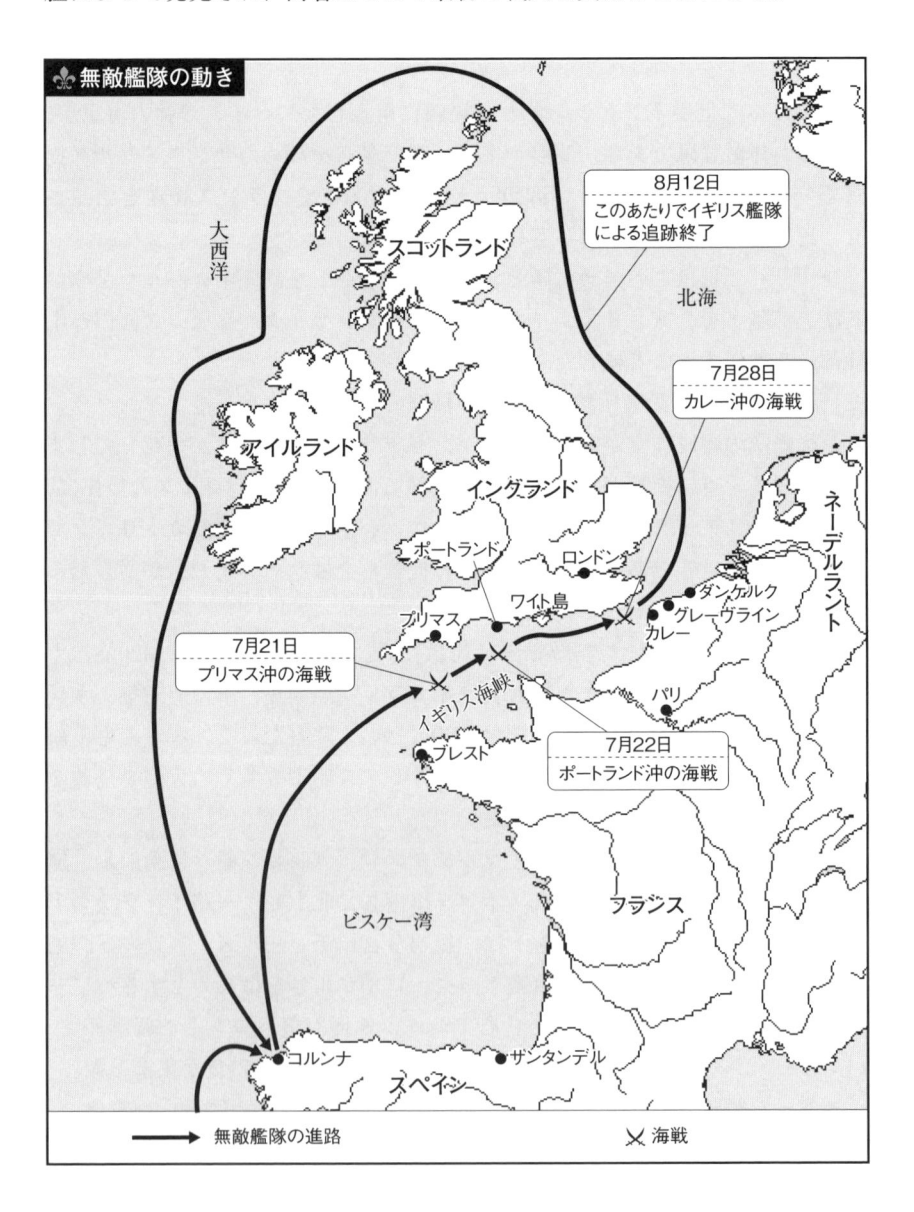

無敵艦隊の動き

- 8月12日 このあたりでイギリス艦隊による追跡終了
- 7月28日 カレー沖の海戦
- 7月21日 プリマス沖の海戦
- 7月22日 ポートランド沖の海戦

大西洋／スコットランド／北海／アイルランド／イングランド／ポートランド／ロンドン／ワイト島／プリマス／ダンケルク／グレーヴライン／カレー／イギリス海峡／ブレスト／パリ／ネーデルラント／ビスケー湾／フランス／コルンナ／サンタンデル／スペイン

→ 無敵艦隊の進路　✕ 海戦

プリマス沖で両軍が激突

　スペイン軍は、ガレオン船を中核にするカスティリヤ隊とポルトガル隊を主力の中心に置き、左翼にリカルデ提督艦隊、右翼にレイヴァ提督艦隊を配置した三日月形に陣形をとった。それを確認したイングランド艦隊は、敵に気づかれない夜間を利用して、全艦がスペイン軍の背後に回り込み、夜明けを待った。

　夜が明けて、スペイン軍は背後の敵に気づき戦闘態勢を整えようとしたが、その前にイングランドのハワード艦隊が南側（スペイン艦隊右翼）から、ドレイク艦隊は北側（スペイン艦隊左翼）から攻撃を開始した。

　両翼で交戦となったが、戦闘のイニシアチブを握ったのはイングランドだった。ハワードもドレイクも、長射程のカルバリン砲による遠距離攻撃を繰り返し、スペイン軍を寄せつけなかった。イングランドのカルバリン砲は、射程が長い代わりに火力が弱いものだったので、船を沈没させることはできなかったが、砲弾を何発も浴びせることで戦闘不能状態に追い込むことができた。

　対するスペイン軍は、得意の近接戦からの白兵戦にもち込む戦法だったので、射程の短いカノン砲しか搭載しておらず、そのために一方的にイングランド軍の砲撃にさらされる結果となった。

　北側左翼のスペイン艦隊も、ドレイク艦隊を中心としたイングランド艦隊の奇襲により劣勢を強いられ、陣を崩して逃亡を開始する艦隊も出てきた。シドニア座乗の旗艦サン・マルティン号は、ドレイクの猛攻に押されっぱなしの北側左翼に救援に赴くが、風下に置かれてしまった関係で到着までに2時間以上もかかってしまった。シドニアが到着したころには、左翼のリカルデ艦隊はすでに戦闘不能になっており、さらに南側右翼ではサン・サルヴァドル号が爆発炎上してしまう。

　ハワードは、とりあえずの戦果に満足し反転して戦闘を中止した。九死に一生を得たスペイン艦隊は、失った艦の補充と補給のため、ネーデルラントで待つパルマ公との合流を最優先とし、ダンケルクに向けて東進した。しかし、悪天候のため左翼後方に位置していたデル・ロザリオ号が僚艦と衝突、航行不能に陥ってしまう。シドニアはロザリオ号の救出を試みたが、次第に強まる波風に押し戻され、救出をあきらめざるを得なかった。

2章　帆走船時代の海戦

ポートランド沖の海戦

　翌日、ポートランド沖に到着したシドニアは、後方から来るであろうイングランド艦隊に対抗するため、カラック船、ガレアス船、ガレオン船43隻を最後尾に配置し、ほかの艦隊もすばやく救援できるように各艦隊が密集した円形の陣形に変更した。

　翌朝、不利な風下側にいたイングランドが先手を打った。ポートランド沖南で、ハワード艦隊と最後尾を守っていたスペインのレイヴァ艦隊が激しく衝突し、これにシドニア艦隊が加わった。北側海岸よりの海域では、イングランド軍のフロビッシャー艦隊とスペイン・モンカダ提督のガレアス艦隊が砲火を交えていた。

　どちらの海戦も、接舷(せつげん)戦闘にもち込みたいスペイン艦隊の突進を、巧みな操舵技術でイングランド艦隊がかわし、距離をとっておいてカルバリン砲で斉射するという具合で、終始イングランド軍が優勢だった。

　フロビッシャー艦隊の攻撃により、モンカダ艦隊のガレアス船は甚大な損害を被り戦闘不能状態となった。さらに、それまで南の戦闘海域外で待機していたドレイク艦隊が、スペイン軍の退路を断つために東から回り込んだ。

　退路を断たれる危険性に気づいたシドニアは撤退を決め、全艦に戦闘中止

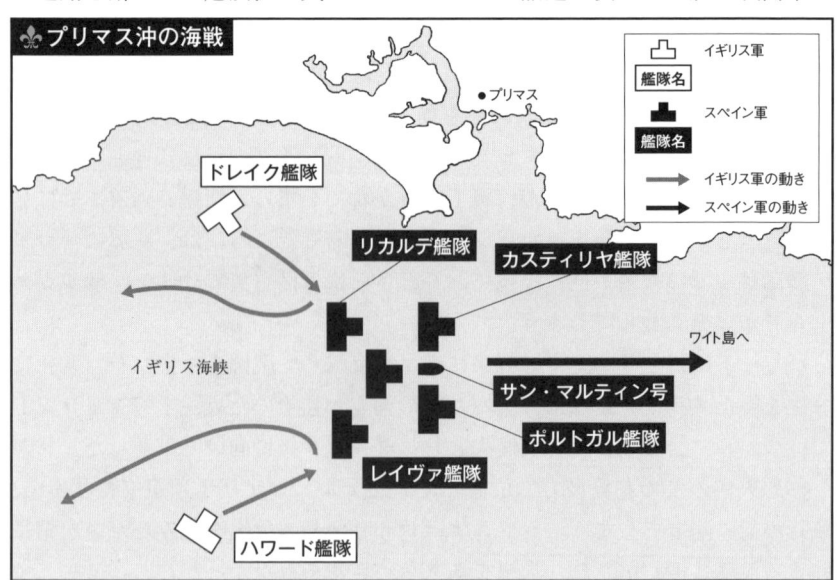

プリマス沖の海戦

を命じてポーツマス沖合に浮かぶワイト島を目指して東進することになった。こうして、2度目の海戦もスペイン軍が東へ逃走するに至って、イングランド軍の勝利に終わった。

カレー沖の海戦

　シドニアは、とにかくパルマ公との合流を最優先に考えていた。8月6日にカレー沖に到着、碇泊し待機していたのだが、パルマ公はネーデルラント軍に港を封鎖されてしまい、軍を出すことができずにいた。

　対するイングランドでも、戦闘形態の変更が議論されていた。というのも、カルバリン砲による遠距離砲撃では、敵を圧倒することはできても決定打を打てない。結局、スペイン無敵艦隊の堅固な陣形を崩すことができずに、カレー沖にまで到達されてしまっている状況である。

　そこでハワードは、火船を放ってスペイン艦隊の陣形を崩し、その隙に乗じて接近戦で壊滅する作戦を立てた。カルバリン砲は、火力重視の短射程砲に切り替えられた。

　8月8日の夜半過ぎ、ハワードの作戦どおり、カレー沖に停泊する無敵艦隊めがけて、8隻の火船が突入した。火船に搭載されていた大砲が、その熱によって次々に暴発をはじめると、スペイン軍は大混乱に陥った。あれだけ強固だった陣形はもろくも崩れ、各艦隊は我先にと錨を上げて四散した。

　これを好機と見たイングランド軍は、ドレイク座乗のリベンジ号を先頭にスペイン艦隊めがけて突撃した。それを迎え撃ったのは、シドニアのサン・マルティン号だった。シドニアは、味方艦に集結命令を出し、彼らが集まってくるまで自らがイングランド艦隊の防波堤になるつもりだった。

　ドレイクは、シドニアとの決戦を避けて、集結中だったほかの船隊を攻撃しようと北東に向かった。リベンジ号が去ると、今度はフロビッシャー艦隊が襲いかかり、集中砲火を浴びせはじめた。シドニア艦隊も必死の抵抗を試みるが、ここまでに十分な薪水や武器を補充することができなかった無敵艦隊の弾薬は、ついに尽きてしまった。

　四散していたほかのスペイン艦隊がサン・マルティン号の救援に駆けつけたが、錨を切られて漂流している艦隊も多くあり、もはやそれまでの陣形を組むのは不可能だった。シドニアは、サン・マルティン号を最後尾に置き、リカルデ艦隊を中心に据えた隊形の再編に努めたが、ハワード艦隊がフロビ

2章　帆走船時代の海戦　　105

ッシャー艦隊の援軍にやってくると、スペイン無敵艦隊はもう戦況を挽回することができなかった。

やがて、イングランド軍も弾を撃ち尽くし、戦闘を中止して反転した。スペイン軍は全滅を免れたものの、ガレアス船1隻、ガレオン船2隻、カラック船1隻を撃沈され、ほかの船も大きく損傷した。

無敵艦隊のその後と敗因

大敗を喫したシドニアは、スコットランドの北端を回って帰国する道を選んだ。弾薬は尽き、食料も水も少ない現状で、これ以上イングランド艦隊と交戦することができなかったからだ。

しかし、その帰路は苦難の道だった。暴風雨にさらされ、疫病が蔓延し、無事に母国スペインにたどり着けたのは、約半数の67隻だった。そのうち半数ももはや使用不能で、ほぼ壊滅状態といっていい。

130隻から成るスペイン無敵艦隊を迎え撃ったイングランド艦隊は、小艦を主体に編成されたものであり、戦力は無敵艦隊に比べるべくもなかった。それなのに、無敵艦隊はイングランド本土に一指もふれることができなかった。要因はいくつかあるが、大きかったのはイギリス艦隊の戦術である。イングランド艦隊は小艦隊だったため、大所帯の無敵艦隊を一挙殲滅させることは不可能であり、砲撃によって1隻ずつ攻撃していく方法をとったが、これが功を奏した。ヒット・アンド・アウェー戦術である。そしてこれが、イギリス海峡側に良質な艦隊基地をもたない無敵艦隊に弾薬を浪費させることにもつながった。白兵戦重視の艦隊決戦であれば、多少の補給の困難はあったとしても、無敵艦隊の完敗には終わらなかったはずである。

レパントの海戦をはじめ、強力海軍で国力を発展させてきたスペインにとって、無敵艦隊の敗退は致命的だった。徐々に衰退していくスペインに対し、勝利したイングランドは、世界のいたるところでスペイン、ポルトガル勢力を駆逐し、やがてこれに取って代わるのである。

Column 3 — テルセイラ島沖の海戦

　1571年のレパントの海戦でオスマン帝国艦隊を敗走させたカトリック連合軍の主力となったのは、スペイン艦隊であり、スペイン海軍の精強さは近隣諸国に鳴り響いた。スペインはその後、国王フェリペ二世のもと1580年にポルトガルを併合し、ヨーロッパを代表する大国となる。しかし、かつてポルトガルの王位継承者であったアントニオ・デ・ポルトゥガルはフランスに亡命し、アゾレス諸島のひとつテルセイラ島でスペインへの反攻を画策していた。アゾレス諸島はポルトガル領であったが、大陸と離れた大西洋上にあったためポルトガルがスペインに併合されたあともスペインの支配が及ばず、いまだにスペインの制圧下にはなかったのである。

　1582年6月、アントニオはフランスの援助を受けてフランス艦隊を率いてアゾレス諸島へ向けて出航した。一方、アントニオ艦隊の出航を知ったスペインは、レパントの海戦で予備戦隊を率いて武勲をあげたサンタ・クルズを指揮官にした艦隊をアゾレス諸島へ向けて派遣した。

　両艦隊はアゾレス諸島のひとつ、サンミゲル島の南方沖で衝突した。風上に立ったアントニオ艦隊は、スペイン艦隊の背後から襲いかかり、数のうえでも勝っていたこともあり優位に戦いを進めた。スペイン艦隊は、アントニオ艦隊の攻撃を受けながらも、なんとか前衛艦隊が回頭して風上に回って反撃に出た。そして、接舷からの白兵戦に持ち込んだスペイン艦隊がアントニオ艦隊を敗走させた。アントニオ艦隊は即席でつくったものであり、統制のとれたスペイン艦隊には歯が立たなかったのである。

　フランスに戻ったアントニオは翌年、再び艦隊を率いてアゾレス諸島に来航したが、先の海戦によって周辺海域の制海権を完全に握ったスペイン艦隊を相手に勝ち目はなかった。このとき派遣されたサンタ・クルズ率いる艦隊は、31隻の武装商船と、12隻のガレー船、そして2隻のガレアス船を含む総数93隻という大艦隊であり、アントニオ艦隊は再度敗北を喫したのである。こうしてアゾレス諸島は完全にスペインの統治下に入り、それとともにスペイン艦隊は無敵であると強く印象づけることになった。

　なお、後世に「無敵艦隊」と名付けられたスペイン艦隊だが、これはイギリス側の呼び方であり、スペイン側では「フェルシシマ・アルマダ（もっとも幸運な艦隊）」と名付けていた。

> 豊臣秀吉の野望を打ち砕いた李舜臣の強力海軍

閑山島沖の海戦
露梁の海戦

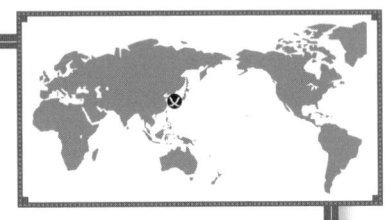

日本を統一した豊臣秀吉は、さらなる領土を求めて中国大陸侵攻を企て、その通り道となる朝鮮半島へ出兵する。しかし、海戦に慣れない日本軍は、李舜臣率いる朝鮮水軍との戦いに苦戦を強いられる。

勃発年 1592年、1597年
対戦国 日本 VS 李氏朝鮮
兵力 [閑山島沖の海戦]
 日本：約70隻　李氏朝鮮：約60隻
 [露梁の海戦]
 日本：約300隻　李氏朝鮮：約500隻

日本の朝鮮出兵

　日本にとって元寇以来約300年ぶりの本格的な対外戦争となったのが、豊臣秀吉による朝鮮出兵（文禄・慶長の役）である。

　日本の戦国時代に終止符を打ち日本を統一した豊臣秀吉は、自らの領土的野心を太平洋を挟んだ隣国・明征圧に求めた。秀吉は朝鮮半島を起点に明へ攻め込もうと、まずは李氏朝鮮に服従を呼びかけた。しかし、明の支配下にあった李氏朝鮮が、この申し入れを拒否したため、秀吉は1591年、朝鮮半島への派兵を決定した。

　秀吉は肥前国名護屋城を本営とし、非戦闘員を含む総勢15万8000名の兵力をそろえた。

　そして翌年4月、小西行長を総大将とする700隻、1万8000名を一番隊として大浦から出航させた。続けて、二番隊の加藤清正隊、三番隊の黒田長政隊を送り込んだ。これで総兵力は5万を超えた。

　対する朝鮮側の海軍は東西に二分され、東は慶尚道の右艦隊と左艦隊に分けられ、西は全羅道の右艦隊と左艦隊に分かれていた。釜山沖に現れた日本艦隊に対し、朝鮮水使・元均率いる73隻の慶尚道の左右艦隊が出撃したが、

多勢に無勢で朝鮮軍は実に70隻の船を沈められる完敗を喫した。元均は、全羅道の左艦隊の李舜臣提督に援軍を求めたが、戦備が整わない李艦隊は出撃できず、その間に上陸した日本軍は陸路を北上し、わずか21日で首都・漢城を落としてしまった。

緒戦の海戦で日本軍が敗北

しかし、緒戦の海戦に完勝を収めた日本軍は朝鮮海軍を侮り、陸上戦に兵を集中させすぎて海上の防備を手薄にしてしまった。その間隙をついて、李艦隊が日本艦隊に攻撃を仕掛けた。

李艦隊は、板屋船（大型の船）24隻、挾船（中型の船）15隻、鮑作船（小型の船）46隻で本拠地の麗水から出撃し、釜山を目指した。その途中、釜山の南西部にある玉浦で、李艦隊は日本艦隊と遭遇した。日本艦隊は、藤堂高虎と堀内氏善率いる50余隻だったが、その兵力のほとんどは陸上戦に向けられており、海上戦を闘える戦力はわずかばかりだった。

李艦隊は単横列の陣形で湾内に突入し、日本艦隊に砲撃の雨を降らせた。当時の朝鮮艦隊の砲は青銅製の大型火砲で、日本が所持する火砲よりはるかに威力があった。日本艦隊は、この砲撃の猛攻にさらされ、26隻が海の藻屑と消えた。対する李艦隊の喪失艦は、板屋船1隻だけだった。李艦隊の完勝であった。

玉浦で日本艦隊を撃破した李艦隊は、本拠地・麗水へ戻る途中の熊浦で日本の大型船5隻を撃沈、さらに赤珍浦で大型船9隻、中型船2隻を撃沈させた。

朝鮮艦隊に新型艦船・亀甲船が出撃

日本軍は海戦では李の前に手も足も出なかったが、陸上戦では相変わらず破竹の快進撃を続けていた。臨津江、開城の戦いに勝利し、麗水から約50キロメートル北部にある昆陽にまで迫った。日本艦隊も陸軍に並行するように西進し、昆陽近くの泗川湾を兵站基地にしていた。

日本軍の進軍に対し、李はいそぎ泗川へ、新型艦船・亀甲船3隻を含む32隻の艦隊を向かわせた。

亀甲船とは、箱形の船で喫水が深く設計されており、敵兵の移乗を防ぐため、甲板には鉄板が張られ、その全面に刀剣や槍などの鉄錐が1200本も並べ

▲李舜臣が考案したといわれる亀甲船。

られた重防備の艦船で、李舜臣発案の新型艦船である。さらに、船首には兵士が隠れて銃撃、弓による射撃が行えるように衝角に似た建造物が設置された。このような重装備の大型艦船の実在性を疑問視する説もあるが、ここでは実在したとする説をとって話を進める。

李艦隊は、亀甲船3隻を前衛にした横列陣で奥に長く広い泗川湾内に突入、日本艦隊に向けて奇襲を仕掛けた。

李艦隊の接近にまったく気づかなかった日本軍は、この奇襲に有効な手段を講じることができず、12隻の大型船を沈められた。この戦いで泗川を奪還された日本軍は以降の兵站基地を失い、陸軍の進軍にも深刻なダメージを与えることになる。

その後、李艦隊は弥勒島の南の唐浦で、亀井茲矩率いる21隻の艦隊を壊滅させ、続いて固城郡・唐項浦で来島通総率いる26隻の艦隊を撃破した。李艦隊はさらに東へ進み、巨済島・栗浦で11隻の船を沈めた。海戦で連戦連勝を重ねた朝鮮軍は釜山近海をのぞいた制海権をあっというまに回復させたのである。

閑山島沖の海戦

どんなに陸戦に強くても、海を渡った半島での戦いでは制海権を奪われては補給が困難となり、孤立してしまう。日本軍は制海権を奪回すべく、脇坂

安治を総大将にした70余隻の艦隊を熊浦に集結させ、弥勒島・唐浦へ向けて全艦隊を出航させた。

　日本艦隊出撃の知らせを受けた李は、ただちに亀甲船5隻を含む60余隻の艦隊を率いて、巨済島の西・閑山島沖へ向かった。

　1592年7月、閑山島の西岸洋上に到着した李は、周辺の花島や大竹島などの島影に船隊を隠し、見乃梁の海峡を南下してくる日本軍の脇坂艦隊を待ち伏せた。

　そして、李は脇坂艦隊を閑山島沖に誘い出すため、見乃梁の海峡に13隻の船団をおとりとして進軍させた。

　脇坂はこれが李の策略だとは気づかないままに、進軍してきた13隻の朝鮮艦隊に対していっせいに攻撃を仕掛けた。

　70余隻と数に勝る脇坂艦隊は、朝鮮艦隊を圧倒した。朝鮮艦隊はしばらく交戦を続けたあと、計画どおりに閑山島沖洋上へ向けて逃亡を開始した。脇

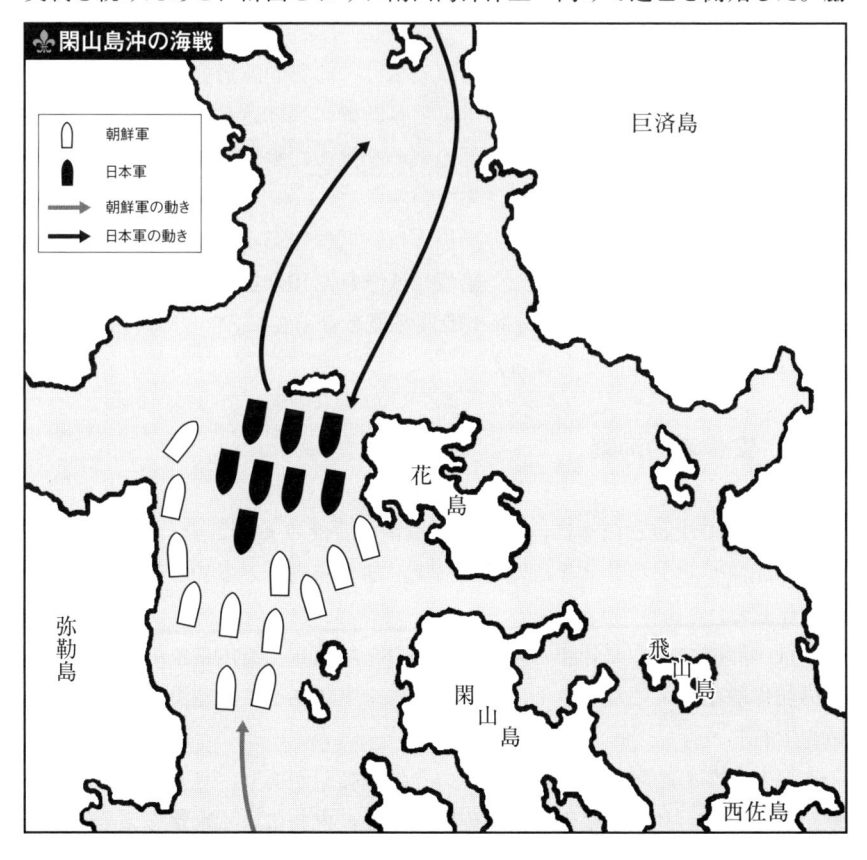

閑山島沖の海戦

- ⛵ 朝鮮軍
- ⛴ 日本軍
- → 朝鮮軍の動き
- → 日本軍の動き

巨済島
花島
弥勒島
閑山島
飛山島
西佐島

2章　帆走船時代の海戦　111

坂も、逃げる朝鮮艦隊を追って閑山島沖洋上へ出たが、その直後に島影から李艦隊がいっせいに襲いかかった。

　李艦隊は2隻の亀甲船を先頭に出撃し、脇坂艦隊の船体めがけて突進した。逃走していた13隻の艦隊も踵（きびす）を返し、脇坂艦隊を包囲するように接近し、体当たりを繰り返した。

　狭い湾を単縦列で南下してきた脇坂艦隊は、李艦隊の攻撃をかわしきれなくなってきた。隊列が乱れはじめた脇坂艦隊に対して、李は両翼を広げるように陣形を変形させて、鶴翼の陣をつくり上げた。

　脇坂は全艦に退却を命じ、もと来た見乃梁湾へ逃げ込もうとしたが、李艦隊の鶴翼の陣形に囲まれ逃げ場を失った。もはや朝鮮軍の勝利は揺るがないかと思われたが、日本軍が鶴翼の陣を突破しようと猛烈な反撃に出た。

　追いつめられた日本軍の兵の士気は高く、各艦は敵艦に接舷して白兵戦を挑んだり、火矢を放って敵艦を炎上せしめたりと、逆に朝鮮軍を追いつめていった。

　しかし、李は旗艦の甲板で指揮を執り続け、鶴翼の陣形をいっさい崩さなかった。その間も、脇坂は頃合いを見て見乃梁へ逃げ込もうとするが、風向き・潮流に変化は見られない。決死の戦いを挑んだ脇坂艦隊もしだいに各個撃破されていき、次々と海中に沈んでいった。

　日本軍が閑山島沖の戦いで被った損害は、大型船35隻、中型船17隻、小型船7隻、戦死者数千名となった。脇坂は残された10余隻を率いてなんとか逃げのびたが、それらの艦船ももはや戦闘不能となっていた。一方、朝鮮軍の損害は、板屋船4隻にとどまった。

安骨浦の海戦

　閑山島沖で快勝した李は、日本艦隊潰滅の手をゆるめることはなかった。艦隊を熊浦へ向かわせ、そこに九鬼嘉隆（くきよしたか）、加藤嘉明（かとうよしあき）率いる40余隻の日本艦隊を発見した。

　李は、熊浦に続く安骨浦（あんこつほ）の入り江の湾口を封鎖し、湾内に亀甲船5隻と数隻の鮑作船を投入した。さらに、陸上部隊を上陸させて、陸海からの挟撃作戦を実行した。

　九鬼と加藤の艦隊には、日本丸という大型艦船があり、日本丸にはぶ厚い幕が張られており、李艦隊の放つ砲撃、弓矢、火矢による攻撃を完全に遮断

した。しかし、日本丸以外の艦船はことごとく李艦隊の砲撃によって撃滅された。

　早朝からはじまった李艦隊の攻撃は夜間になっても続き、日本艦隊は42隻もの船を沈められ、壊滅寸前に追いやられた。九鬼と加藤は日本丸を先頭に、残った数隻の船とともに湾口の封鎖を突破し釜山港へ逃走した。死傷者、捕虜は2500名にのぼった。

　閑山島沖、安骨浦の海戦の敗北により兵站線を確保できなくなった日本軍は、陸戦の続行も不可能と判断し、1593年4月、日本と明の間で停戦交渉が開始された。この停戦交渉に李氏朝鮮は蚊帳の外に置かれた。

李艦隊の連勝と秀吉の死

　日本と明は2年以上にわたり交渉を続けたが、両者の妥協点は見つからずに交渉は決裂し、秀吉は1597年6月に朝鮮侵攻を再開させた。朝鮮半島に渡った日本軍は、安骨浦で元均率いる朝鮮艦隊と遭遇してこれを撃退、翌月には釜山浦と巨済島で海戦となって、ここでも元均艦隊を撤退に追い込んだ。4年前に日本軍を苦しめた李舜臣は、元均と政治的に対立し投獄されていた

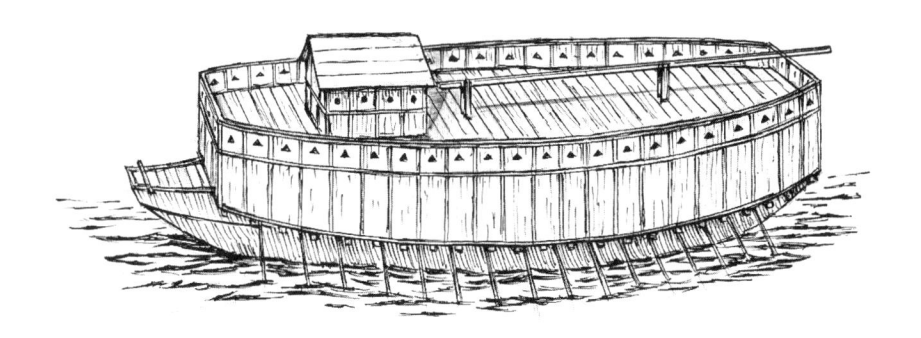

▲日本軍の主な軍船となった安宅船。

のである。

　巨済島で元均が戦死すると、朝鮮の中央政府はすぐに李舜臣を呼び戻して三道水軍長官として、朝鮮艦隊を預けた。しかし、元均の敗北によって李に手渡された艦隊は、わずか13隻しかなかった。

　日本軍は陸軍と海軍に分かれ、漆川梁(しつせんりょう)で朝鮮艦隊を退けると、閑山島を占領して、前回の汚名をそそいだ。

　9月になって、55隻の日本艦隊は閑山島を出て西進し、於蘭浦(おらんほ)に現れた。李は、於蘭浦に現れるのを予想して待ち伏せし、陸の影に隠れて奇襲の頃合いを見計らっていた。そして日が沈むと、李はいっせいに13隻の艦船を日本艦隊へ向けて突撃させた。海上での夜戦の経験がほぼ皆無だった日本艦隊は、李艦隊の奇襲に浮き足立ち、抵抗らしい抵抗もできないまま13隻の艦船を沈められて敗走した。

　於蘭浦での敗戦を知らされた日本軍は、藤堂高虎、加藤嘉明、脇坂安治を大将に100隻以上の艦隊で於蘭浦へ出撃した。日本軍は於蘭浦の北に位置する珍島と海南の間の鳴梁の水路に朝鮮水軍を発見し、これを追って水路に入ったが、このとき潮流が順潮から逆潮に変わった。日本艦隊は逆流した潮のために戦列が乱れ、水道入り口まで押し戻され、そこを朝鮮水軍に狙い打たれて潰走した。100隻を超える大艦隊が、わずか13隻の李艦隊に撃退されてしまい、この海戦で31隻の艦船を失った。日本艦隊は東へ逃亡し、以降これより西へ進むことはできなくなった。

　陸軍は半島内部に進攻し、相変わらず破竹の勢いで進軍し、南原城を落としていたが、それも翌年8月になるとぴたりと止まった。秀吉が死んだのである。

　司令塔を失った日本軍は相次いで撤退を開始したものの、内部深くに進出していた小西行長隊だけが取り残される結果になった。小西隊は撤退のため南下したが、朝鮮軍の義勇兵隊と明の救援隊に陸路を押さえられ、海路から撤退するよりほかなくなった。

露梁の海戦

　日本軍は小西隊を救出するため、島津義弘らに300隻の艦船を与えて、小西隊が拠る朝鮮半島東南部の順天へ向かわせた。その途中の露梁(ろりょう)海峡で、日本艦隊と朝鮮艦隊は最後の激突を迎えることになる。

島津艦隊の出航を知った李は露梁に先回りし、500隻の明からの援軍艦隊をもって海峡出口を封鎖した。島津艦隊は、狭い露梁海峡を単縦列で進入し、待ち伏せていた李艦隊と遭遇した。李艦隊も縦陣で突撃を開始した。島津隊は敵艦隊の側面を突こうと左方向へ舵を切ったが、李艦隊の動きにあわせるうちに、さらに狭い観音浦の入江に閉じこめられてしまった。

　こうして両艦隊は、観音浦で激しい砲撃戦、接舷戦を繰り広げることになった。この戦いは両軍とも陣形も組まず、なりふり構わない乱戦模様となった。両軍の接近戦は当初、朝鮮艦隊に有利に進んだが、乱戦のさなか島津隊の銃撃が李舜臣を撃ち抜いた。李の死は伏せられたが、指令塔を失った朝鮮艦隊の勢いは明らかに失速した。

　十数時間の戦闘の果て、島津艦隊は250隻もの艦船を沈められたが、なんとか露梁海峡へ引き返し、釜山へ逃亡した。

　島津艦隊による小西隊の救出は失敗してしまったが、小西隊は朝鮮・明連合軍艦隊が露梁へ集結しているうちに、別働隊の手によって脱出に成功していた。

李艦隊の勝因と朝鮮出兵のその後

　閑山島沖の海戦で李艦隊が日本艦隊を破ったのは、日本艦隊が海戦に不慣れだったこともあるが、李舜臣が地の利を生かしたことにある。李は艦隊を島影に隠し、おとりを使って日本艦隊をおびき出すことに成功すると、そこを一気に叩いたのである。

　露梁の海戦は、狭い海域での乱戦となったため、両艦隊とも陣形を組めず、戦いは痛み分けに終わっている。

　これ以降、秀吉を失った日本が再び朝鮮へ侵攻することはなく、李を失った朝鮮も日本への報復を考えることはなかった。

繁栄を極めるオランダにイングランドが宣戦布告

ポートランド沖の海戦

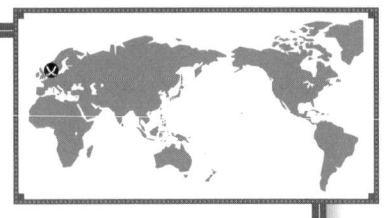

スペインからの独立後、貿易によって力をつけてきたオランダに対してイングランドが宣戦布告。両国はイギリス海峡で海戦を繰り広げ、ポートランド沖で主力艦隊同士の激しい戦いがはじまった。

年代 1653年
対戦国 イングランド VS オランダ
兵力 イングランド：80隻　オランダ：75隻

ドーバーの海戦で英蘭戦争勃発

　1648年、オランダはスペインからの独立を果たしたが、その独立を支持し、支援をしたのがイングランドだった。ところが、翌1649年、新教徒（ピューリタン）革命により共和政府が誕生したイングランドは、海上貿易のライバルだったオランダに「同盟以上の関係」を求め、実質的な吸収を打診しはじめた。念願の独立を果たしたオランダがこの要求を受け入れるわけがない。要求を拒まれたイングランドは「航海条例」を定めてオランダとの貿易を制限し、オランダとの対立を深めていった。

　その後、独立後のオランダは商業主義に偏り、軍事費を緊縮し軍備の縮小をはじめた。これによって、総保有艦数が2万4000隻あったものが、4分の1にまで減少したともいわれている。対するイングランドでは、海軍が増強されていった。

　1652年5月、イギリス海峡のドーバー沖で、オランダのトロンプ提督率いる42隻の商船護衛艦隊と、イングランドのブルン提督率いる艦隊13隻が衝突した。そして翌月、イングランドは正式にオランダに対して宣戦を布告し、英蘭戦争がはじまった。

たびたび戦火を交えるイギリスとオランダ

　1652年8月、ミヒール・デ・ロイテル提督率いる36隻のオランダ艦隊は、商船護送中のイギリス海峡において、ジョージ・アイスキュー提督率いる45隻のイギリス艦隊と遭遇した。商船を抱え数的にも劣るロイテルだったが、2回にわたって敵陣を横切るという、大胆にして巧みな操舵技術でアイスキュー艦隊を翻弄し、ついに敵艦隊をイングランド南西のプリマスまで後退させた。

　その翌月にはウィッテ・デ・ウィットを総司令官とする59隻のオランダ艦隊が、ケント州ダウンズ泊地に待機していたイングランド軍ブレイク艦隊68隻に奇襲を仕掛けた。折からの暴風雨も手伝い、戦況はオランダ軍が優勢だったが、その暴風雨のためにイングランド艦隊は散り散りになってしまい、それらの各個撃破に難儀している間にブレイクに態勢を立て直され、ウィット艦隊は2隻を拿捕され、200名の戦死者を出して敗走した。

　両国の争いはさらに続き、2カ月後には商船護衛中のトロンプ提督率いる88隻のオランダ艦隊が、ダウンズ泊地のブレイク艦隊42隻に攻撃を仕掛け、ドーバー南西のダンジェネス岬沖で海戦となった。両艦隊は並航戦となり、陸地を避けて敵側へ針路を変えようとしたブレイク艦隊の先頭に、トロンプは集中砲火を浴びせて3隻を撃沈、2隻を拿捕すると、悠々と護衛の任務に戻っていった。

ポートランド沖の海戦

　両国の猛将たちが3日間にわたり激戦を繰り広げたポートランド沖の海戦が勃発したのは、1653年2月だった。オランダのトロンプは商船護衛のため75隻の艦隊を率いてビスケー湾に向かい、東洋から帰航してきた商船250隻と合流して、イギリス海峡のポートランド沖に差しかかった。それを知ったイングランドのブレイクは、今度こそオランダ艦隊を潰滅させようと、80隻の大軍を率いて出撃し、両者はポートランド沖で遭遇した。

　ブレイクは自身の艦隊とラウソン提督艦隊を前衛に、モンク提督艦隊を中央に、ペン提督およびレイン提督艦隊を後衛の3つに分けて、単縦列で進軍した。対するトロンプは、右翼にエヴァッツェン提督艦隊、左翼にデ・ロイ

テル提督艦隊を配置し、自身は中央に陣取って商船を後方に退避させた。

ブレイクは敵中央のトロンプ艦隊の進路を遮ろうと正面から近づいたが、トロンプはひるむことなくブレイク艦隊に攻撃目標を定めた。トロンプの動きに応じたオランダ軍左翼のロイテル艦隊がブレイク艦隊の右側面をつき、さらにそれを見たイングランド軍後衛のペン艦隊がトロンプ艦隊の右側面から砲撃を加えた。オランダ軍右翼のエヴァッツェン艦隊は、イングランド艦隊中央のモンク艦隊に砲撃を仕掛けた。

両艦隊は4時間にわたって死闘を繰り広げたが、トロンプ艦隊の攻撃をやり過ごしたイングランド軍のレイン艦隊が、風上側に回ろうと北上を開始した。これを見たトロンプは、風上に待避させた商船団を気遣って全艦隊に撤退を指示し、戦闘は翌日にもち越された。1日目の戦いで、イングランド側は英将ブレイクが腹部に重傷を受け、1隻が沈没し、2隻が航行不能になった。対するオランダ艦隊は、4隻が沈没し、数隻の商船にも被害が及んだ。さらにロイテル艦も帆柱を損傷するなど、オランダ艦隊のほうが被害は大きかった。

翌日、オランダ軍のトロンプは商船を護衛しながら北東に針路をとった。一方、重傷を負いながらも指揮を執るイングランド軍のブレイクは、オランダ艦隊を追撃しワイト島付近でオランダ艦隊に追いついた。

商船の護衛を最優先にしたトロンプは、先頭艦から殿艦までの距離を長めにとった長蛇の陣形をとって、先頭集団に商船隊を置き、ロイテル艦隊とともに自らが殿を務め、イングランド艦隊の攻撃を受けきった。両軍の砲撃戦

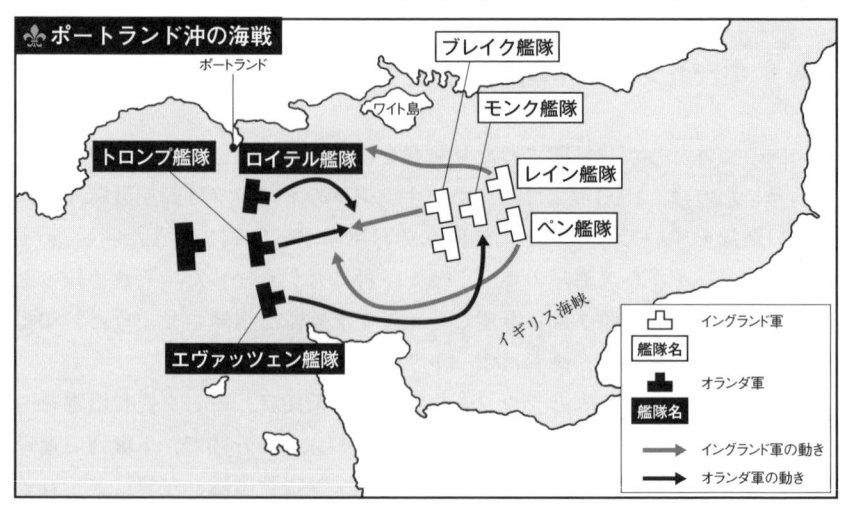

は3時間に及び、トロンプはその間に商船を先に逃がそうとしたが、10隻以上の商船がイングランド艦隊によって沈没させられた。守勢に回らざるを得なかったトロンプ艦隊とロイテル艦隊はしだいに劣勢となり、戦列艦2隻が沈没させられると、日没とともに海峡を北上して敗走した。

　イングランド軍は追撃の手をゆるめず、翌日も両艦隊の衝突は避けられなかった。オランダ軍は弾薬のなくなった艦船を本国へ先行させていたため、当日はわずか35隻でイングランド艦隊を迎撃しなければならなかった。さらに、最優先すべきは商船の護衛だったため、自ずと苦しい展開を余儀なくされたのである。

　3日目となるこの日も、トロンプ、ロイテル両艦隊が長蛇の陣の殿を務め、イングランド軍前衛のペン艦隊と交戦した。重傷の英将ブレイクは、もはや指揮を執ることも難しく、これはオランダ軍にとって幸いだった。ペン艦隊の追撃をなんとかかわすと、トロンプはフランスのブローニュ方面へ逃走を開始した。ペン艦隊を先頭に、イングランド艦隊もこれを追ったが、日没になったためグリ・ネス岬沖に投錨し、翌日の戦備を整えることになった。

　しかし、その夜のうちにトロンプは闇に紛れて海峡を突破した。翌朝、イングランド軍はオランダ艦隊が姿を消したのを知り追撃を試みるが、ブレイクの傷を気遣って追撃をあきらめ帰国した。

　ポートランド沖の海戦で、オランダ軍は軍艦10隻、商船70隻以上を失い戦死者2000名を出した。対するイングランド軍は、ブレイク提督が一線を退く重傷を負ったが、喪失艦は1隻にとどまり、数のうえではイングランド艦隊の圧勝といってよかった。そしてこの海戦以降、オランダ船団の海峡通過は事実上不可能になった。

スケヴェニンヘンの海戦

　ポートランド沖の海戦に続いてガバード・バンクの海戦にも勝利したイングランドは、オランダ沿岸の各港を封鎖することに成功した。貿易が国の生命線であるオランダは、イングランド海軍の海上封鎖を解くため、1653年7月にトロンプ提督に110隻の艦隊を与えてマース河口から出航させた。その後、10隻ほどを率いたデ・ヴィット艦隊もトロンプ艦隊に合流すべく出陣した。

　マース河口北方のテキセル沖に停泊していたイングランドのモンク艦隊

は、オランダ２艦隊の出港の知らせを受け取ると、デ・ヴィット艦隊が合流する前にトロンプ艦隊を叩こうと、すぐさま攻撃態勢を整えた。モンク艦隊の動きに気づいたトロンプは反転し、これをモンク艦隊が追いかける。速度に勝ったモンク艦隊は５時間ほどの追跡ののち、７月30日17時ごろ、スケヴェニンヘン沖合でついにトロンプ艦隊の後衛艦隊に追いつき、両艦隊による激しい砲撃戦がはじまったが、夜になって戦闘は中止された。

翌朝になってオランダ艦隊はトロンプ座乗の旗艦ブレデローデ号を先頭にして、イングランド艦隊の戦列を突破し、再び砲撃戦が開始された。しかし、昼ごろになって風向きが変わると、イングランド艦隊に有利になり、イングランド軍はオランダ軍艦15隻を沈めた。オランダ軍司令官トロンプもこの海戦で戦死した。優勢になったイングランド艦隊に対し、オランダ艦隊は次々と戦場を離脱し、スケヴェニンヘンの海戦は、またしてもイングランド側の勝利に終わった。この海戦によるイングランド艦隊の喪失艦はわずか３隻であった。

この敗北により、オランダはイングランドに対して、航海条例を認める和議を結び、莫大な賠償金の支払いを受け入れた。外交戦でもイングランドの完全な勝利となった。しかし、和議によってイングランドの海上封鎖を解いたオランダは、あっというまに復活し、10年もたたないうちに再びイングランドとオランダの戦争がはじまるのである（第二次英蘭戦争）。

ポートランド沖の海戦でイングランド艦隊を勝利に導いたのは、商船保護を旨とするオランダ艦隊よりも先に確固たる戦闘隊形をつくれた点にあった。しかし、それはオランダ艦隊にも同じことがいえ、逃走するオランダ艦隊は長蛇の陣をつくったことによって、からくもポートランド沖を脱出することができたのである。

また、この一連の海戦の結果、艦隊指揮官の存在が高く評価され、専門の海軍士官の重要性が高まり、各国の海軍創設に大きな影響を与えたといわれる。

2章　帆走船時代の海戦　121

"太陽王"ルイ14世の野望をくじいた戦い
ラ・オーグの海戦

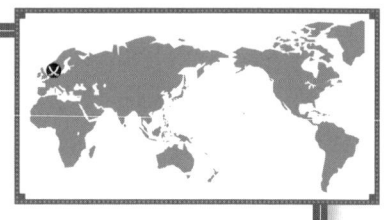

フランス国王に即位以来、領土拡張を使命としてきたルイ14世は、ついにイングランド侵攻を企てた。イングランドはオランダと同盟を結んでフランスに対抗し、両軍はイギリス海峡で激突した。

勃発年 1692年
対戦国 イングランド・オランダ連合 VS フランス
兵力 イングランド・オランダ連合：137隻　フランス：64隻

フランスに対してイングランドを中心とした大同盟が成立

　ラ・オーグの海戦は、フランスとイングランドを中心とした連合軍の間で争われた大同盟戦争中のひとつの争いである。ビーチ・ヘッド岬の海戦にはじまり、バルフルール岬の海戦、ラ・オーグの海戦に至る一連の海戦は、この戦争の戦局を決定的にした。

　"太陽王"と呼ばれ、フランス・ブルボン王朝の最盛期をつくり上げたルイ14世は、1643年の即位以来、国土の版図拡大に熱心であった。当初は静観していたヨーロッパ諸国も、1675年にフランスがスペイン領ネーデルラントを侵略すると態度を一変させ、オランダ諸州とオーストリアが対仏同盟を結んだ。

　その後、スペイン、ブランデンブルク（のちのプロイセン）、スウェーデンが同盟に参加し、1689年にはネーデルラント統領からイングランド王に即位したウィリアム三世のイングランドもこれに加わり、ヨーロッパ諸国の大同盟が結成されてフランスに対抗したのである。

　そして1689年5月、イングランドとオランダがフランスに対して宣戦布告を行い、大同盟戦争が勃発した。

ビーチ・ヘッド岬の海戦

　当時イングランドよりも強固な海軍力を有していたルイは、海上決戦で大同盟に対抗すべく、1690年7月にイギリス海峡に兵を出し、両軍はビーチ・ヘッド岬で武力衝突した。

　フランス艦隊は70隻を縦長に航行中であり、イングランド・オランダ連合軍艦隊はその側面に襲いかかった。イングランド艦隊司令官ハーバートは56隻を3つの部隊に分けて、自身が中央に陣取り、右翼にエヴェルセン率いるオランダ艦隊を、左翼に英蘭混成部隊を配置した。

　フランス艦隊司令官のツールヴィルはすぐさま連合軍艦隊へ向けて砲撃を加え、まず右翼のオランダ艦隊が猛攻にさらされた。左翼艦隊が救援に駆けつけて両軍が激戦となったが、ハーバートは自艦隊保全のため自分が率いる中央艦隊を後退させて、フランス艦隊との決戦を避けた。そのうち、損害の大きくなった右翼オランダ艦隊が、フランス艦隊によって包囲され潰滅寸前にまで追い込まれた。それでもハーバートは動かなかったが、引き潮になったのを見計らって戦線を離脱。無傷のハーバート艦隊を含めた連合軍はようやく退却することができた。この戦いで連合軍は16隻の艦船を失い、緒戦はフランス軍の圧勝のうちに終わった。結果的にオランダ艦隊を見殺しにしたハーバートは軍法会議にかけられたが、無罪となっている。

バルフルール岬で両軍が激突

　ルイ14世はビーチ・ヘッド岬での勝利により、イングランドとオランダが戦意を失うと読んで海上での戦闘を中止したが、結果的にルイの決断は誤っていた。イングランド、オランダとも敗戦後も外交の舞台に立とうとはせず、戦争は続行されたのである。そして1692年5月、ルイは再びイングランド本土侵攻を企図し、ツーロン軍港に待機しているデストリー提督の艦隊をツールヴィル艦隊と合流させて、イギリス海峡を制してイングランド本土へ上陸させる計画を立てた。

　ブリターニュ半島先端のブレストで戦闘準備を整えたツールヴィルはデストリー艦隊を待っていたが、合流途中に暴風雨に見舞われたデストリー艦隊はツーロン軍港に引き返さざるを得なくなった。ツールヴィルは、やむを得

2章　帆走船時代の海戦　123

ず旗艦ソレイユ・ロワイヤル号に乗り込み、戦列艦44隻、フリゲート艦20隻の軍勢2万人の艦隊でブレストを出港した。

　イングランドはフランスの動きを察知し、オランダと連合で艦隊を組み、戦列艦99隻、フリゲート艦38隻に4万人の軍勢を率いて、イギリス海峡のワイト島付近に集結した。総司令官は、ハーバートからラッセルに替えられていた。

　両軍が相まみえたのは、フランス北西部イギリス海峡沿いのバルフルール岬だった。英蘭連合軍は、前衛にオランダ艦隊36隻を置き、司令官のラッセルを中央部隊に据えた単横陣を敷いた。対するフランス艦隊は、敵艦の数が自軍を上回っていたことから、敵に包囲されないように前衛の戦列を長くして布陣した。

　先に動いたのはフランス艦隊だった。フランス艦隊は西寄りに英蘭連合軍に向かっていっせいに接近し、近接戦にもち込もうとした。フランス艦隊の動きを見た英蘭連合軍は、フランス艦隊を待ちかまえる格好で右舷をフランス艦隊に向けて開いて待機した。

　連合軍の中央艦隊に向けてフランス中央艦隊が砲撃をはじめ、戦闘の火蓋が切られた。それを合図に、両軍はともに激しい近接戦を繰り広げた。数的に劣勢だったフランス艦隊は、敵から包囲されないように先頭艦隊の戦列を長くしていった。それに対して英蘭連合軍の前衛艦隊は、フランス軍の前衛

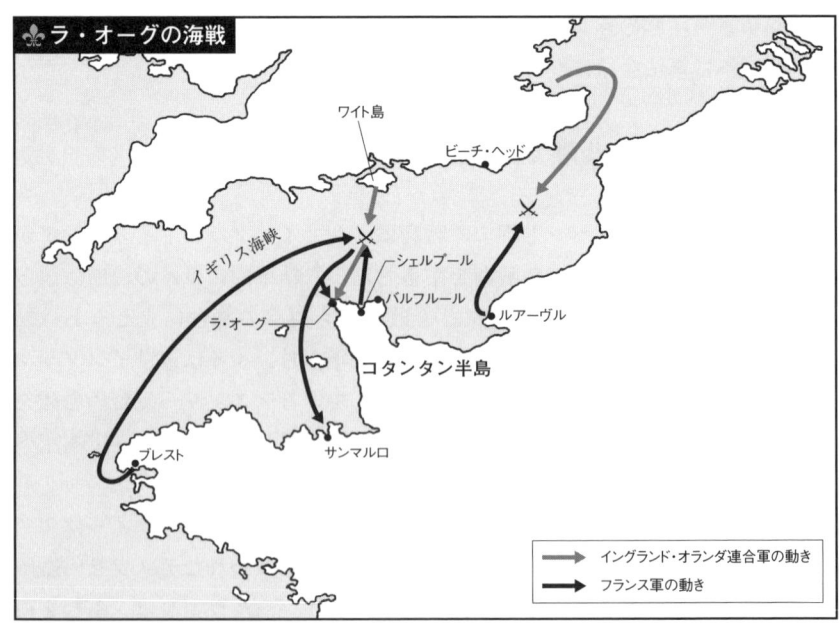

艦隊を攻撃しようと、同じように戦列を伸ばして風上に回り込もうとする。ツールヴィルは、それを阻止すべく中央艦隊で英蘭連合軍前衛艦隊に攻撃を加えた。それを見た英蘭連合軍のシャヴェル提督率いる後衛艦隊は、数の少ないフランス後衛艦隊をけん制しながら、中央の戦闘に加わろうと針路をとり、フランス後衛艦隊に割って入った。シャヴェル艦隊の動きに合わせて英蘭前衛艦隊も北西向きに変わった風を利用してフランス艦隊の前に出た。こうして敵軍に前に入られたフランス前衛艦隊は反転を余儀なくされた。

中央では、ツールヴィルとラッセルというふたりの司令官による旗艦同士の戦いが繰り広げられ、ラッセルが優勢に戦いを進め、ツールヴィルの旗艦は帆の一部を失って退却した。

数時間にわたって砲撃戦が続いたが、夕刻になって霧が濃くなると戦闘は中止された。フランス軍は、旗艦ソレイユ・ロワイヤル号をはじめかなりの損害を受けたが、喪失艦は1隻もなかった。対して連合軍は2隻を失った。

西へ逃走を図るフランス艦隊は、もはや戦列は崩れて前衛から中央、後衛まですべてがごっちゃになっていた。ラッセルは全艦隊に追撃を命じたが、濃霧が邪魔してうまくいかなかった。西側に回っていたシャヴェル艦隊が火船を送り込んだが、フランス軍はこれを阻止し、逆にフランス艦隊の後衛がシャヴェル艦隊に迫って砲撃し、シャヴェル艦隊を戦闘不能に追い込んだ。

ラ・オーグ湾でフランス艦隊潰滅

フランス艦隊はようやくイングランド軍から距離をとったが、旗艦ソレイユ・ロワイヤル号の損傷は浸水でますます激しくなった。ツールヴィルは航行不能になったソレイユ・ロワイヤル号から、アンバチュークス号に移乗してこれを旗艦とした。そして、全艦に各個身を守るようにと信号を出し、フランス艦隊はそれぞれが逃亡を開始した。

小型のフリゲート艦20数隻は、オールダニー島とコタンタン半島の間の海峡を通り、連合軍の追撃を振り切ってフランス領サンマルロに到着できた。大型艦は、コタンタン半島の先端のシェルプールと、半島の東のラ・オーグに向かって逃走した。シェルプールに逃げ込んだソレイユ・ロワイヤル号を含む3隻に対し、連合軍デラヴァル提督率いる27隻の艦隊が追撃を行った。デラヴァルは火船攻撃で3隻を炎上させた。

フランス軍のツールヴィルは、ラ・オーグ湾に逃げ込んだ12隻をもって連

合艦隊を迎撃しようと態勢を整えていたが、その態勢が整う前にイングラン
ド軍ラッセルの追撃隊に追いつかれてしまった。ラッセルは、ルック提督に
小型のスループ艦と火船、200艇のボートを与えてツールヴィル艦隊に突入
させると、ツールヴィルは陸の砲台から攻撃を仕掛けて応戦して、イング
ランドのボート隊に打撃を与えた。しかし、200艇ものボート隊を全滅させる
ことは叶わず、砲撃をかいくぐってフランス艦に乗り込んだ連合軍が、占拠
した艦船の大砲で反撃すると、砲台は沈黙した。ラッセルはラ・オーグ湾の
入り口を封鎖し、フランス艦隊を湾内に閉じ込めた。陸上からの砲撃が止ま
った湾内では、数的有利の連合軍の独壇場となり、12隻のフランス艦はすべ
てを焼き尽くされた。

　この一連の海戦を、イングランド側は「ラ・オーグの海戦」と呼び、連合
艦隊の大勝利として後世に語り継いでいった。しかし、連合軍はラ・オーグ
の海戦の勝利に満足し、サンマルロに逃げたフランス艦隊の追撃は行わなか
った。したがって、サンマルロにいたフランス艦隊は、無事にブレストに撤
退できた。

ラ・オーグの海戦の意義と、その後の両軍

　ビーチ・ヘッド岬の戦いでは連合軍が大敗したが、バルフルールとラ・オ
ーグの海戦ではフランス軍が完敗した。大規模な海軍を擁していたフランス
が敗れたのは、連合軍がビーチ・ヘッドの敗戦からすぐに立ち直ったことに
ある。また、デストリー艦隊が悪天候のために戦いに参加できず、数的にも
劣勢であった点も大きな敗因であった。

　その後フランスはラ・オーグの痛手を回復することができずに、結局イギ
リス海峡の制海権を断念することになった。たび重なる出兵による国力の疲
弊や破綻寸前の財政に加え、ラ・オーグでの海戦の敗北は、フランス海軍の
衰退の引き金となったのである。

　その後ルイ14世は陸上だけの軍事行動に制限され、大同盟の加盟国と個別
に戦わなければならなくなった。このころの大同盟には、サヴォイア、神聖
ローマ帝国、ザクセン、バイエルンなども参加し、フランスは対外的に徐々
に追いつめられていった。1697年、フランスと同盟軍はライスウィック平和
条約を結び、戦争は終結した。ルイ14世は、この条約で1676年以降に獲得し
た領土をすべて返還することになった。

Column 4 — ハンゲの海戦

　ロシア帝国がバルト海の制海権を手にし、列強の仲間入りを果たすきっかけとなったのが、ハンゲの海戦であった。

　17世紀末、ドイツ地方の内戦をきっかけとした国際戦争である三十年戦争で、反ハプスブルク家陣営として参加し勝利したスウェーデンは、バルト海南岸に版図を拡大し「バルト海帝国」と呼ばれる絶頂期を迎えた。そのころ、大海進出を宿願としていたロシア帝国にピョートル大帝が登場すると、バルト海の奪取を目指して、1714年7月にフィンランドのハンゲ半島北部へバルチック艦隊を集結させた。

　スウェーデン海軍を率いるのはワットラング提督で、バルチック艦隊を指揮したのはアプラクシン提督だった。アプラクシンは、ワットラング艦隊を発見すると本国へ援軍を要請し、先制攻撃を仕掛けたが、ワットラング艦隊の迎撃にさらされて失敗に終わった。

　ワットラングは、ニルス提督に11隻の分遣隊を指揮させ、バルチック艦隊の捕捉を試みた。それに対してアプラクシンは35隻のガレー船部隊を送り込み、二度目の突撃を敢行した。折からの凪で、帆船を主力としていたスウェーデン艦隊は動きを封じられ、ついにアプラクシン艦隊に戦列を突破されてしまった。

　ニルス分遣隊は包囲されてしまい、ニルス座乗の旗艦エレファント号はアプラクシン艦隊へ舷側を向けて応戦の態勢を整えた。しかし、小回りのきくロシアのガレー船部隊はエレファント号の背後に回り込み、さらにアプラクシンが95隻のガレー船部隊を追加投入すると、スウェーデン艦隊の命運は決まった。

　ハンゲの海戦はロシア帝国艦隊の圧勝となり、スウェーデンはバルト海の制海権を失い、ロシア帝国の宿願成就の第一歩となったのである。

スペイン継承戦争で英仏海軍が激突

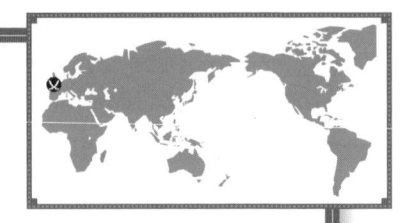

ヴィゴ湾の海戦

スペインの後継をめぐってイングランドとフランスが対立。カディスの攻略に失敗したイングランド・オランダ海軍は、帰国の途上でフランス艦隊を発見し、これに奇襲攻撃を仕掛ける。

勃発年 1702年
対戦国 イングランド VS フランス
兵力 イングランド：37隻　フランス：41隻

スペイン継承問題でイングランドとフランスが対立

　フランス中興の祖といえる"太陽王"ルイ14世の、最後の大規模な戦争が、スペイン継承戦争である。スペインの王位をめぐって、フランスのブルボン朝とオーストリアのハプスブルグ家が対立したこの戦いに、大陸の勢力均衡を望み、あくまでスペインの独立を維持したいイングランドとオランダが介入し、大規模な戦争に発展した。ヴィゴ湾の戦いは、この戦争のうちのひとつの海戦である。

　当時のヨーロッパ諸国は、互いに婚姻政策によって縁戚関係を築いていた。このため君主世襲であれば問題はないのだが、そうではない王位継承には各国の同意を必要とする場合が多かった。1700年11月、スペイン王カルロス二世が早世した。カルロス二世には子供がなく、その後継者としてフランス王太子の次男フィリップ（ルイ14世の孫）と、オーストリア・ハプスブルク家のカール大公が候補に挙がった。しかし、どちらの候補者も、将来的にスペインとの同君連合となる恐れがあり、ヨーロッパ諸国は反発していた。

　こうした情勢のなか、フランスがフィリップのスペイン王即位を強行したため、オーストリアはフランスの勢力拡大を危惧するイングランド、オランダと対仏同盟を結び、フランス領フランドルに軍を派遣して宣戦布告したの

である。対するフランスは、スペインと同盟を結んで対抗した。

　1702年7月、イングランド・オランダ連合軍艦隊は、スペイン南西部の大西洋に面する港湾都市カディスへの遠征を決定した。カディスはスペイン・フランス連合軍が地中海へ進出する要所であり、そこを占拠すれば、彼らの海上政策を制限できる。スペインから地中海の制海権を奪い、フランス内陸への大規模侵攻を行うためにも必要な地であった。

カディス攻略戦

　イングランド・オランダ艦隊の司令長官にはジョージ・ルックが任命され、イングランド艦50隻、オランダ艦20隻、その他フリゲート艦など160隻からなる艦隊が編成された。また、陸軍大将アルモンデ公爵を総司令官とする、イングランド兵9663名、オランダ兵4000名が乗船した。

　ルック艦隊はイギリス海峡を通過し、カディスから約100キロメートル北にあるブルズ湾に投錨した。しかし、カディスの城砦や港湾入り口にはスペイン軍の砲台が設置されており、イングランド・オランダ連合軍艦隊は容易に近づけなかった。

　そこで、ルックはカディスの北にあるロタから陸軍を上陸させて、艦隊との挟撃でカディスを攻略する作戦を立てた。ロタの防備は薄く、連合軍上陸後まもなくロタは陥落した。イングランド・オランダ連合軍はそこから南下し、プエルト・サンタ・マリア、サンタ・カテリナ砦を陥落させて、カディス対岸のブンタル泊地入り口にあるマタゴルダ砦へ進軍した。連合軍艦隊は、マタゴルダ砦を攻撃するため、ブルズ湾から進発してカディス湾内に進入し、陸上部隊との同時攻撃の機会をうかがっていた。

　しかし、その間に占領したロタやプエルト・サンタ・マリアの補給庫が、スペイン軍に攻撃、破壊されてしまい、陸軍の補給経路が遮断されてしまう。上陸部隊はあわててカディス湾の艦隊と合流し、1702年9月カディスから撤収した。

ヴィゴ湾の海戦

　イングランド・オランダ連合軍艦隊は、態勢を立て直すために帰国途上のセント・ヴィンセント岬付近で薪水の補給をしていた。そこでイングランド

艦ペンブローク号に乗船していた牧師が、セント・ヴィンセント岬のフランス領事からスペイン北西部のヴィゴ湾にフランス艦隊が停泊しているという情報を聞きつけた。

そのころ、多くの植民地を抱えていたスペインは、商船の護送に自国の艦隊では足らず、その多くをフランスに頼っていた。当然そのことはイングランド側も知っていたので、ヴィゴ湾のフランス艦隊も、スペイン商船の護送であろうと思われた。

ルック司令長官はただちにヴィゴ湾への攻撃を決め、戦列艦28隻と火船9隻を引き連れてセント・ヴィンセント沖を北上した。ルック艦隊が目指すヴィゴ湾には、戦列艦15隻、フリゲート艦6隻、ガンボート3隻、ガレオン船17隻という編成のフランス艦隊が集結していた。

1702年8月、ルック艦隊は単縦列でヴィゴ湾内に進入すると、一気にフランス艦隊に攻めかかった。フランス艦隊は敵軍は帰国したものと思っていたため、イングランド・オランダ連合軍艦隊の襲撃を想定しておらず、戦備が整っていなかった。連合軍ホプスン提督の80門艦トーベイ号（戦列艦）が先陣を切って突入してくると、フランス艦隊は砲撃で応戦。しかし、激しい砲火にさらされながら、トーベイ号の突撃はひるまなかった。トーベイ号は、

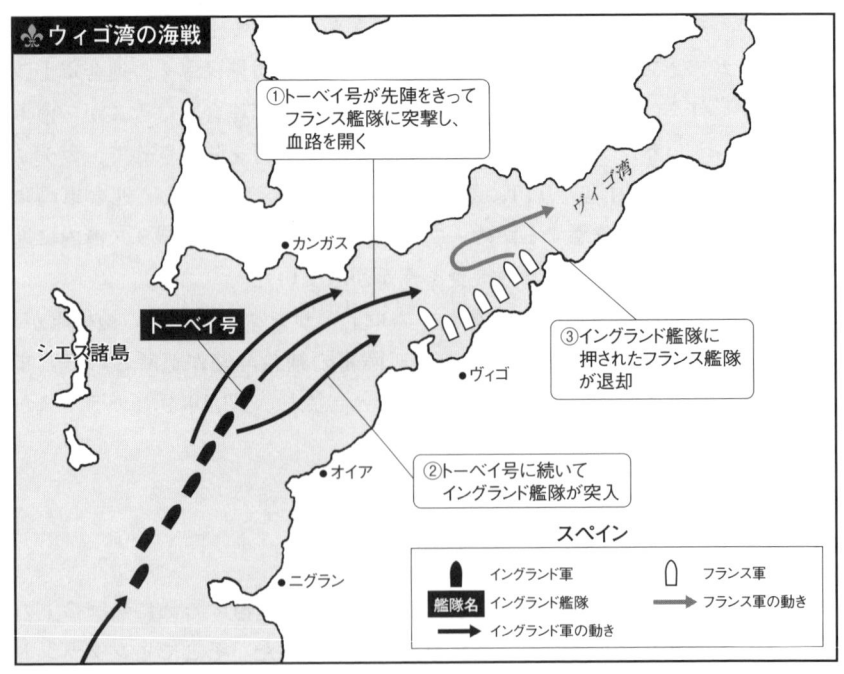

この砲撃で甚大な損害を被ったが、後列艦隊の血路を開いたことでその役目を終えた。

ホプスン艦隊に続いたイングランド・オランダ連合艦隊は、ヴィゴ湾入り口を封鎖するように、艦隊を広げながら湾内へ進撃していった。フランス艦隊を徐々に湾内奥へ追いやり、退路を断たれて混乱するフランス艦隊に対して、1隻ずつ包囲、砲撃を加えながらその数を減らしていった。さらに、陸軍大将アルモンデの部隊が上陸し、陸上の建物を占拠して背後を固めると、袋の鼠となったフランス艦隊は全滅した。

湾内のフランス艦船は、すべて捕獲または撃破され、フランス軍提督1名と艦長2名、スペイン軍提督1名、その他クルー1400名が捕虜となった。イングランド・オランダ連合軍の損害はトーベイ号のみで、死傷者は12名。イングランド・オランダ連合軍の圧勝だった。

継承戦争の結末

フランス軍は、敵軍の情報を把握していなかったこともあるが、湾内に閉じ込められてしまったことが敗戦の大きな要因であった。奇襲だっただけに仕方のない面もあるが、それにしてもフランス艦隊の動きは緩慢であった。見張りを置かなかったなど警戒を怠っていた点もフランス軍の敗因のひとつとしてあげられる。そしてイングランド軍側ではトーベイ号の突撃が、自軍の血路を開いた点も見逃せない。

このときイングランド軍は、捕獲した敵船団から莫大な額の財宝を掠奪し、大いに国庫を潤し、その後の作戦に生かすことができた。

その後イングランド・オランダ連合軍艦隊は、1704年のジブラルタル海峡の戦いでフランス艦隊を敗走させて、ジブラルタルを占拠した。その後も、スペインのマラガ沖、ジブラルタル近くのマルベラで、それぞれフランス艦隊を撃破し、陸上戦でもイングランド・オランダ連合軍が優勢を保った。

こうして各国の争いは、1714年にフランスとオーストリアが講和するまで続くのである。

> 七年戦争の決着をつけた
> # ラゴス湾・キベロン湾の海戦
>
> オーストリアの継承問題に端を発したヨーロッパの主要国の対立は、ついに七年戦争という戦争を引き起こす。ラゴス湾の海戦とそれに続くキベロン湾の海戦は、七年戦争の趨勢を決める重要な戦いとなった。
>
> **勃発年** 1759年
> **対戦国** イギリス VS フランス
> **兵力** イギリス：約25隻　フランス：12隻

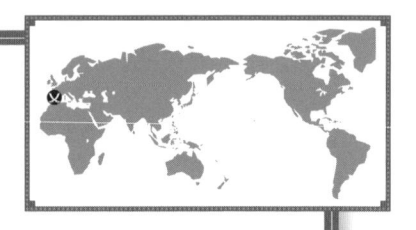

オーストリア継承問題と七年戦争の始まり

　ラゴス湾の海戦と、それに続くキベロン湾の海戦は、ヨーロッパ大陸の覇権をめぐって各国が争った七年戦争を終結に導いた戦いであり、イギリス（当時の正式名称はグレートブリテン王国、以下イギリスと表記）が世界の海軍国となる第一歩となった戦いでもあった。

　1740年、オーストリアで継承問題が勃発した。オーストリアには男子の後継者がおらず、マリア・テレジアの女性後継が確実視されていたが、当時国力を高めつつあったプロイセンが反発したのである。この争いに欧州各国が介入し、フランス、スウェーデン、スペインがオーストリアを支援し、フランスと対立していたイギリスがプロイセンに肩入れした。

　しかし、この対立に東欧で力をつけはじめていたロシア帝国が介入してくると、プロイセン同盟軍はオーストリアと和平を結んでマリア・テレジアの後継を認め、オーストリア継承戦争は一応の決着を見た。だが、各国の対立は根本的には解消されず、フランスとイギリスは相変わらず対立し、オーストリアとプロイセンの対立も続き、それはやがて七年戦争へと発展していくのである。

　当時、フランスとイギリスは北アメリカの植民地をめぐって争いが絶え

ず、フランスが地中海のイギリス領ミノルカ島を攻撃するに及んで対立は決定的となり、1756年、両国はついに本格的な戦争に足を踏み入れた。

一方、オーストリアとプロイセンも同年に戦争状態に入り、フランスとロシア帝国がオーストリア側につき、七年戦争は欧州の主要国を巻き込む大戦争となった。

フランスが一大艦隊の編成を計画

プロイセンとオーストリアとの戦いに参戦しなかったイギリスは、対フランス戦に注力することができたが、プロイセンの増長を見逃せず大陸の戦いにも介入せざるを得なかったフランスは兵力を分散しなければならなかった。しかも、イギリスとの戦いは遠くアメリカ大陸でも勃発し、フランス軍はしだいに劣勢を強いられるようになっていった。北アメリカ戦線ではフランスの拠点がイギリス軍によって次々と陥落し、大陸でもプロイセン軍の前にフランス軍は敗退を重ねていった。窮地に陥ったフランスは、まずイギリスとの戦いにけりをつけることを企図し、イギリス本土へ侵攻することによって事態を好転させようと目論んだ。

そのころ、フランス軍の主力艦は、ブルターニュ半島先端にあるブレストと、フランス南東部にある地中海沿岸の港湾都市ツーロンに投錨していたが、フランス政府はこの2艦隊を合流させてイギリス本土へ送り込むことにした。

しかし、ツーロンからブレストに至るジブラルタル海峡の制海権はイギリスが掌握しており、ボスコーウェン提督率いるイギリス艦隊が監視の目を光らせていた。たとえそこを突破しても、次のブレスト沖にはホーク提督の艦隊が控えている。決して楽な作戦ではなかったが、フランス軍はド・ラ・クルー提督に80門戦列艦オセアン号を旗艦にした戦列艦12隻、50門戦列艦2隻、フリゲート艦3隻からなる艦隊を与え、出陣の機会を待っていた。

ラゴス湾の海戦が勃発

1759年8月、海上を監視していたボスコーウェン艦隊が補給と修理のためにジブラルタルの港に戻ると、ド・ラ・クルー艦隊はついにツーロンを出航した。ボスコーウェンが戻ってくる前にジブラルタル海峡を通過する算段で

2章　帆走船時代の海戦　133

あったが、監視のために残されていたイギリスのフリゲート艦に見つかり、ボスコーウェン提督は、90門戦列艦ナムール号を旗艦とした13隻の戦列艦、50門戦列艦2隻、フリゲート艦10隻で編成された艦隊を率いてジブラルタルを出航すると、ただちに追撃を開始した。

　フランス艦隊はジブラルタル海峡を通過したころ、後方の5隻が旗艦オセアン号を見失い、彼らは北上してスペインのカディスに避難した。ド・ラ・クルーは、それら5隻の合流を待っているうちにボスコーウェン艦隊に追いつかれ、殿を守っていたサブラン艦隊がイギリス軍先頭艦隊からの砲撃にさらされた。サブラン艦隊は5時間に及ぶイギリス艦隊の攻撃に耐えていたが、後続のイギリス艦隊が押し寄せてくるとついに殿を支えきれなくなった。

　殿を突破したイギリス艦隊は、旗艦ナムール号を先頭にしてフランス艦隊へなだれ込んだ。フランス艦隊は単縦列で逃走をはかったが、イギリス軍の旗艦ナムール号がフランス軍旗艦オセアン号に並航するまで追いつかれたときに、逃げ切れないことを悟った。ナムール号が片舷斉射で砲撃を開始すると、オセアン号もそれに応戦した。両軍の砲撃戦は1時間半に及び、イギリス軍のボスコーウェンが座乗するナムール号が大損害を被って航行不能になった。ボスコーウェンが旗艦をニューアーク号に移し替えている間に、フランス軍のド・ラ・クルーは戦闘海域からの離脱を全艦に命じたが、74門艦1隻がイギリス艦隊によって拿捕された。

　残るフランス艦隊6隻は戦線を離脱し、うち2隻は西へ向かい、ド・ラ・クルー率いる4隻は北の中立国ポルトガルの海域のラゴス要塞に避難しようと、それぞれ進路をとった。

　翌日、イギリス艦隊は二手に分かれてフランス艦隊を追撃した。ボスコーウェンが追ったのは、ド・ラ・クルーが逃げたラゴス湾方面だった。ボスコーウェンは、ポルトガルの中立を顧慮することなく砲撃を開始した。ド・ラ・クルーも砲撃で応戦したが、オセアン号は岩礁地帯で座礁し、イギリス艦隊2隻の集中砲火にあい艦旗を降ろした。ド・ラ・クルーは重傷を負い、ラゴスに上陸したがそこで死亡した。フランス艦隊は全滅し、2隻が拿捕され、オセアン号含む2隻が座礁、焼却された。イギリス艦隊の損害は、ナムール号が航行不能になっただけで喪失艦はなかった。

　一方、西に向かったフランス艦隊は、イギリス軍の追撃を振り切ってブレストに到着したが、カディスに避難していた5隻のフランス艦隊は、ボスコーウェンが派遣した艦隊の海上封鎖により、身動きができなくなっていた。

こうしてラゴス湾の海戦はイギリス軍の圧勝のうちに終わった。フランス海軍の主力であったツーロン艦隊は撃破され、フランス軍はツーロン艦隊とブレスト艦隊の合流による大艦隊攻撃を断念せざるを得なくなった。しかし、フランス側はそれでもまだイギリス本土への侵攻をあきらめたわけではなく、ブレスト艦隊に最後の望みを託したのである。

キベロン湾の海戦

　ブレストに待機中のフランス艦隊の監視にあたっていたのは、ホーク提督率いる100門戦列艦ロイヤル・ジョージ号を旗艦とする戦列艦25隻、50門戦列艦4隻、フリゲート艦9隻のイギリス艦隊だった。フランス艦隊を指揮するのはデ・コンフラン元帥で、80門艦ソレイユ・ロワイヤル号を旗艦とする21隻の戦列艦、フリゲート艦4隻で編成されていた。

　ホークは、フランス軍のコンフラン艦隊の本土上陸を阻止するために海上封鎖を行っていたが、1759年10月に嵐が近づいてくるとの報告を受けて、指揮官ダフの艦隊を残してイギリス南西部トーベイに避難した。これを知ったコンフランは、翌月になってブレストを出航して南下、キベロン湾にいたフランス艦隊との合流を目指した。

　イギリス軍のダフ艦隊はコンフラン艦隊を追跡し、トーベイに避難していたホーク提督に援軍を求めた。コンフランは、ホークの救援が到着する前にダフ艦隊を潰滅させようと交戦するが、予想外にホーク艦隊の到着は早かった。ホークは艦隊を単縦列の陣形に組んで、前衛の7隻にコンフラン艦隊の攻撃を命じた。コンフランは戦力劣勢と判断してキベロン湾に退却した。キベロン湾は暗礁や浅瀬が多く点在しており、地理に不案内なホーク艦隊が入ってこられないと踏んだのだ。

　ところが、ホークは荒天のなか、危険を顧みずにキベロン湾への追撃を続行した。コンフランは後衛部隊にホーク艦隊への砲撃を命じ、ホークもこれに応じた。フランス後衛フォルミダブル号と、イギリス前衛レゾリューション号が砲撃戦を開始したが、イギリス艦隊の後続が戦闘に加わってくると、湾内で動きの自由を奪われたフランス艦隊は劣勢に追い込まれた。フォルミダブル号が戦闘不能になって拿捕され、フランス側はこの時点で200人以上の戦死者を出した。

　湾内は大混戦となり、双方ともに浸水したり座礁したりする艦が続出し

た。フランス艦隊の74門艦テーゼ号、70門艦スペルブ号が下層甲板の砲門から浸水し、2隻とも沈没した。イギリス艦隊の74門艦トーベイ号も浸水し、沈没寸前となり航行不能となった。コンフランは日没後、夜陰に乗じてキベロン湾からの脱出をはかり、指揮官ボーフレモンの艦隊8隻の分隊と、自身の主隊とに分け、主隊を北上させた。そして、分隊を暗礁のある南へ進軍させ、その危険海域にホークを誘い込もうと考えた。しかし、ホークはこの誘いには乗らず、北に逃走した主力艦隊の追撃にかかった。

コンフラン座乗の旗艦ソレイユ・ロワイヤル号は、逃走途中に座礁し、自ら火を放って炎上した。イギリス艦隊、フランス艦隊それぞれに座礁する艦が続出した。フランス艦隊主隊の逃亡は失敗し、ソレイユ・ロワイヤル号を除いた7隻は湾内のヴィラン川に逃れたが、河口の防材を乗り越えるときに4隻が沈んだ。おとりとして南下したボーフレモン艦隊の分隊8隻は、うち2隻が座礁し、6隻がフランス西部のロシュフォールに逃げ込んだ。

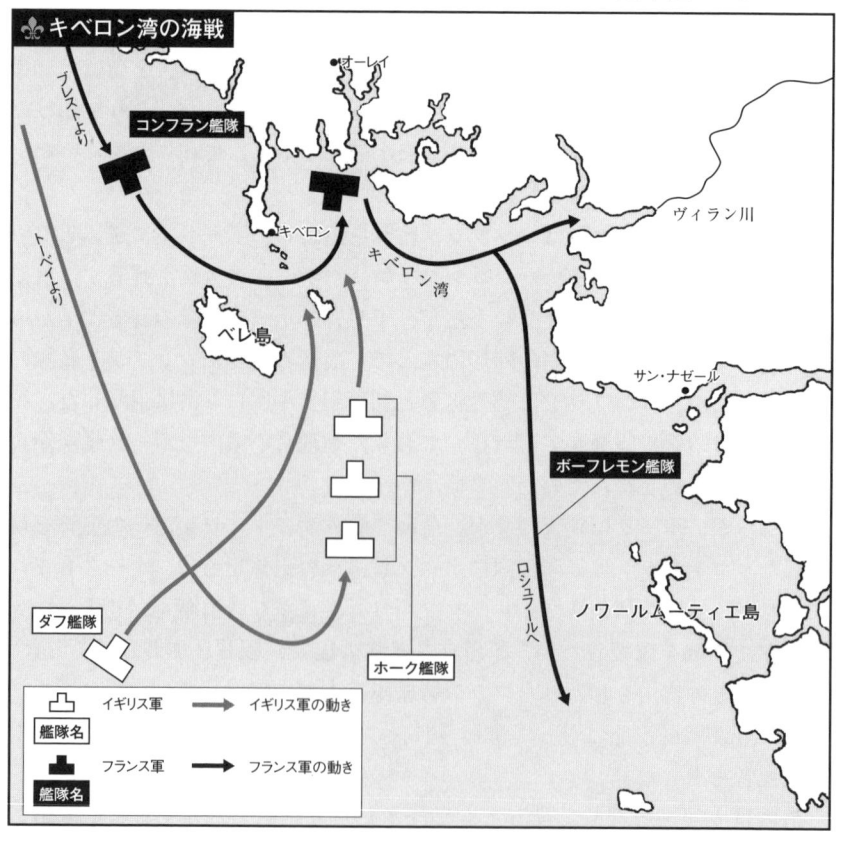

こうしてラゴス湾の海戦に続きキベロン湾の海戦でも敗れたフランスは、地中海と大西洋の制海権を奪うことはできず、両海戦の敗戦によってツーロン艦隊、ブレスト艦隊ともに大打撃を被って、イギリス本土上陸作戦は水泡に帰した。北アメリカへの援軍の派遣も物資の供給も難しい状況となり、1760年、北アメリカでのフランスの植民地の中枢だったモントリオールが陥落し、植民地をめぐる両国の争いはイギリス側の勝利となった。

海戦の勝因と敗因

　イギリスとフランスの制海権をめぐる戦いの決定的な海戦ともなったキベロン湾の海戦は、開戦前から数の上からもフランスは劣勢であり、さらにトーベイに引き上げたホーク艦隊が再来する前に作戦を遂行しようとしたフランスのコンフラン提督の戦略的な過ちもあった。勇将とうたわれたホーク提督が、敵艦隊にそんな隙を見せるはずはなく、実際ホークは、ダフ艦隊からの急報により一直線に南下してコンフラン艦隊を発見するや、ただちに戦闘態勢を整えたのである。またコンフランは、たとえホークといえども難礁が点在するキベロン湾に侵入することはできないと考えたが、結果的にこの思考も間違っていた。逆に、コンフラン艦隊がキベロン湾に追い込まれるという状況になってしまったのである。そして、難所といわれたキベロン湾への突入を決めたホークの決断力も賞讃されるものであった。
　そして、ラゴス湾とキベロン湾で起こった2つの海戦は、2つの艦隊を合流させて大艦隊を編成し、イギリス本土へ侵攻しようとしたフランスの目論見がはずれ、各個撃破されてしまったことがフランス軍の敗因であった。この各個撃破を可能にしたのは、イギリス軍による索敵や海上警戒への対応力の高さだった。
　フランスは両海戦の敗北で大打撃を被り、イギリスとの和平に傾きかけていたが、内陸ではプロイセンが相変わらず戦乱を繰り返していた。しかし、1761年にイギリス政府がプロイセンへの資金援助を打ち切ると、プロイセンは苦境に立たされた。
　この危機を救ったのはロシア帝国だった。ロシア帝国は皇帝が代替わりすると、一転プロイセンに友好的となり、1762年にサンクト・ペテルスブルグ和約を結んだ。そしてロシア帝国は、ロシア帝国とプロイセンの同盟に危機感を覚えたスウェーデンともハンブルクの和約を結んだ。

アメリカの独立を決定づけた戦い
チェサピーク湾の戦い

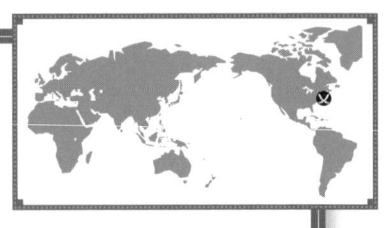

独立を勝ち取るために立ち上がったアメリカ軍は、宗主国イギリスとアメリカ大陸東海岸を中心に戦闘を繰り広げ、英海軍の主力をチェサピーク湾に追いつめた。そしてヨークタウンでついに最終決戦の日を迎える。

勃発年	1781年
対戦国	アメリカ・フランス連合 VS イギリス
兵力	アメリカ・フランス連合：約32隻　イギリス：18隻

ボストン茶会事件とアメリカ独立戦争

　イギリスからの独立を目指すアメリカ合衆国にとって、チェサピーク湾の海戦とヨークタウンの戦いは重要な節目となる戦いとなった。この2つの戦いによる勝利が、アメリカの独立を決定づけたのである。

　七年戦争の結果、北アメリカではフランス勢力が一掃され、イギリスの影響力が強まった。しかし、当時のアメリカ大陸はイギリスの植民地でありながら、早くから議会が成立して実質的に自治を行っており、フランスの脅威が去ったことで、もはやイギリス本国の援助を必要としなくなっていた。

　さらにイギリスが1773年、経営破綻寸前に陥った東インド会社救済のために、東インド会社に茶の独占販売をさせる茶条例を定めると、安価な茶がアメリカ大陸に流入し、これがアメリカ商人の反イギリス感情を逆撫でした。同年末、ボストン港に入港した東インド会社の2隻の茶船が60名ほどの市民に襲われ、積まれていた342個の茶箱が海中に投棄されるというボストン茶会事件が起こった。イギリスはこれに対して、ボストン港の閉鎖と、マサチューセッツの自治権剥奪という強硬策で報復した。

　こうした状況下、フィラデルフィアで第1回大陸会議が開催され、アメリカ全土が反イギリスで結託することが確認され、これを知ったイギリスは、

アメリカ植民地は反乱状態にあると判断し、武力行使に訴える。こうして1775年、アメリカ北部のレキシントンとコンコードでイギリス軍とアメリカ民兵が衝突し、ついにアメリカ独立戦争の幕が上がった。そして、同年5月から開催された第2回大陸会議でジョージ・ワシントンが総司令官に任命され、ボストンでイギリス軍と激突することになる。

このころは、まだアメリカにも独立の意思はなく、議会も本国との和解を望んでいた。ところが、イギリス国王ジョージ三世が制圧を指示し、指揮官にウィリアム・ハウ少将を任命するに至って、アメリカ側も徹底抗戦を決意した。そして1776年7月、同会議で独立宣言が採択された。

アメリカ大陸のいたるところで両軍はぶつかり合い、カナダ方面ではイギリスが勝利し、サウスカロライナではアメリカが勝利、ニューヨークではイギリスが勝利するなどの攻防が繰り返された。しかし、民兵主体のアメリカ軍は武装も海軍も脆弱で、戦争慣れしているイギリス軍に圧倒されることが多かった。とくに海軍については、アメリカ海軍にはカラック船4隻しかなかったので、民間船に2〜3門の大砲を装備させて補充するのが精一杯で、イギリス海軍の足元にも及ばなかった。ただ、最終的にその数は2000隻を超えてアメリカ海軍の主力となっていくのである。

サラトガの戦いでイギリス軍大敗

1777年6月、イギリスのジョン・バーゴイン少将率いる7000の軍勢が、ハドソン川流域を支配下に置くために、カナダから南下してニューヨーク州オルバニーへ向かった。これに対してワシントンは、ホレイショ・ゲイツ少将に750名の陸兵隊と450名のライフル狙撃兵を与えて、迎撃に向かわせた。

両軍はニューヨーク州サラトガで激突したが、アメリカ軍のライフル狙撃兵が威力を発揮し、イギリス軍がまさかの大敗を喫した。このイギリス軍の敗北は晴天の霹靂としてヨーロッパ全土に知れ渡った。

サラトガの戦いの勝利は、アメリカを優位に立たせる結果となった。それまで中立を保っていたフランスがこの戦いに介入し、アメリカと同盟を結んでイギリスに宣戦布告したのである。1778年7月、フランスは英仏海峡でイギリスを相手に砲撃戦を展開してアメリカを援護射撃し、さらに北米大陸に援軍を派遣してアメリカ軍を支援した。

また1779年5月には、ジブラルタル海峡をめぐってイギリスと対立してい

たスペインがフランスと結んでイギリスに宣戦布告し、翌年にはオランダもフランスと同盟してイギリスに対抗、さらにロシア帝国、スウェーデン、デンマーク、プロイセン、ポルトガルが中立同盟を結ぶに至ってイギリスは対外的に完全に孤立した。

なかでもフランスの介入は、イギリスの植民地である西インド諸島の防衛を優先しなければならないという点で厄介な出来事だった。フランスの参戦により、イギリスは海軍を西インド諸島近海にも派遣しなければならず、軍の疲弊は免れなかった。また、ジブラルタル海峡に侵入してきたスペイン軍とも海戦を繰り広げることとなり、アメリカ大陸への補給も容易ではなくなってしまった。

戦力を分散せざるを得なくなったイギリス軍の苦境は続き、1780年2月のカウペンズ（サウスカロライナ州）とギルフォード（ノースカロライナ州）の2つの陸戦でアメリカ軍に敗れてしまう。ギルフォードから撤退したイギリス軍将軍コーンウォリスは、海軍基地として使用する港の確保を求めてバージニア州ヨークタウンへ入った。

チェサピーク湾の海戦

1781年、ワシントンはコーンウォリスが占領するヨークタウンを攻撃するために、ヨークタウンに面するチェサピーク湾周辺の攻略を決定し、フランス艦隊に援軍を求めた。

やがてフランスのド・グラス将軍が、28隻の戦列艦と4隻のフリゲート艦、3000名の陸兵を率いて援軍に駆けつけた。さらに、ド・バラス将軍が8隻の戦列艦、18隻の船団を率いてフランスを出港した。

対するイギリス軍は、フッド提督とグレーヴィス提督が合流して18艦でヨークタウンに籠もるコーンウォリスの救援に向かい、すでにチェサピーク湾に入っていたフランス海軍との間で戦闘が開始された。

フランス軍のド・グラスはチェサピーク湾から全艦出港を命じたが、折悪くフランス艦隊が風下に入ってしまい動きが制限され、フランス艦隊の後衛部隊が岬を回りきらないうちに、前衛部隊がイギリス艦隊と並行戦態勢に入ってしまった。

対するイギリス軍のグレーヴィスは自ら全艦の中央に立ち、フッド艦隊7隻を後衛に回した。それから先頭の艦隊に敵側へ転回するように命じ、各艦

それぞれが戦闘態勢に入った。

　グレーヴィスは先頭のシリュースベリー号に右方向に斜航するように指示し、敵艦へ接近させた。前衛艦隊のほかの艦も同様にアメリカ艦隊へ接近していった。その後、グレーヴィスは1時間の間に2度の右転接近を命じて砲撃を開始したが、そのために後方に回した7隻のフッド艦隊が戦闘に加わることができなくなってしまった。

　結局イギリス艦隊は3隻が大きな損害を被り、日没とともに撤退した。対するフランス軍の損傷艦はなく、アメリカ・フランス連合軍が、最初の劣勢を覆して勝利を収めた。

　敗走したグレーヴィスは翌日から戦闘を再開するつもりでいたが、天候に恵まれず待機する間に、イギリス艦隊の目を盗んだド・バラス提督率いるフランス艦隊が到着して合流し、その結果アメリカ・フランス連合軍は33隻に数を増やした。対するイギリス艦隊の戦闘可能な艦数は15隻しかなく、グレーヴィスは勝算を見いだすことができずにニューヨークへと敗走した。

米仏連合軍ヨークタウンに進軍

　チェサピーク湾を制圧したアメリカ・フランス連合軍は、翌日、最奥部のエルクトンに達し、対岸のボルティモアに渡ってアメリカのラフィエット将

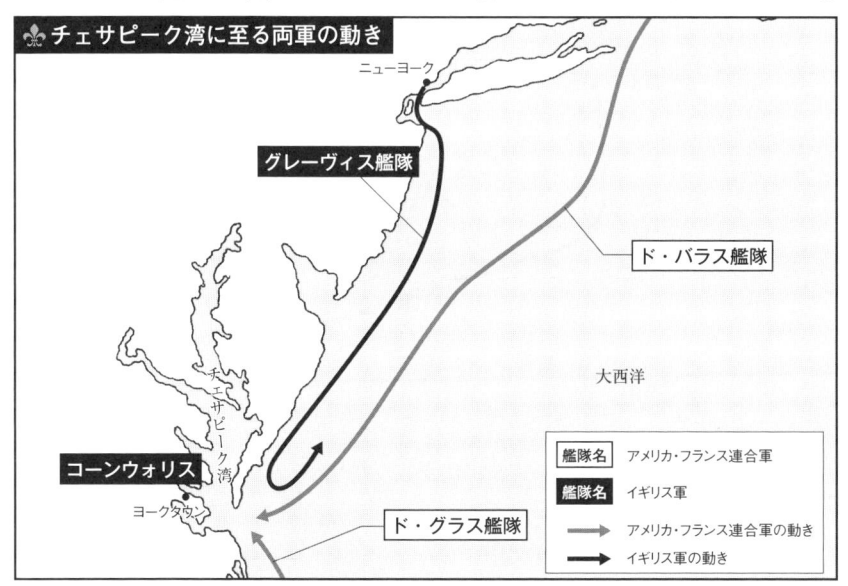

軍の部隊と合流。総勢1万6000を超える兵力でヨークタウンのコーンウォリス部隊を包囲した。

　コーンウォリスは反撃を試みるために、陸側に砲台6基と7つの砦を築いて、さらに砲艦2隻を停泊させた。そして、対岸のグロスター・ポイントに分遣隊を置いて迎撃態勢を整えた。ところがコーンウォリスは、援軍が来るという報告を得ると、その到着をあてにして陸側に築いた砦から兵を引き上げてしまった。結局、援軍は到着せず、コーンウォリスはヨークタウン砦での籠城戦にもち込む羽目になったのである。

　アメリカ軍はコーンウォリスが引き払った砦を戦わずして制圧し、そこからイギリス軍に砲撃を加えながら塹壕を掘りはじめ、同時にイギリス軍への攻勢を強めていく。

　10門のフランス軍砲台から砲撃が開始され、まずイギリス砲艦1隻を湾口へ追いやった。続いて12門のアメリカ軍砲台からの砲撃で、さらにイギリス砲艦と輸送船2隻を撃沈した。イギリス艦隊は、ヨークタウンの湾内へ押し込まれた。

　海上からイギリス艦隊を一掃したアメリカ・フランス連合軍は、フランス艦隊が2隊に分かれ、ワシントン艦隊とともにヨークタウン湾を封鎖してコーンウォリスを追いつめる。陸上では連合軍が塹壕を掘り進め、ヨークタウ

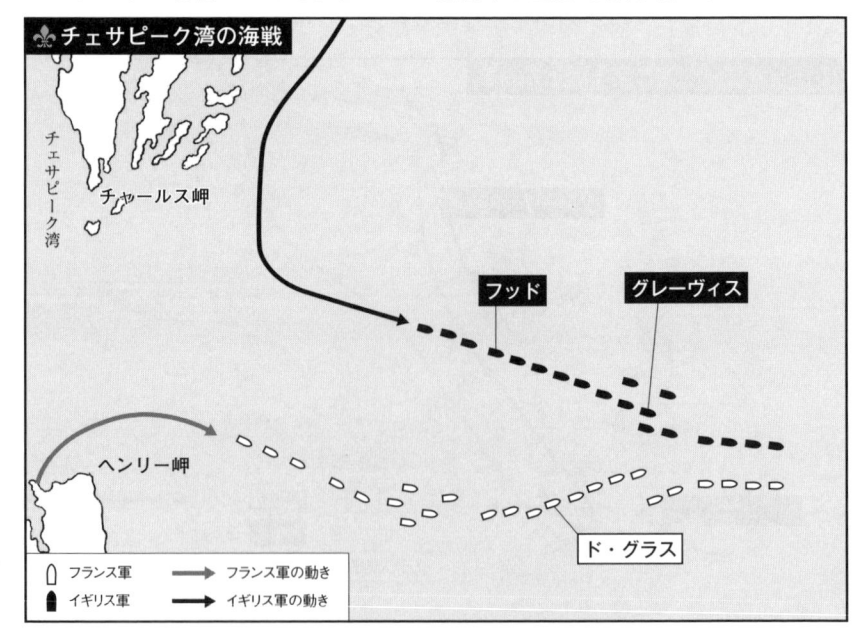

ン砦目前の2つの支砦を陥落させた。イギリス軍が奇襲をかけて大砲7門を破壊する場面も見られたが、砲艦を失い制海権も奪われたイギリス軍は、数にも勝る連合軍を崩すことができなかった。

　コーンウォリスは劣勢を挽回することができず、ニューヨークに駐屯しているイギリス軍と合流すべくグロスター・ポイントへ全軍を移動させようとしたが、突然の嵐に見舞われてヨークタウン砦に引き返さざるを得なかった。

ヨークタウンの陥落と海戦の敗因

　そのコーンウォリス隊に連合軍の全砲火が降りそそぎ、戦死者156名、負傷者326名にのぼったコーンウォリス隊に残された道は、もはや降伏しかなかった。

　ニューヨークに残されたイギリス軍は2万に満たないもので、コーンウォリスの降伏によるヨークタウン陥落は、実質的なイギリス軍の敗戦であり終戦を意味していた。

　チェサピーク湾の海戦は、数的にイギリス軍が劣勢であったこともあるが、イギリス艦隊司令長官グレーヴィスが無理に斜航接近を試みたため、後衛のフッド艦隊が戦闘に加われないという状況に陥ってしまったことが大きな敗因となった。

　アメリカ・フランス連合軍に押されっぱなしの戦況に焦りがあったことは想像に難くないが、この海戦は明らかにグレーヴィスの戦略ミスであったといえよう。

独裁者ロベスピエールの最初で最後の海戦

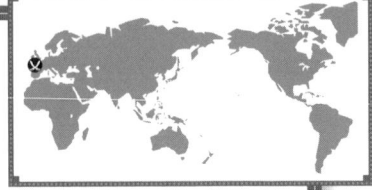

6月1日の海戦

フランスで起こった民主革命は、王制をとるヨーロッパ各国にも影響を与え、自国の革命分子抑制のため、各国は対仏大同盟を結びフランスに対抗した。そして両軍は、フランス革命後最初の海戦を、地中海沖で迎えることになる。

勃発年 1794年
対戦国 イギリス VS フランス
兵力 イギリス：26隻　フランス：25隻

フランス革命の余波

　6月1日の海戦は、フランス革命による各国の港湾封鎖と、前年の凶作による飢饉によって危機に瀕したフランスが、アメリカ大陸からの食糧輸送を成功させ、革命政府の首をつないだ重要な海戦である。

　1789年に勃発したフランス革命によって、フランス王政は崩壊した。政権を握った革命政府に対し、王政打倒という革命の余波が国内の急進派を刺激することを恐れたイギリスは1793年、ロシア帝国、プロイセン、オーストリア、スペイン、オランダを誘って対仏大同盟を結成し、フランスを包囲した。

　対するフランスは、いまだ政府が安定せず、さらに折からの飢饉が加わって国内は窮乏した。周囲を対仏大同盟諸国に包囲されているため陸路での食糧輸送は困難であり、ロベスピエール率いる革命政府はアメリカからの海上輸送で食糧危機を乗り切ろうと考えた。

　こうして1794年の4月から5月にかけて、アメリカ大陸を出航した商船隊はフランス大西洋艦隊の護衛のもと、大西洋を横断することになり、6月1日の海戦を迎えることになる。

フランス・イギリス艦隊が海上で遭遇

　当時のフランス大西洋艦隊は、三層甲板に120門の砲を設置し、装甲の強さも他国より秀でており、艦船の質は高かった。しかし、ロベスピエールの恐怖政治の影響で、それまで従事していた海将や提督たちはほとんど罷免され、海兵たちも革命政府軍によって徴兵された寄せ集めでしかなかった。さらに大西洋艦隊内では、司令官ヴィラレー・ド・ジョワイユーズと司令官代理との間に不協和音が響き、訓練もまともに行えていなかった。

　こうした状況下でヴィラレーは、アメリカ東部沿岸へピエール・ヴァンスタブル少将率いる5隻を護送艦隊として向かわせ、自身はフランス西端のブレストに拠り、アメリカからやってくる商船隊130隻の帰りを待った。

　フランス海軍の動きを知ったイギリスは、リチャード・ハウ提督を司令官に任命し、戦列艦26隻、フリゲート艦7隻、火船2隻、スループ艇1隻、カッター2隻を与えてフランス商船隊の捕獲を命じた。

　ヴィラレー艦隊がブレストに停泊していることを確認したハウはポーツマスを出航し、ビスケー湾付近でフランス商船隊を捜索した。しかし2週間たっても見つからず、ヴィラレー艦隊はその間にブレストを出航して商船隊の護衛に向かっていた。

　1794年5月28日、フランス軍のヴィラレー艦隊がすでにブレストを出航したことに気づいたイギリス軍のハウ艦隊は、ビスケー湾から出航してヴィラレー艦隊のあとを追う。一方、ヴィラレー艦隊は主力の戦列艦25隻と、フリゲート艦、コルベット艦数隻を率いて、ブレストから約700キロメートル沖あたりでアメリカから戻ってきたヴァンスタブル商船護衛隊と合流した。ヴィラレーはハウ艦隊が追ってくることを察知し、商船を戦火に巻き込まないよう自身の艦隊を西に向かわせ、ハウの目をそらした。

　ハウは商船隊には気づかないままヴィラレーの動きに釣られて西進し、ヴィラレー艦隊に攻撃を仕掛けた。まず、ハウ艦隊の先頭を航行していたシーザー号が、ヴィラレー艦隊の殿隊に追いつき、砲撃を加えた。続いて、リバイアサン号、ロイヤル・ソブリン号が攻撃に加わり、ヴィラレー艦隊の殿にいた3隻の艦船が戦闘不能に追い込まれた。ヴィラレーはなるべく商船隊から離れるように、敵と応戦しながら距離をとっていた。そして、日没とともに戦闘は終了した。

2章　帆走船時代の海戦　　145

それから2日間は海上が濃霧に包まれたため、両軍ともに動けず、6月1日になって霧が晴れると、ついに決戦の時がやってきた。

6月1日の海戦

ヴィラレー艦隊もハウ艦隊も、どちらも単縦列の陣形で両者が並行する形で相まみえた。両軍の間隔は10キロメートルほどにまで近づいた。風上に陣取ったのはハウ艦隊だった。両軍ほぼ同時に砲撃を開始し、6月1日の海戦の幕は上がった。

このときハウ艦隊は戦列艦26隻、ヴィラレー艦隊は援軍の戦列艦3隻を加えて25隻と、艦数はほぼ同じだった。そこでハウは、各艦に並航する敵艦を各個撃破し、ヴィラレー艦隊の戦列を突破するように指令を下した。通常であれば、砲火を交えながら併走するのだが、それだと敵艦の拿捕に失敗するケースが多く、ハウは商船拿捕を確実にするつもりだったのである。

ハウは、中央に位置していた旗艦クイーン・シャルロット号を敵艦の側面をつくように回頭させたが、いつもと違う指令に戸惑ったほかの艦のほとん

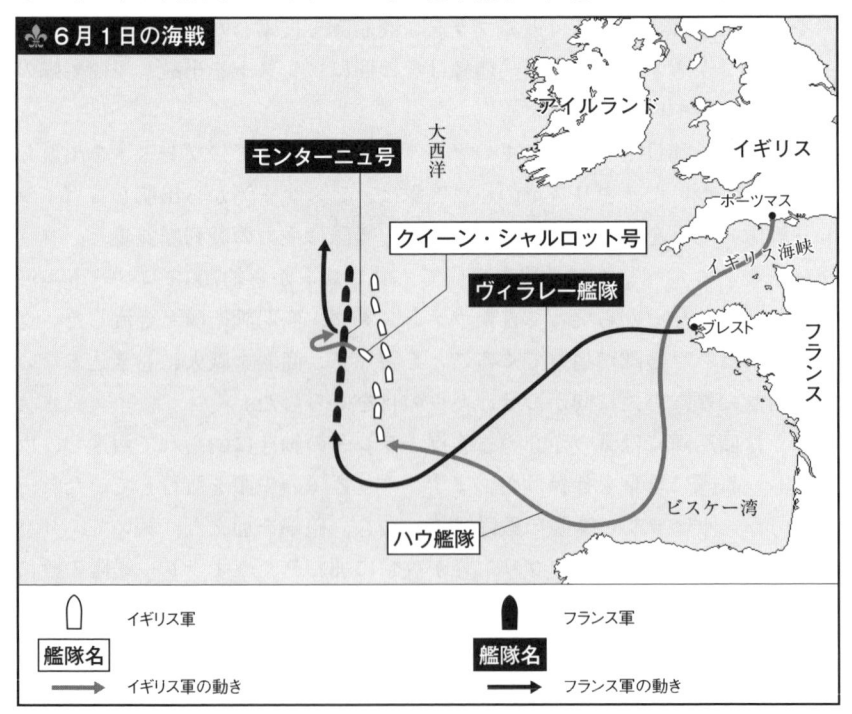

どが、その指令が誤りではないかと考えて、その場で砲撃を続けてしまった。そのため、旗艦だけが不規則に突出した形となり、それを確認したあとで他艦も、あわてて回頭をはじめた。

　このハウ艦隊の失態は、普通であれば致命傷となるはずだった。ところが、練度に不足したフランス海兵たちは、ハウ艦隊の失態に対して有効な攻撃を加えられず、ハウ艦隊は苦もなくフランス艦隊の戦列に飛び込んでいったのである。

　ハウ座乗の旗艦クイーン・シャルロット号は、敵の戦列中央に位置する敵旗艦モンターニュ号に向かって突進し、首尾よく戦列を突破すると、すかさず両舷から砲撃を加え、モンターニュ号とヴァンジュール・ド・プープル号、ジャコバン号に損害を与えた。

　前衛艦隊と中央艦隊はハウに続いて回頭し突撃を開始したが、後衛艦隊はハウの指令信号を確認できず、戦列突破に加わる機を逸してしまい、その場から動けずにフランス後衛艦隊と砲撃を交えていた。

　ハウ艦隊が敵に突撃して近接戦を挑むに及んで、海上は乱戦、混戦模様を呈してきた。前衛方面では、イギリス戦列艦シーザー号、ベレロフォン号、リバイアサン号が、フランス戦列艦トラヤン号、エオル号と交戦していた。シーザー号は緩慢な動きでトラヤン号の砲撃で早々に戦線を離脱したが、ベレロフォン号とリバイアサン号はエオル号を戦闘不能にし、トラヤン号にも甚大な損害を与えた。フランスの2艦は風上へ逃走した。それを確認したリバイアサン号は中央艦隊の戦闘の加勢に向かい、ベレロフォン号は損傷を受けたため、戦線を離脱した。

　イギリス軍の中央艦隊の旗艦クイーン・シャルロット号は、一方的な攻撃でフランス軍のモンターニュ号を劣勢に追い込み、戦線を離脱するため北方へ舵を切ったモンターニュ号を追撃するため方向転換した。しかし、そのときにほかの敵艦から砲撃を受けてしまい、追撃はかなわなかった。

　フランス艦隊は旗艦のモンターニュ号を失ったが、戦いは続行された。クイーン・シャルロット号に対しては、ジャコバン号、レプブリカン号、ユスト号の3隻が戦闘を挑み、その東側ではヴァンジュール・ド・プープル号がブランズウィック号と交戦を続けていた。しかし、戦闘が長引くにしたがって、両軍の練度の差は顕著になり、ユスト号とヴァンジュール・ド・プープル号が降伏し、そのほかのフランス艦隊も次々に降伏していった。この戦いで、フランスは14隻の戦列艦を失った。

ヴィラレーは、残った11隻の戦列艦で最後の攻撃を試みたが、それもハウ艦隊に迎撃されてしまい、ほうほうの体でフランスへ逃げ帰った。一方のハウ艦隊も損害は小さくなく、追撃できる戦列艦が12隻しかなかった。さらに、戦場には救助すべき味方艦、捕獲すべき敵艦が残されていたため、ハウは逃げる敵の追撃をあきらめて戦場にとどまらざるを得なかった。

海戦の結果とその後

　こうして６月１日の海戦は幕を閉じ、フランスの犠牲者は捕虜を含めて7000名にも及んだ。一方のイギリスの犠牲も1200名と、決して少ないものではなかった。

　ただし、フランスの最大の目的である商船護衛は成功し、商船の喪失艦は嵐による１隻だけであり、フランスは６月１日の海戦の勝利を主張した。一方のイギリスは、１隻も失わずに敵艦７隻を拿捕または撃沈したとして、こちらも勝利を主張した。実際、艦隊同士の戦いの勝者はイギリス軍であり、またヨーロッパ各国への喧伝も込めて、イギリスではこの日を「栄光の６月１日」として語り継いでいく。

　結局、この海戦でどちらが勝ったのかの決着はついていないが、これ以降フランスは大規模な海戦に打って出ることはなくなった。ゲリラ的な通商破壊戦を行うくらいでしか優勢なイギリス艦隊に太刀打ちできなかったのである。商船護衛を成功させたフランスであったが、多くの艦船を失ったという事実は、勝利を主張したとはいえ政府上層部にショックを与えた。

　10年後のトラファルガーの海戦でフランス艦隊は壊滅的な打撃を受けることになるが、その下地はフランス革命と６月１日の海戦のときからできあがっていたのである。

Column 5 ── コペンハーゲンの海戦

　コペンハーゲンの海戦はイギリスとデンマークによる戦いだが、デンマークの背後にはフランスがいた。この海戦によりフランスとイギリスとの対立はさらに深まり、両国は泥沼のナポレオン戦争に陥っていく。

　フランスでナポレオンが台頭すると、ヨーロッパ諸国は対仏同盟を結んでフランスの対外膨張策をけん制したが、イギリスと対立したロシア帝国が脱落し、1801年にはスウェーデン、デンマーク、プロセインがフランスと休戦してしまった。対仏同盟は完全に瓦解し、一方でロシア帝国はデンマークら3国とともに武装中立同盟を結び、イギリス海軍がロシア領内の海港に進入することを禁止した。

　バルト海方面からの輸送ルートを遮断され、ヨーロッパで孤立したイギリスは、ナポレオン率いるフランスと戦争を続けることが困難な状況になっていった。そのため、デンマークに対して同盟離脱を働きかけたがうまくいかず、1801年、デンマークの首都コペンハーゲンへの攻撃を決意するに至った。

　イギリス艦隊の遠征軍司令官はパーカー提督、副司令官にネルソン提督が指名された。パーカー艦隊は、戦艦18隻、フリゲート艦ら小艦35隻で編成された一大艦隊で、陸軍一連隊を乗船させた大がかりなものだった。対するデンマークが所有する戦艦は20隻と数十隻の小艦で、数的にはほぼ互角といえた。しかし、コペンハーゲン港には陸上砲門が多数設置されており、パーカーは攻撃開始の合図を躊躇した。

　ところが、勇猛果敢なネルソンは、12隻の艦船を指揮して単独でコペンハーゲン港へ突撃した。ネルソン艦隊は港の南側から敵艦隊に突撃し、砲撃戦がはじまった。デンマーク軍は艦隊だけでなく陸上砲門からもネルソン艦隊に砲撃を浴びせ、約3時間におよぶ砲撃戦ののちネルソン艦隊は3隻の戦艦を失った。後方で戦況を眺めていたパーカーは、ついに攻撃中止の信号機を掲げた。だが、ネルソンはパーカーの命令を無視して攻撃を続行、2時間後にはデンマーク軍の旗艦ダンネブロージ号を大破させ、砲撃を沈黙させることに成功した。

　デンマーク軍の死傷者は1700名、イギリス軍の死傷者は1200名と大激戦となったが、コペンハーゲンの戦いはネルソン艦隊の勝利に終わり、デンマークは休戦協定で武装中立同盟からの脱退を約したのである。

ナポレオンとネルソンの初の遭遇戦

ナイルの海戦

軍事の天才ナポレオンを得たフランス政府はイギリスを敵に回してエジプト遠征を決定。ナポレオンを追ったのはイギリスの英雄ネルソンであった。世界に名高い2人の英雄は、ついにエジプトのアブキール湾で激突した。

- **勃発年** 1798年
- **対戦国** イギリス VS フランス
- **兵力** イギリス：14隻　フランス：13隻

ナポレオンの登場とエジプト遠征

　快進撃を続けるナポレオン率いるフランス軍がはじめて惨敗を喫したのがナイルの海戦であった。この敗戦の結果、地中海の制海権はイギリスに握られ、ナポレオンはエジプトに孤立してしまう。

　1792年に民主革命が起きたフランスは、国王ルイ16世を処刑したことで国際的に孤立し、対外戦争に明け暮れて革命の成果は上がらず、政争が続いて国内は混乱した。1795年に独裁者ロベスピエールが失脚して総裁政府が成立したが、反政府運動はおさまらず、各地で暴動が起きた。この暴動鎮圧で頭角を現したのがナポレオン・ボナパルトだった。

　ナポレオンを得たフランスはその後、イタリア遠征を成功させてベルギーとライン川左岸、イタリアのロンバルディーを手に入れ、ついにはイギリス征伐を目論み、ナポレオンがイギリス征討軍の司令官に任命された。

　しかし、ナポレオンは、イギリス海峡の制海権をイギリスに握られている現状でイギリス本土への上陸は不可能と考えた。そこで、イギリス本土征伐の代わりに、イギリスにとって重要な植民地となっていたインドとイギリス本土を遮断する、エジプトとマルタ島の攻略を建議した。エジプトを制すればイギリスに対するけん制になると踏んだ総裁政府は、ナポレオンの提案を

受け入れた。

　こうしてナポレオンのエジプト遠征が決まり、ナポレオンは1798年5月19日、3万5000の兵と13隻の戦列鑑と多数のフリゲート艦を引き連れた全280隻の大軍でエジプトへと向かった。

ネルソンがナポレオン艦隊を追う

　一方のイギリスは、イタリア遠征を成功させたフランスの対外膨張策を警戒しており、ナポレオン出港の情報を入手した。イギリス政府は、ツーロンでフランス艦隊を監視していた海軍提督ホレーショ・ネルソンに出撃を命じた。現代においても英雄とたたえられるネルソンは、この当時もすでにイギリス海軍のなかにあって、最高の信頼感と名声を得ていた。

　ナポレオン軍の攻撃を命じられたネルソン艦隊は、ネルソンが乗船するヴァンガード号に、索敵用のフリゲート艦が3隻と74砲門艦が2隻の小さな戦隊だったが、1カ月後には74砲門艦10隻、50砲門艦リアンダー号が合流し、立派な艦隊となった。

　ツーロンから出航したネルソンは、とりあえず南下し、イタリア半島に沿って各港を順次偵察して回ったが、フランス軍の影も形もなかった。ネルソンもイギリス政府も、ナポレオンの目的が何なのかをつかみきれていなかったため、なかなかナポレオンに追いつけなかったのである。

　ネルソン艦隊がナポレオン探索に四苦八苦しているころ、ナポレオンはマルタ島を攻略中だった。

　ナポレオンがマルタ島を落としてエジプトへ向かうと、ネルソンの元にもようやく情報が入ってきた。ナポレオンは、マルタ島から東へ航行中だという。この情報を聞いてネルソンは、ナポレオンの目的地がエジプトではないかと考えた。

　ネルソン艦隊がマルタ島に到着したのは、ナポレオンが島を発った3日後だった。ネルソンは急いで出撃態勢を整え、針路をエジプトにとった。

ナポレオン軍がエジプトに上陸

　ナポレオン率いるフランス艦隊の指揮官ブリュイ・デゲリエは、できることならイギリス海軍との戦闘を避けたいと思っていた。征服したばかりのマ

ルタ島から多数の財宝を奪って船に積み込んだため、ナポレオン艦隊のスピードは明らかに落ちていたし、地中海の制海権をイギリスに握られている以上、現状で海戦に突入したらフランス側に勝機はなかったからだ。

そこでブリュイは、正規のルートではなく、クレタ島からエジプトに向かう迂回ルートを選択した。

そうとは知らないネルソンは、正規のルートでエジプトへ向かった。追い風の助けも手伝って、ネルソン艦隊は1週間あまりでエジプトのアレクサンドリアに到着したが、迂回したフランス軍はまだ海の上だった。先に到着しているはずのフランス艦隊がどこにもいないことを不審に思ったネルソンは、今度は北東へ針路をとり、トルコへ向かうことにした。ここに至っても、イギリス軍はナポレオン軍の目的をつかめていなかったのである。

ナポレオンがエジプトに着いたのは7月2日。ネルソン艦隊がエジプトを発った翌日だった。上陸したナポレオン軍は、7月22日にマムルーク朝軍をピラミッドの戦いで破り、翌日にはカイロに入城、着々とエジプト征服を進めていった。一方、トルコに向かったネルソンは、そこでもフランス艦隊を発見できず、地中海を縦断しているのにフランス艦隊に出くわさないことが不思議でたまらなかった。しかし、トルコでようやく新しい情報を入手した。フランス艦隊は、やはりエジプトにいたのだ。

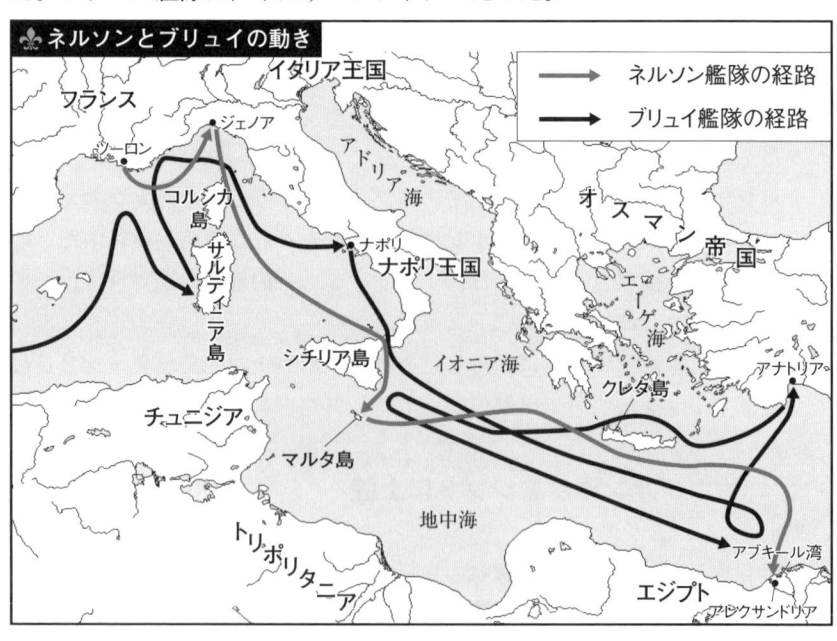

エジプトのアブキール湾で、ついに両軍相まみえる

　エジプトに取って返したネルソンが、フランス艦隊を見つけたのはアレクサンドリア近くのアブキール湾だった。ネルソンがエジプトを出発してから1カ月がたった8月1日のことであった。
　戦列艦14隻を引き連れたネルソン艦隊の出現を確認したブリュイは驚いた。フランス軍の戦列艦はイギリス軍とほぼ同じく13隻をそろえていたが、兵士のほとんどがエジプト本土に上陸してしまっており、湾の防備が手薄になっていたのだ。
　ブリュイは急いで戦列を整え、艦と艦の間を200ヤードほどに保って、海側に向けて右舷を並べて艦隊を配置した。それとともに、上陸している兵士たちを呼び戻すために伝令を走らせた。
　ネルソンがアブキール湾に姿を見せたのが、午後3時ごろのことである。これから戦闘を開始すれば夜戦となるのは明白であり、ブリュイは戦闘開始は翌朝だろうと踏み、それまでに態勢を整えればいいと考えていた。
　ところがブリュイの意に反して、ネルソンは夜戦も辞さない構えで、午後6時半過ぎに戦闘開始の信号旗を掲げた。

ネルソンの奇策でフランス軍が劣勢に

　ネルソンは主力艦をアブキール湾の出口に急行させてこれを封鎖すると、14隻の艦を2隊に分けて、一隊を陸地とフランス艦隊の間に潜り込ませて挟撃する態勢をとった。まずゴライアス号が陸側の海域に入り込み、フランス艦隊の前衛ゲリエ号に砲撃を浴びせ、ここにナイルの海戦の幕が上がった。フランス艦隊はイギリス艦隊が陸側の狭い海域に入り込んでくるとは予想もしておらず、また夜闇が迫っていたこともあり、奇襲を受けたかっこうとなり、戦闘開始の10分後にはゲリエ号の帆柱はすべて失われてしまった。
　ゴライアス号のあとにゼラス号が続き、ゲリエ号に対してさらに砲撃を開始すると、オデイシャス号がこれに続き、さらにオリオン号がフランス艦隊の4番艦を目指して陸側に入り込んだ。続いてシースウ号が交戦中のゼラス号とゲリエ号の間をくぐり抜けると、フランス艦隊3番艦スパルティアト号めがけて砲撃をはじめた。

一方、海側を進んだネルソン座乗のヴァンガード号は、スパルティアト号と対峙する位置に移動し、シースウス号と挟撃するかたちで砲撃をはじめ、残った艦もヴァンガード号に続いた。

　挟撃という奇襲攻撃を受けたフランス艦隊は、上陸兵が戻っていなかったこともあり防戦一方となり、前衛の5隻はまたたくまにイギリス軍に降伏していった。

　フランス艦隊指揮官ブリュイが乗船するオリアン号は、戦列のちょうど真ん中あたりに位置していたが、劣勢を強いられるフランス軍のなかでは善戦し、対峙したベレロフォン号に大打撃を与え、これを戦列から追いやることに成功した。しかし、オリアン号1隻が奮戦したところで戦局を変えるには至らなかった。ベレロフォン号の救援に来たスウィフトシュア号の砲撃によって、ブリュイは戦死。さらに南側から駆けつけたアレグザンダー号の砲撃で、オリアン号の士官室から火の手が上がった。炎はあっというまにオリアン号を包み込み、残されたフランス兵たちは、我先に海に飛び込んだ。

　炎上したオリアン号が爆発するのは時間の問題で、両軍ともに急いでその

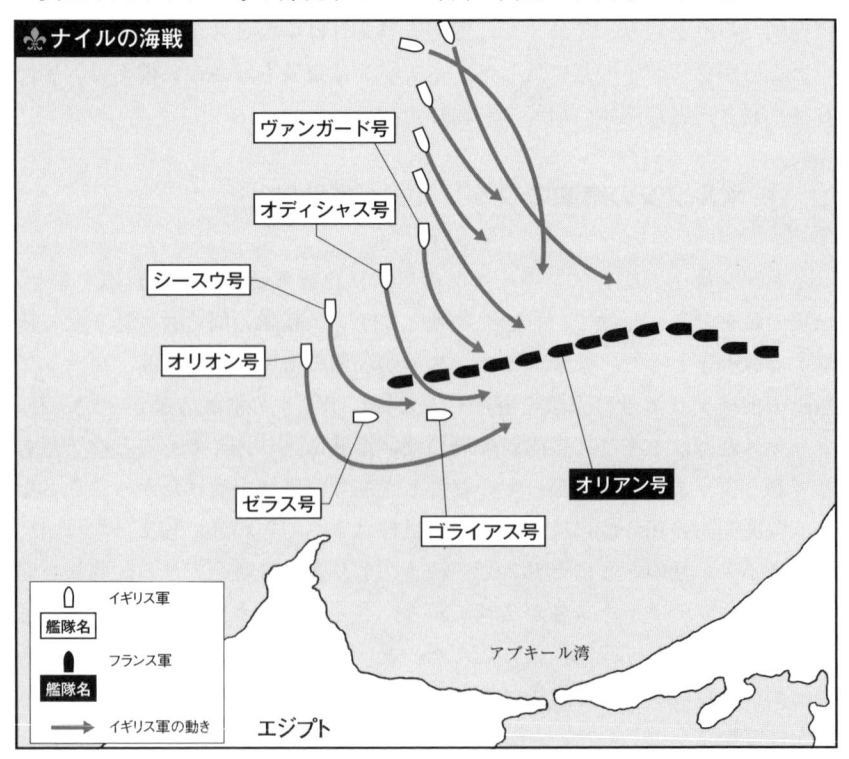

ナイルの海戦

ヴァンガード号
オディシャス号
シースウ号
オリオン号
ゼラス号
ゴライアス号
オリアン号

艦隊名　イギリス軍
艦隊名　フランス軍
→　イギリス軍の動き

アブキール湾
エジプト

場を離れると、やがて轟音とともにオリアン号は大爆発を起こし、フランス艦隊の誇りだった巨大艦は、跡形もなく消滅してしまった。戦闘が開始されてから、およそ4時間がたとうとしていた。

　指揮官ブリュイの戦死と旗艦オリアン号の沈没はネルソン艦隊の士気を高め、以後の戦闘はネルソン艦隊に有利のまま推移した。

　降伏、戦闘不能になるフランス艦が相次ぐなか、ネルソン艦隊ではベレロフォン号以外の戦艦はほぼ無傷のまま戦闘を続行し、翌朝まで続いた海戦は、フランス艦隊の奮戦もむなしく、ネルソン艦隊の圧勝のうちに終わった。

　フランスにとっては、アブキール湾から逃走に成功した艦船がたった2隻しかないという完敗だった。

　この戦いでイギリス軍は、ネルソンという優秀な提督のもと一枚岩となって戦ったが、フランス軍はアブキール湾にいた13隻のうちヴィルヌーヴ少将率いる後衛の5隻の動きが緩慢で、開戦直後に有効な行動を取れないままに包囲されてしまった。

ナイルの海戦の敗北によりナポレオンがエジプトに孤立

　「海戦史はじまって以来の完全なる勝利」とさえいわれたナイルの海戦は、夜戦も辞さない構えで開戦に踏み切り、敵艦隊を挟撃する形に戦隊を整えたネルソンの戦術の勝利であった。しかし、フランス軍にも勝ち目がなかったわけではなかった。奇襲を受けたとはいえ、開戦直後にフランス艦隊の後衛が行動を起こし、前衛艦隊の救援に向かうとか、海側のイギリス艦隊を逆に挟撃するような態勢を取っていれば、海戦の結果もまた違ったものになっていたかもしれないのである。

　この敗戦により、ナポレオンはカイロに孤立してしまった。陸上にも多くの兵士を残してはいたものの、ネルソンが残していった海上封鎖部隊がナポレオンがエジプトを出ることも、本国からの救援も不可能にした。

　そして、このナポレオンの状況を見たオスマン帝国はフランスに宣戦布告し、ロシア帝国もまたイギリスに接近し、フランスと対立しはじめた。フランス政府とナポレオンが分断された状況で、イギリスを中心とした第二次対仏大同盟が結ばれることになり、ヨーロッパはやがて各国を巻き込んだ戦争状態に入っていくのである。

2章　帆走船時代の海戦　155

アメリカ独立後、初めての海戦

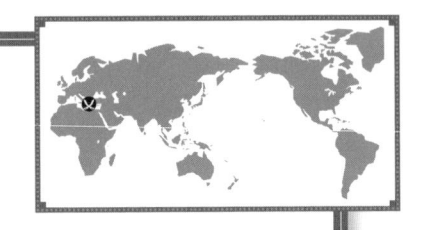

トリポリ戦争

独立後、アメリカが初めて経験した海戦がトリポリ戦争である。北アフリカの地中海沿岸で狼藉を働くバーバリ諸国の海賊を相手に、アメリカ海軍は少数精鋭で立ち向かった。

- **勃発年** 1801年
- **対戦国** アメリカ VS トリポリ
- **兵力** アメリカ：14隻　トリポリ：44隻

地中海の海賊バーバリ諸国とアメリカの対立

　アメリカが独立後、はじめて経験した本格的な海戦であるトリポリ戦争は、地中海における海賊の脅威をなくすきっかけとなった海戦であり、この戦いに勝利したアメリカは海軍の強化に踏み出した。

　18世紀の北アフリカの地中海沿岸部はバーバリ諸国と呼ばれ、トリポリ、チュニス、アルジェリア、モロッコの4カ国からなっていた。バーバリ諸国はオスマン帝国から独立採算州として認められており、それぞれオスマン帝国から派遣された総督が、国を治めていた。

　バーバリ諸国はバルバリア海賊を武装組織として編成し、地中海を通過する外国商船から通行料を徴収したり、商船を襲って乗組員を奴隷として使ったり、彼らを人質にして身代金を要求したりと狼藉の限りを尽くしていた。ヨーロッパの諸国は通行料を支払うとともに、身代金の要求にも応じて人質を買い戻していた。

　1783年に独立を果たしたばかりのアメリカも、バーバリ諸国から通行料を支払うように通達を受けていたが、新興国だったアメリカは財政難に直面しており、そのほかのヨーロッパ諸国のようにバーバリ諸国の要求に応えられずにいた。

1800年、トリポリ総督のユースフ・カラマンリはアメリカに対して、これまでに滞った通行料の支払いを求め、これを最後通牒とする旨の通達を出した。アメリカ政府は穏便にすませたかったが、ない袖は振れないため、トリポリとの間で減額などの交渉を続けたが、うまくいかずに交渉は決裂した。

　ユースフは、アメリカへの見せしめとして1801年にトリポリのアメリカ領事館に掲げられていた星条旗を切り倒し、それでもなおアメリカの態度がひるがえらないことを確認すると正式に宣戦布告し、トリポリ戦争が勃発した。

アメリカ軍がトリポリ沖を封鎖

　トリポリの宣戦布告を受けて、アメリカは1801年6月、リチャード・デイル提督率いる4隻の艦隊を派遣した。トリポリ側は24隻の戦闘艦と2500名の兵力で迎撃にあたったため、デイル艦隊は正面から攻撃を仕掛けることができず、トリポリを遠巻きに海上から封鎖し、地中海を運航するアメリカ商船の護衛に努めていた。

　膠着状態に陥って2カ月め、アメリカ軍エンタープライズ号とトリポリのボラクル大将が率いる艦隊が、トリポリ沖で武力衝突し、両軍の戦闘の幕が上がった。

　エンタープライズ号とボラクル艦隊の戦闘は、アメリカ側の一方的な攻撃で早々と決着がついた。ボラクル艦隊は戦闘不能に陥り、武装解除されたうえで開放された。その後、デイルは都市襲撃などを試みては小競り合いを繰り返したが、両国とも決定打を打てないまま2年の月日が流れた。

アメリカ軍フィラデルフィア号が拿捕される

　現状を打破するため、アメリカは1803年にエドワード・プレブル准将に小艦隊を任せて援軍に向かわせた。

　しかし、トリポリ側には24隻の艦船と2万5000名に及ぶ兵力があり、さらに当時アメリカはトリポリ周辺の海図をもっていなかったため、プレブルもまたトリポリを遠巻きに海上を警戒する形をとった。とりあえずアメリカ商船の安全を確保するため、フリゲート艦フィラデルフィア号とヴィクスン号の2隻をトリポリ沿岸に向かわせた。

　一方のトリポリは、アメリカ艦隊が海上にいるといっても、それが遠巻き

だったためアメリカ以外の商船との通商、通行料の徴収には支障がなく、深入りしてこないアメリカ艦隊に対して、何度か小艦隊を向かわせて小競り合いを繰り返したが、本格的な攻勢に出ることはなかった。

そして、2カ月後の1803年10月に入ったころ、いつものようにトリポリの小艦隊がアメリカ艦隊に小競り合いを仕掛けた。その小艦隊をヴィクスン号が深追いしたため、海上警戒の大部分をフィラデルフィア号が負うことになってしまった。しかもその数日後、フィラデルフィア号は西から吹いてきた強風にあおられ、トリポリ近海にまで流されてしまった。そして、そこで1隻のトリポリ船を発見した。

フィラデルフィア号は、38砲門が設置された中型新鋭艦で、アメリカ海軍の主力艦のひとつだった。

指揮をしていたのはウィリアム・ベインブリッジ艦長で、このトリポリ船に対して威嚇射撃をして停船を命じた。しかし、トリポリ船が逃亡したため、ベインブリッジは約1時間にわたって追撃戦を展開した。トリポリ船は、喫水の浅い中型艦のフィラデルフィア号を座礁させようと、わざと海岸ぎりぎりの浅いところを逃げ回った。

トリポリ周辺の海図をもっていなかったアメリカ軍は、暗礁や浅瀬の多いトリポリ近海では思うように追撃ができなかったが、ベインブリッジは水深を測らせながら追跡を続行した。

しかし、地の利はトリポリ側にあり、容易に追いつくことはできない。そのうちにフィラデルフィア号はトリポリ市街地のすぐそばまで来てしまったため、追跡をあきらめて戻ろうとしたその矢先に暗礁に乗り上げてしまい、身動きがとれなくなった。

ベインブリッジは離礁しようと努めるが叶わず、それを視認したトリポリ軍は、9隻の砲艦でフィラデルフィア号を包囲攻撃した。ベインブリッジも砲撃で応戦したが、船体が大きく傾いていたので艦砲の命中精度は低く、使える砲門もわずかだったため、やがてトリポリ軍の攻撃を支えきれなくなった。トリポリ軍は、さらに海岸から多数のガレー船を出港させて、フィラデルフィア号に移乗して白兵戦に打って出ると、ベインブリッジは万策尽きて降伏した。

トリポリ軍はフィラデルフィア号を自軍の艦船として配置し、乗組員はベインブリッジを含め、全員が捕らえられて幽閉されてしまった。

イントレピド号がフィラデルフィア号を破壊

　フィラデルフィア号が拿捕されたことを知ったプレブルは、敵側の戦力として使用されることを防ぐため、フィラデルフィア号の破壊を決意する。任務を任されたスティーブン・ディケーター中尉は、ケッチ船（二本マスト帆船）イントレピド号に乗り込み、ブリグ船（横帆二檣帆船）サイレンス号をともなって、トリポリに向かって出航した。

　ディケーターがトリポリに到着したのは、1804年2月だった。トリポリ沿岸には20隻のガレー船隊が停泊し、3隻の巡洋艦が絶えず辺りを警戒運航し、さらに背後の城砦には、いくつもの砲門が列をなしていた。ディケーターは、敵艦と交戦の末に座礁してしまったフィラデルフィア号の二の舞になってはならないと、浅瀬の多い近海での交戦を避けたかった。

　そこでディケーターは、現地の漁船を装って、海に面したトリポリ砦の真下に置かれていたフィラデルフィア号に近づこうと考えた。イントレピド号はそもそもトリポリの船で、アメリカ海軍がこれを拿捕して自国艦として改造したものだったので、トリポリの船に似せることは容易だった。また、シチリア生まれの将兵がトリポリの言葉をしゃべれたのも幸いだった。

　トリポリ側は、ディケーターの行動をまったく察知できなかった。イントレピド号の接近を視認したものの、それが自国船であることに疑いをもたず、ディケーターの奇襲は成功した。

　まんまとフィラデルフィア号に接舷したディケーターは、一気にフィラデルフィア号に乗り込み白兵戦を展開した。対するトリポリ軍にとっては予想外の奇襲であり、なんの戦備もしていなかったことから、決着はあっというまについた。

　ディケーターはフィラデルフィア号に火をつけ完全に焼却処分してから、悠々とトリポリを出航したのである。

アメリカの海陸両面作戦でトリポリ陥落

　フィラデルフィア号の焼却には成功したものの、海上封鎖によるトリポリ制圧策は挫折し、アメリカは作戦変更を余儀なくされていた。プレブルは、海上と陸上の両面からトリポリを攻めるため、1805年、プレスリー・オバノ

2章　帆走船時代の海戦　159

ンを隊長とする分隊を上陸させ、エジプト方面からトリポリの拠点ダーネに向かわせた。アメリカ軍の上陸を知ったトリポリ総督ユースフはダーネに援軍を派兵したが、アメリカ軍は海上からの艦砲射撃でオバノン分隊を援護し、トリポリ軍を潰走させた。

一方プレブルは、フリゲート艦コンスティテューシオン号を旗艦とし、3隻のブリグ船、3隻のスクーナー艦、6隻の砲艦と2隻のボム・ヴェッセルを率いてトリポリ沖に向かった。トリポリは、海岸に100門を超す大砲を設置し、さらに19隻の砲艦、10門砲搭載のブリグ船1隻、8門砲搭載のスクーナー艦2隻、およびガレー船12隻で迎撃態勢をとった。

両軍は何度も衝突したが、アメリカ艦隊はやはり海図がないため動きが制限されてしまい、決定的な攻撃をしかけることができずにいた。一方のトリポリ艦隊も火力では劣るので近接戦をしかけようとするが、アメリカ軍ほどの統制がとれておらず、ことごとくアメリカ艦隊に跳ね返されて、こちらも

トリポリ戦争

②フィラデルフィア号が座礁し、トリポリに拿捕される

①1803年10月、ヴィクスン号がトリポリ船を追跡開始

シチリア島

ヴィクスン号

④アメリカ艦隊が海上より援護砲撃

チュニス

地中海

トリポリ

ダーネ

アレクサンドリア

フィラデルフィア号

③1805年、アメリカ軍が上陸し、ダーネへ進軍

アメリカ軍　トリポリ軍

艦名　艦名

→ アメリカ軍の動き　→ トリポリ軍の動き

決定打は打てなかった。

　それでも、火力に勝るアメリカ艦隊に押されたトリポリは、月日がたつにつれて劣勢を強いられるようになった。さらにダーネを占領されてアメリカ陸上部隊がトリポリへと迫ってくると、ユースフ総督はついに観念し、1805年6月、アメリカと講和した。

海戦の勝因とその後

　この海戦は、バーバリ諸国周辺の海図をもっていなかったアメリカにとっては当初から苦戦が予想された。実際、フィラデルフィア号は座礁し拿捕されるという憂き目にあっている。しかし、火力の点で優っていたアメリカ軍は、海陸両面からの攻撃によりトリポリを攻めて勝利をつかんだ。また、トリポリ軍に比べてアメリカ軍が訓練された精鋭部隊だったことも勝因のひとつであった。

　独立後、初めての海戦で勝利を得たアメリカは、これを機に海軍強化の道を歩み出した。そして10年後の1815年、アメリカ艦隊はバーバリ諸国のひとつアルジェリアの旗艦マチューダ号をスペインのガタ岬沖で拿捕し、アメリカ人捕虜の解放と多額の賠償金支払いを実現させた。これが第二次トリポリ戦争である。

　また、バルバリア海賊に恐れをなして通行料を払い続けていたヨーロッパ諸国は、アメリカの勝利を知ってバルバリア海賊への精神的負担を徐々に減らしていき、それはバーバリ諸国を衰退へと導くことになった。

ナポレオンが再度ネルソンに敗れる
トラファルガーの海戦

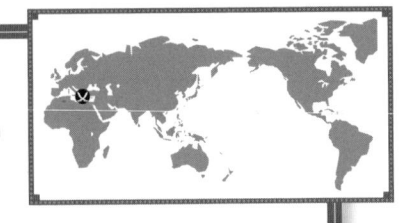

フランス皇帝に登りつめたナポレオンはイギリス本土侵攻を目論み、ついにトラファルガー沖でイギリス艦隊と激突した。イギリスは英雄ネルソンのもと一団となってこれを迎撃する。

- **勃発年** 1805年
- **対戦国** イギリス VS フランス
- **兵 力** イギリス：27隻　フランス：33隻

エジプトから脱出したナポレオンが権力を握る

　トラファルガーの海戦は、イギリス本土への侵攻を悲願としていたナポレオンの野望を打ち砕いた海戦である。

　ナイルの海戦には敗れたものの、ナポレオンは陸上での戦いは有利に進め、エジプト経営を進めていった。しかし、地中海の制海権はイギリスに握られていたため、外界との通信は遮断されており、フランス総裁政府からの帰国命令さえ、ナポレオンのもとには届いていなかった。

　ナポレオンがエジプトで孤立している間に、ヨーロッパ情勢は急変していた。1799年2月にイギリスを中心とした第二次対仏同盟が成立し、同年8月にはナポレオンが奪ったイタリアが同盟軍側の手に落ちたのである。

　イギリスとのエジプトにおける捕虜交換交渉の際に、たまたまフランクフルトの新聞を手に入れたナポレオンは、イタリアを奪われたことを知って愕然とし、帰国を決意した。イギリス艦隊の目を盗んでエジプトを脱出したナポレオンは10月9日フランスに帰還。その1カ月後にはクーデターを起こして総裁政府を葬り、第一統領に就任してほぼ独裁といえる権力を握ったのである。

イギリスとフランスが一時和平へ

　ナポレオンの宿願はイギリスの打倒である。しかし、海上の制海権はいまだにイギリスに握られており、イギリス本土侵攻作戦を実現させるためには海軍の増強が急務であった。そこでナポレオンは、海軍の充実をはかるための時間稼ぎとして、イギリスと講和することにした。

　一方のイギリスは、対仏同盟の核であったオーストリアがフランスと休戦し、またナポレオンの巧みな外交戦術によって北欧諸国が反イギリスに転換したため、ヨーロッパ大陸諸国から孤立しはじめていた。また、度重なる戦争による財政難も深刻化し、国内でも和平を望む声が高まった。

　こうして両国の利害が一致し、1802年3月、アミアンの和約が締結され、フランス・イギリス間の戦争はひとまず終結した。

　しかし、平和は長くは続かなかった。イギリスは、講和によって大陸との貿易を活発化させて財政を好転させたいと願っていたのだが、ナポレオンはイギリスの商品に重税をかけてこの目論見をつぶしたのである。イギリスは和約締結からわずか1年後の1803年5月、再びフランスに宣戦布告した。

仏ヴィルヌーヴ艦隊が西インド諸島へ出陣

　1804年12月に皇帝の座に就き名実ともに独裁者となったナポレオンは、かねてからの宿願であるイギリス本土への侵攻を具体化させた。対するイギリスは、ウィリアム・コーンウォリス提督が指揮する4つの艦隊を防衛線に回し、フランスの全軍港を封鎖し続けた。

　にらみ合いが続く間も、イギリスは兵力を増強するとともに、再びオーストリア、ロシア帝国、スウェーデンと同盟を結び、フランス包囲網をしいてナポレオンを圧迫していった。

　一方のナポレオンは、中立国であったスペインに圧力をかけて同盟を結んだ。その結果ナポレオンは、ツーロン、カルタヘナ、カディス、エル・フェレロ、ロシュフール、ブレスト、テセルと、大西洋から地中海沿岸にかけての広範な範囲に艦隊を配置することができるようになった。イギリスは、そのすべての港を封鎖する態勢をとった。ナイルの海戦でフランス軍に完勝したネルソンは、戦列艦12隻を率いてツーロンとカルタヘナを封鎖した。

2章　帆走船時代の海戦

ナポレオンはイギリス本土をけん制しつつ、1805年３月、ツーロンに投錨していたヴィルヌーヴ艦隊を中心とした艦隊を西インド諸島へ向かわせることにした。ジャマイカを中心にした西インド諸島の砂糖貿易の利益を独占するためと、カリブ海近くの各島に圧力をかけ、艦隊の集合地として利用するためだった。しかし、この作戦が結果的にナポレオンの誤算となった。

　西インド諸島へ向かったヴィルヌーヴ艦隊を追ったのがネルソン艦隊だが、ヴィルヌーヴがネルソン艦隊を恐れるあまり西インド諸島方面の作戦遂行が不徹底となった。また、スペインのフェロール港に帰投したヴィルヌーヴは、北上して別働艦隊と合流するように命令されていたのだが、港外にいたイギリスの監視艦をネルソン艦隊の一部と誤認し、針路を南にとってしまった。こうしてナポレオンの怒りを買ってしまったヴィルヌーヴは、名誉挽回を期して勝利の見込みの薄いトラファルガーでの海戦に突き進むのである。

トラファルガーの海戦の開幕

　カディスに入港したヴィルヌーヴは、その地で艦隊司令長官解任の知らせを受け取り、進退きわまった。そして、カディス港沖でフランス艦隊を警戒していたネルソン艦隊のうち６隻が戦列を離れたという情報を入手したヴィルヌーヴは、1805年10月19日カディスを出港し、ネルソン艦隊との対決に踏み切ったのである。ヴィルヌーヴ率いるフランス・スペイン連合軍（以下、

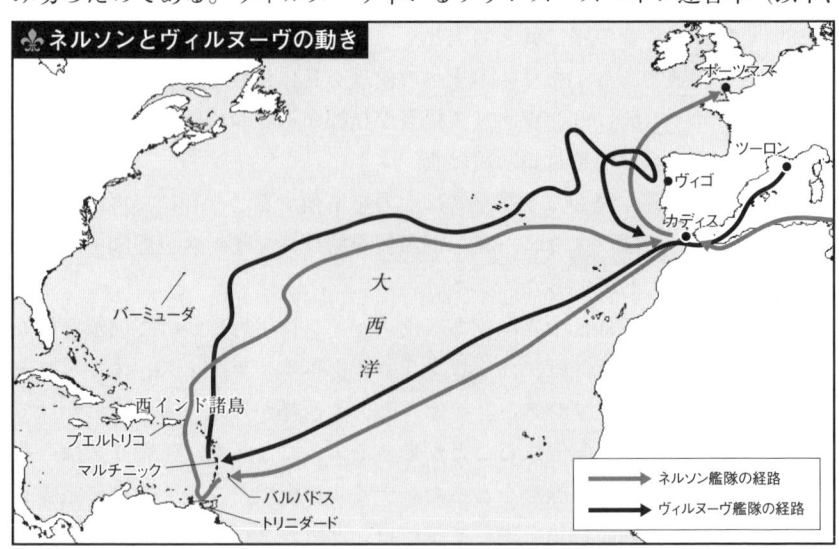

フランス軍）33艦隊に対し、ネルソン率いるイギリス軍は27艦隊だった。

　こうして10月21日、両軍はスペイン領トラファルガー岬沖の洋上で遭遇した。両軍ともに遭遇は予定外で、ともに隊列は乱れていたが、先に戦闘態勢を整えたのはイギリスだった。風上にネルソン率いる12隻、風下にコーリングウッド率いる15隻を配置し、フランス軍に向かって前進をはじめた。これは、ネルソンタッチと呼ばれるネルソン独特の戦法で、大型戦列鑑が位置する隊列の中央を撃破するための陣形であった。しかし折からの凪で、イギリス軍は思うようにスピードを出せず、ゆっくりと敵に近づくほかなかった。

　一方のフランス軍も前進を続けていたが、このままの隊形でイギリス軍と接触しては、味方艦隊が分断され、退路を遮断される危険性を察知し、左回りに反転して北の方向に針路をとった。

　敵軍の一斉反転を確認したネルソンは、彼らがカディスに逃走するものと考え、信号旗を掲げると攻撃開始を下令した。ネルソンもまた、自ら乗船するヴィクトリー号を先頭に立たせ、敵艦隊に飛び込んでいった。

イギリス艦隊がフランス艦隊を圧倒

　フランス軍は、北に向けて反転した結果、陣形が大きな円弧を描く半月形となり、イギリス軍はそのもっともへこんだ部分に突入していった。コーリングウッド率いるロイヤル・ソブレン号がフランス軍に突進すると、フランス軍のフーグー号がこれを砲撃、その北側に位置していたスペイン軍の旗艦サンタ・アナ号も砲撃をはじめ、ついに戦端が開かれた。

　ロイヤル・ソブレン号はすぐさまフーグー号とサンタ・アナ号の間に入り、両艦と激しい砲撃戦を開始した。続いてベレイル号がフーグー号の船尾にとりついて攻撃を開始。マース号、トナン号、ベロフォン号などのコーリングウッド艦隊も続々と戦闘に割って入り、フランス軍へ集中砲撃した。

　コーリングウッドがフランス軍後衛と戦闘を開始しておよそ25分後、ネルソン艦隊もいよいよ行動を開始した。ネルソン戦隊と対峙したのは、ネプト号など5隻であったが、ネルソン戦隊がこれを制圧、ネルソン座乗のヴィクトリー号はそのまま右舷に転回してヴィルヌーヴの旗艦ビュサントール号へと接近した。ビュサントール号からの砲撃を巧みに交わしながらネルソンは砲撃を続け、ビュサントール号の砲20門を破壊し、船室に大損害を与えた。

　さらに、イギリスのネプテューン号とコンカラー号がビュサントール号へ

2章　帆走船時代の海戦　165

接近を開始した。ネルソンは逆方向に回って敵を挟撃しようと右に転回し、フランスのルドゥタブル号と並行する形となった。このとき、ヴィクトリー号とルドゥタブル号の索具（帆を船につなぎ止める道具）がもつれ、両艦がくっついてしまった。フランス軍もイギリス軍も、互いに敵艦に乗り込もうとしたが、両軍ともに海からの砲撃によって阻まれた。しかし、一種の白兵戦の様相を呈することになった両艦の戦いは、陸軍国であるフランス軍に一日の長があった。ビュサントール号の狙撃兵が、ヴィクトリー号の甲板で指揮を執っていたネルソンの狙撃に成功したのである。

ネルソンは、自軍の士気低下を恐れ、自分が狙撃されたことを内密にさせて医務室に入ったが、背骨に打ち込まれた銃弾は、彼の命が長くはないことを如実に語っていた。

イギリス大勝利　海戦終幕

ヴィクトリー号とルドゥタブル号が激しく戦っているのを見たイギリス軍

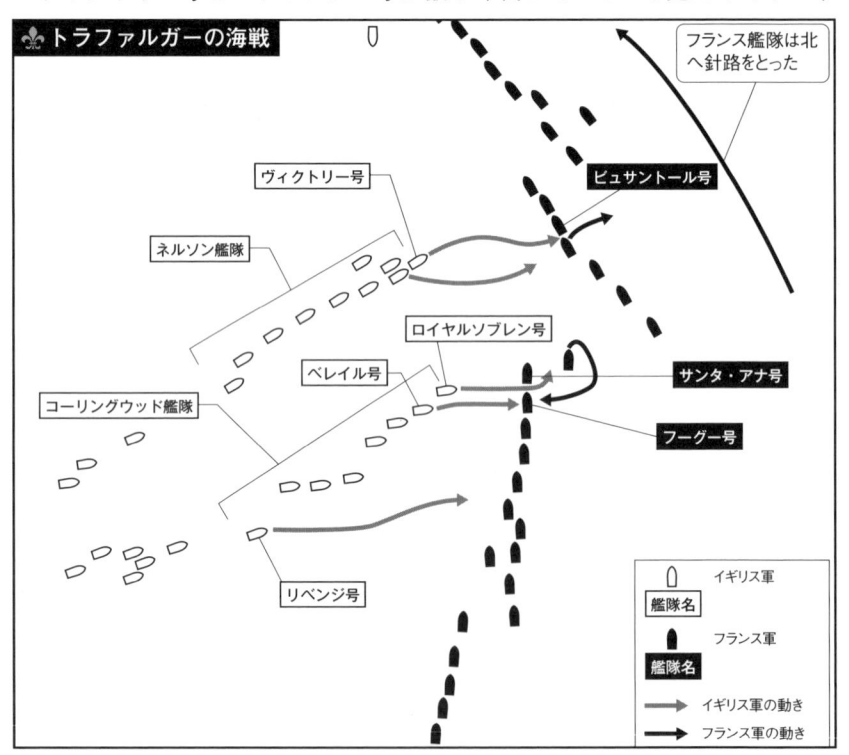

のテメレール号は、ヴィクトリー号の応援に駆けつけ、ルドゥタブル号を砲撃し、これを戦闘不能とした。次いで、ルドゥタブル号の救援にきたフーグー号を捕捉した。

続いてイギリスのネプテューン号がサンティッシマ・トリナダッド号を降伏させ、さらにブリタニア号とレヴァイアサン号がビュサントール号に一斉砲撃を加えた。これによりフランス軍司令官であったヴィルヌーヴは、ついにイギリス軍への投降を決意した。ビュサントール号には、400人以上の死傷者が横たわっていたという。

ヴィルヌーヴの投降後も戦闘は続けられたが、コーリングウッド戦隊と戦っていたフランス軍後衛は、15隻のうち10隻が捕捉され、1隻が撃沈、逃れることができたのはわずか4隻という状況に陥っていた。フランス軍前衛も、イギリス軍の継続的な攻撃に次々に戦力を奪われていき、フランス軍アシール号が大爆発を起こして海の藻屑と消えたとき、長かったトラファルガーの海戦は、イギリスの圧倒的な勝利で幕を下ろした。そして、戦闘終了の直前、ネルソンの息も絶えていた。

トラファルガーの敗戦がフランスに与えた影響

この戦いにおけるフランス軍の死者は4500名を超え、負傷者2400名、捕虜7000名を数えた。海戦に参加した艦船のうち、17隻が捕捉され、逃げ延びた15隻も以降はまったくの戦闘不能となり、ナポレオンがイギリス制圧のために用意した艦隊はほぼ全滅した。一方のイギリス軍は、死者449名、負傷者120余名、艦の損失はゼロと完勝だった。

イギリス軍の勝因は、ネルソン指揮のもとにイギリス艦隊の統制が乱れなかったこと、そして革命後のフランス軍が訓練不足だったことに対し、イギリス海軍は訓練だけでなく実戦で鍛えあげられていたことだった。

トラファルガーの海戦の勝利は、イギリスの海上制覇を揺るぎないものにした。これにより、ナポレオンの悲願であるイギリス侵攻は頓挫し、のちにナポレオンの首を締めることになる「大陸封鎖令」の発令へとつながるのである。

また、この圧倒的な戦勝はイギリスの名誉と自信を回復させ、10年後のワーテルローの戦いでナポレオンを破る要因のひとつともなったのだった。

2章　帆走船時代の海戦　167

米英大西洋戦争

アメリカにとっての第二の独立戦争

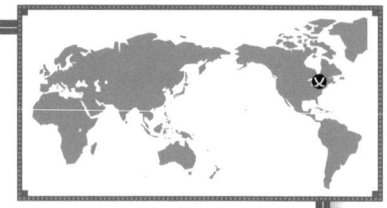

新国家として歩みはじめたアメリカは1812年、再びかつての宗主国であるイギリスと戦火を交えることになった。イギリスの強力な海軍に対し、アメリカはカナダと大西洋という2方面での海戦に打って出る。

- **年代** 1812年
- **対戦国** アメリカ VS イギリス
- **兵力** アメリカ：不明　イギリス：不明

ナポレオン戦争のアメリカへの影響

　独立戦争に勝利して新国家としての歴史を歩みはじめたアメリカが、かつての宗主国であるイギリスと再び戦火を交えた戦いが米英戦争である。イギリスに対する精神的な依存から脱することができたという点で、この戦争はアメリカにとって大きな分岐点となった。

　ヨーロッパ大陸を戦乱の地に陥れたナポレオン戦争に対し、アメリカは当初は中立を保っていた。ところが、1806年にイギリスがフランス勢力下の大陸沿岸部を封鎖し、その報復にフランスはスペインやデンマークなどのフランス同盟国とイギリスとの通商を禁止する大陸封鎖令を出して、イギリスと交易を行う船舶の拿捕を宣言した。両国の海上封鎖は、アメリカにとっては両国との交易を制限される結果となり、経済に深刻なダメージを与えた。

　アメリカは全海外貿易を停止する出港禁止法を発布し、これによりイギリス・フランス両国が、中立国に対する海上封鎖を解いてくれることを期待したのだがそうはならず、アメリカ国内の経済をさらに圧迫させるだけの結果となった。さらに、対仏戦争に人材を欠いたイギリスがアメリカ船舶を襲っては船員を連れ去ってしまう事件も多発し、アメリカ国内では反英感情が高まり、1812年6月18日、アメリカはついにイギリスに宣戦を布告した。

カナダ・デトロイト川で米英が激突

　イギリスの北米司令部は植民地のカナダにあり、アメリカの目標もカナダに定められた。当時のアメリカ大統領ジェームス・マディソンは、ナポレオンとの戦争に忙殺されているイギリスは援軍を派兵する余裕などないと楽観視していた。

　アメリカでは、ヒューロン湖、エリー湖、オンタリオ湖に囲まれたカナダ南西部（アッパー・カナダ）を占領して、そこからセント・ローレンス川を下ってカナダの中心都市ケベックに侵攻し、同時に大西洋上ではアメリカ商船を保護しつつ、イギリス商船とイギリス艦の行動妨害をすることになった。アメリカは、まずイギリス軍のアッパー・カナダへの補給線を遮断するため、東のナイアガラ川と西のデトロイト川の両方面から進軍を開始した。カナダに駐屯していたイギリス軍は7000名だったが、本国からの援兵が期待できないこともあって、カナダ総督ジョージ・プレヴォーはアメリカ軍を迎撃せずに防衛に専念することにした。

　西のデトロイト川方面では、アメリカ軍ウィリアム・ハル少将が指揮する2000名の陸軍と、イギリス軍アイザック・ブロック少将が指揮する1300名の陸軍が衝突し、数の上ではまさっていたアメリカ軍だがブロック隊の猛攻に押されてあっけなく降伏してしまった。

　東のナイアガラ戦線でもアメリカ軍は敗走し、イギリス軍はアメリカ軍のアッパー・カナダへの侵攻を食い止めることに成功した。

大西洋での海上戦でアメリカが優勢に戦う

　1812年7月、アメリカはジョン・ロジャース将軍にフリゲート艦プレジデント号を旗艦とした艦隊を与え、またスティーブン・ディケーター将軍にはユナイテッド・ステイツ号を旗艦とした艦隊を与えて、チェサピーク湾から大西洋に向けて出撃させた。アメリカ海軍は艦隊の数こそ劣勢だったが、主力のフリゲート艦はイギリス軍のそれより大型で、搭載されている砲門も多く、火力でも優勢だった。しかし、いかんせん艦数が22隻程度しかなく、強力なイギリス海軍に正面から対抗することは難しかった。そのため、アメリカ軍はゲリラ的な奇襲を仕掛けては逃走を繰り返すという戦法に終始した。

2艦隊に続いて、アメリカ軍のウィリアム・ハル将軍が指揮するフリゲート艦コンスティチューシオン号が、ロジャース、ディケーター艦隊と合流するためにチェサピーク湾を出港した。これを、イギリス軍フリゲート艦ゲリエール号が発見しあとを追った。いったんは敵をかわしたハル艦隊だったが、ボストンに寄港して水を補給すると、イギリス軍のゲリエール号との交戦を決意した。速力に劣るアメリカ艦隊は、いずれイギリス艦隊に追いつかれてしまい後方からの攻撃にさらされてしまう。それならば、火力に勝る砲門を利用して撃退しようと考えたのである。そして両艦隊はボストン沖で向かい合い、30分ほど互いに砲撃を加えあったが、火力に勝るハル艦隊が優勢だった。ゲリエール号はマストを倒され戦闘不能になると遁走を開始したが、ハル艦隊がそれを追撃し、ゲリエール号は捕獲され焼却された。
　陸戦では思うように作戦を遂行できなかったアメリカ軍だったが、緒戦の海戦ではイギリス軍に対して勝利を重ねていた。

ブット・イン湾の海戦が勃発

　そのころ、ヨーロッパ大陸ではナポレオンがロシア帝国に敗れ、イギリスにとっての戦況は好転していた。そのため、それまで欧州海岸から離れられなかったイギリス艦隊が、大西洋へ出てアメリカの港湾を封鎖しはじめ、カ

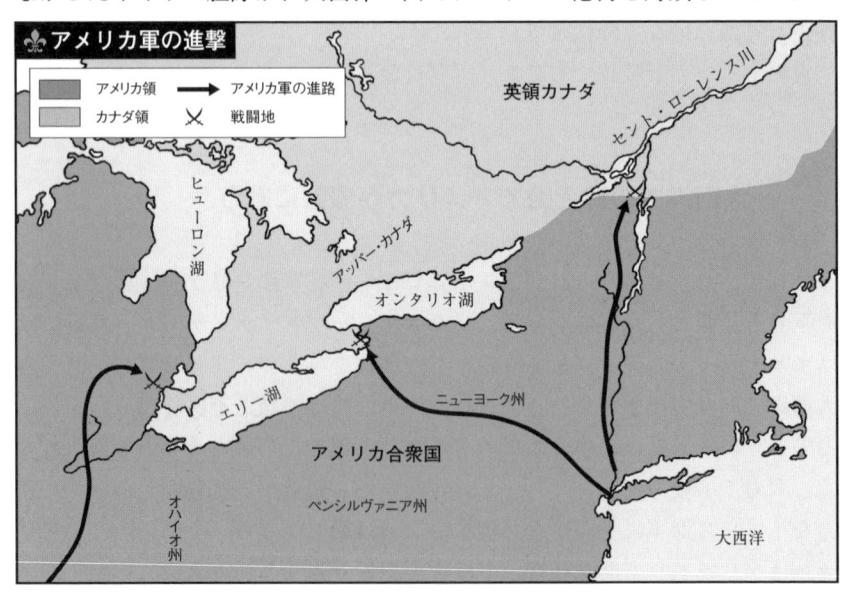

ナダへも正式に援軍が派遣された。

　一方のアメリカも、まだアッパー・カナダをあきらめてはいなかった。オンタリオ湖北西部の拠点ヨークを落とし、そのまま南下してエリー湖方面へ進撃を続けた。指揮を任されたのは、オリバー・ハザード・ペリー大佐だった。ペリーは、完成したばかりの20門搭載ブリッグ型コルベット艦2隻を主力とする艦隊を率いて、イギリス側の港湾を封鎖した。この封鎖は、カナダに駐屯するイギリス軍の補給を断ったことで、かなりの効果を発揮した。この状況を打破すべく、エリー湖のイギリス海軍を率いるロバート・バークレイ提督が、艦隊を率いて出撃した。20門砲を搭載したフリゲート艦ローレンス号とナイアガラ号を主力にしたペリー艦隊は総勢9隻、バークレイ艦隊は完成したばかりのコルベット艦デトロイト号を旗艦とした6隻。両軍は、エリー湖南西のプット・イン湾で激突した。

　両艦隊とも単縦列の形をとって相まみえたが、当初は風上に位置していたペリー艦隊が優勢だった。しかし、そのうちに風向きが変わると戦局は一変した。ペリー艦隊は統率が取れなくなり、9隻それぞれが思い思いの攻撃をしはじめた。ペリー座乗のローレンス号に追従するはずのナイアガラ号に遅れが生じはじめ、ローレンス号は単独で3隻のイギリス艦と向き合うはめとなった。バークレイはこれを好機と見て、ローレンス号に集中砲火を浴びせて3隻の艦で包囲攻撃を開始した。ローレンス号も砲撃で応戦するが、三方を完全に包囲されるとなす術もなくなり、ローレンス号は大きな損傷を受けて航行不能、乗員の半数が死傷し、設置された砲門はすべて破壊された。

　旗艦を落とされたペリーはローレンス号を捨て、激しい砲火にさらされる海上をボートで漕ぎ渡り、僚艦ナイアガラ号に旗艦を移して戦闘を続行させた。ペリーは、ナイアガラ号艦長だったエリオットに砲艇を与えて、イギリス艦隊の攻撃に向かわせた。同時に自身は、バークレイが座乗するデトロイト号に反撃を開始した。ナイアガラ号には、射程は短いが火力の高いカロネード砲が設置されており、近接戦でデトロイト号に多大なダメージを負わせ、バークレイ自身も負傷させた。バークレイが艦隊の指揮を執れなくなると、イギリス艦隊に混乱が生じ、デトロイト号の後方で交戦中だったクイーン・シャルロット号がデトロイト号に衝突してしまい、両艦とも航行不能になり降伏せざるを得なくなった。これを知ったほかのイギリス艦は敗北を悟って遁走を開始したが、すべてペリーによって拿捕された。

　こうしてエリー湖からイギリス軍を排除したアメリカ軍は、アッパー・カ

2章　帆走船時代の海戦　171

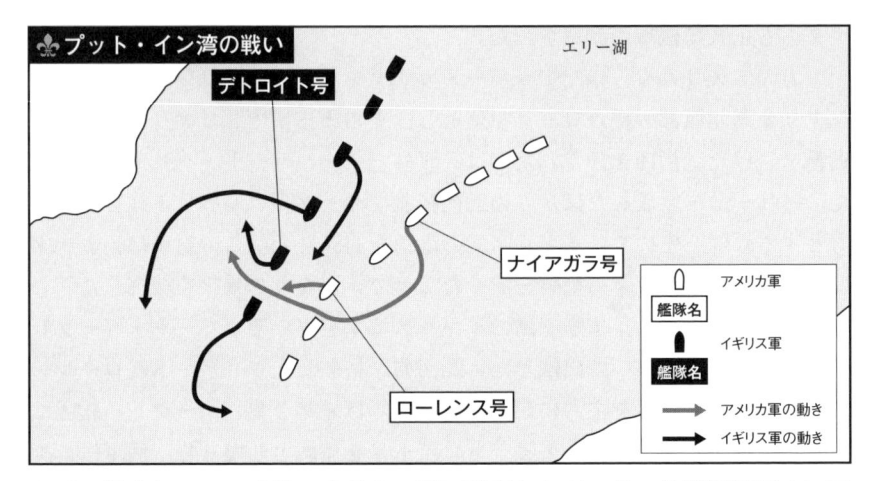

プット・イン湾の戦い

- デトロイト号
- エリー湖
- ナイアガラ号
- ローレンス号

凡例：アメリカ軍 艦隊名／イギリス軍 艦隊名／アメリカ軍の動き／イギリス軍の動き

ナダへ侵攻し、テムズ川でイギリス軍に勝利したが、その後指揮官同士に不和が生じ、アッパー・カナダからの撤退を余儀なくされた。

　そのころ、ヨーロッパ大陸ではライプツィヒの戦いでフランス軍が敗れ、イギリスはいよいよアメリカとの戦争に注力できる環境が整ってきた。イギリスは、チェサピーク湾周辺の海上封鎖を南のフロリダ沿岸部まで延長し、アメリカはますます苦しくなった。

チェサピーク湾襲撃戦

　米英の戦いは1814年に転機を迎えた。ナポレオンが退位したことにより、イギリスから続々と艦隊が送られるようになったのである。フロリダ沿岸部までの海上封鎖は、さらにニューイギリス沿岸部まで延長され、アレクサンダー・コクレーン大将率いる4500名のイギリス艦隊が到着すると、コクレーンは首都ワシントンへ向けて進軍を開始した。アナスコシア川を渡って、ワシントンを東から攻略しようと針路をとったコクレーンは、ワシントン北東のブレーデンバーグでアメリカ軍と戦火を交える。アメリカ軍は多量の砲火を浴びせたが、イギリス軍の精鋭は砲撃をものともせず前進し続けた。その気迫に押されたアメリカ軍は後退しながらの砲撃となり、その隙を突いたイギリス軍が白兵戦に打って出ると、アメリカ軍はたちまち総崩れとなった。ワシントンは、イギリスの手に落ちた。

　このころから、イギリスとアメリカの間で和平交渉が進められるようになり、優勢だったイギリスもナポレオン戦争によって疲弊しており、和平を望

む声が高まっていた。しかし、その一方でイギリスは攻勢の手をゆるめることなく、コクレーン艦隊にニューオリンズ攻略を命じる。

1814年12月、ニューオリンズ沖に到着したコクレーン艦隊は、ボルニュ湾のアメリカ軍砲艇を撃破し、ミシシッピー川下流に至った。ニューオリンズを守っていたのは、アメリカ軍の勇将アンドリュー・ジャクソン将軍だった。ジャクソンは、ミシシッピー川と湿地帯とに挟まれた地点に防御陣地を構築し、火力支援のために2隻のスクーナー艦を配置して、迎撃態勢を整えた。

コクレーンがニューオリンズに迫ったころ、ベルギーのガンにおいて両国の講和条約が締結された（1814年12月）。だが、その情報が伝達される前にコクレーンは1815年1月、ニューオリンズへの攻撃を開始してしまった。

コクレーンは、ジャクソンが用意したスクーナー艦カロライナ号を撃沈するなど優位に戦局を進めたが、ジャクソンは最後の防御壁を頑なに守り続けた。両軍ともに決定的な打撃を与えることができないまま1カ月が過ぎたころ、ようやく両軍に停戦命令が下された。

アメリカ軍の勝因と戦争のその後

当時のイギリスとアメリカの海軍力を比べれば、圧倒的にイギリスが優位を保っていた。しかし、イギリスはナポレオンとの戦いのために北米方面に戦力を集中することができず、ほとんどの水兵が志願兵であり士気の高いアメリカ軍に苦戦を強いられた。また、アメリカは艦数こそ少なかったが、火砲の搭載数が多いフリゲート艦を所有しており、イギリス軍と互角の戦いができたのである。

米英戦争は、イギリス海軍による海上封鎖が貿易障壁となったことで、アメリカ国内で国内産業の発展につながった。それはアメリカ大陸北部で顕著で、工業化が進んだ。また、イギリスに負けなかったことは国民感情的にそれまでのコンプレックスを解消し、米英戦争は第二の独立戦争と呼ばれるようになる。

また、その後アメリカはネイティブ・アメリカンが治めていたミシシッピー川流域へ進出し、領土拡張の足がかりとした。しかし、工業化が進む北部に対して、綿花栽培など農業を主体とする南部との経済構造格差が表面化することにもつながり、それはやがて南北戦争という形で矛盾を露呈することになる。

2章　帆走船時代の海戦　173

ナヴァリノ湾の海戦

ギリシア独立をめぐる欧州列強の争い

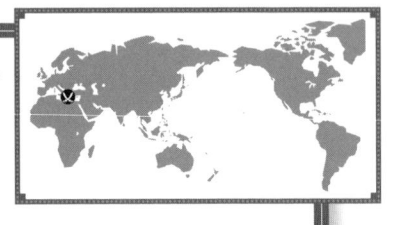

オスマン帝国からの独立を目指すギリシアの独立運動は、欧州列強を巻き込む大戦争となる。イギリスはフランスとロシア帝国を誘ってギリシアの独立を支援し、ナヴァリノ湾でオスマン帝国と対決する。

勃発年 1827年
対戦国 イギリス・ロシア・フランス VS オスマン帝国・エジプト
兵力 三国連合軍：27隻　オスマン帝国・エジプト軍：89隻

ギリシアの独立戦争に露英仏が介入

　紀元前2世紀にローマに征服されて以来、長年のあいだ他国の属国という地位に甘んじてきたギリシアの独立戦争のうちのひとつの戦いが、このナヴァリノ湾の海戦である。この海戦にギリシアは直接参加していないが、この戦いによってオスマン帝国は黒海の制海権を失い、ギリシアの独立は決定的となった。

　1821年にはじまったギリシア独立戦争は、領土や利権の拡大を目論むヨーロッパ列強の介入を招いた。まず、オスマン帝国とともに東欧の雄の地位を築いていたロシア帝国がギリシアに肩入れした。すると、ロシア帝国の単独行動を警戒したイギリスがロシア帝国と協定を結んでギリシアとオスマン帝国の調停役となり、フランスにも呼びかけて三国で軍事同盟を結びオスマン帝国に停戦を要求した。

　一方、エジプトと結んだオスマン帝国は、共和国を宣言したギリシアの内部分裂に乗じて攻勢を仕掛けており、露英仏の要求を拒否する。これに対して三国はついにオスマン帝国との武力対決に踏み切り、連合艦隊を組織して出航した。

　彼らが目指したのは、オスマン帝国・エジプト同盟軍が占領しているペロ

ポネソス半島南西部のナヴァリノ湾である。三国連合軍艦隊は1827年9月12日にナヴァリノ湾沖合に達すると、すぐさまオスマン帝国・エジプト同盟軍に対して示威行動を開始した。イギリスは、東欧の軍事的均衡を保ちロシア帝国の軍事力を突出させないためにも、戦火を交えずにオスマン帝国を降伏させたかったのである。

ナヴァリノ湾の海戦はじまる

　一方のオスマン帝国は、ペロポネソス半島に上陸後、独立派勢力を次々と制圧し、戦局を優勢に進めており、戦わずしての降伏は選択肢になかった。オスマン帝国・エジプト同盟軍を指揮するイブラヒム・パシャは、三国連合軍艦隊がナヴァリノ湾に向かっているとの一報を聞くと、タヒール・パシャを指揮官にした艦隊を湾内に集結させた。タヒール・パシャは各艦を海岸線に沿って配置し、全艦隊がU字形になるように陣形を組んで湾を守り、迎撃態勢を整えていた。

　三国連合軍艦隊は、イギリスのエドワード・コドリントン提督を司令長官に据えて、ナヴァリノ湾を守備するオスマン帝国・エジプト同盟軍に相対するように、逆馬蹄形に陣形を組んだ。イギリス艦12隻、フランス艦7隻、ロシア艦8隻の合計27隻の三国連合軍艦隊に対し、オスマン帝国・エジプト同盟軍は合計89隻と、数の上では圧倒的にオスマン帝国側が勝っていたが、戦闘能力においては産業革命に成功していた三国連合軍の装備がはるかに上回っていた。

　コドリントンはイブラヒムと停戦の会談をもったが、その最中にコリント湾方面でギリシアが勝手に攻撃を開始するという暴挙に出てしまい、両者の会談は決裂した。

　イブラヒムは、ギリシアの攻勢に対して一部の艦隊をコリント湾に送ったが、それは三国連合艦隊によって封殺されてしまい、艦隊はすぐにナヴァリノに戻ってきた。コドリントンもすぐさまナヴァリノ沖に戻り、10月14日にフランス・ロシア艦隊とともに、同盟軍の動きを封じるためにナヴァリノ湾を封鎖した。

　しかし、イギリスとフランスはここに至ってもあくまで停戦を望んでいたため、イギリスのフリゲート艦ダートマス号を交渉のため差し向けた。ダートマス号から連絡用ボートが発進され、オスマン帝国艦隊に近づこうとした

2章　帆走船時代の海戦　175

とき、これを敵の攻撃と勘違いしたイブラヒムが、連絡用ボートに砲撃を加えた。そのため、ダートマス号も応戦のため発砲するに至り、ついに戦闘が開始された。

三国連合軍がオスマン帝国に完勝

ダートマス号が砲撃されると、コドリントンはすぐさま自艦隊のナヴァリノ湾内への突入を命じ、フランス艦隊とロシア艦隊もこれに続いて湾内へ押し寄せた。

U字形の陣形を崩さずに湾内を守っていたオスマン帝国・エジプト同盟軍に対し、コドリントンはなるべく敵艦に近づいて攻撃するように指示した。孤をなして陣形を組んでいる相手に対し、湾の中央部を進むことは、周囲の敵艦から集中砲火を浴びせられる危険性があったからである。

湾内で迎撃体制を整えていたオスマン帝国・エジプト同盟軍は、三国連合軍艦隊が湾内に突入してくると、艦艇89隻がすぐさま砲撃で応戦した。しか

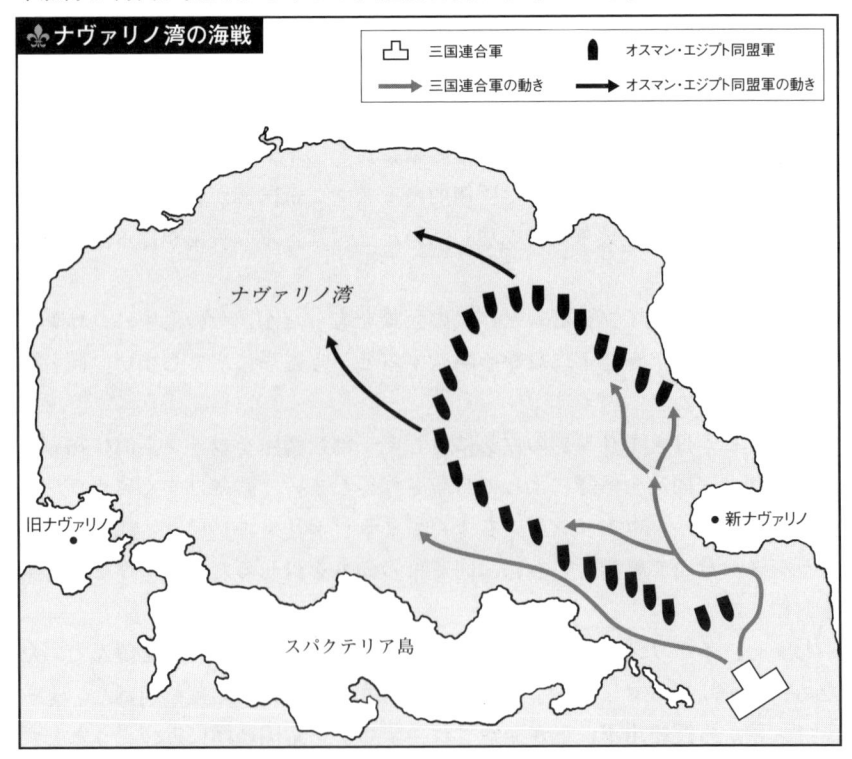

し、装備と練度に勝る三国連合軍艦隊の砲撃は的確で、オスマン帝国・エジプト同盟軍の艦艇はしだいに目減りしていった。

　また、オスマン帝国・エジプト同盟軍は迎撃体制を整えていたといっても、戦闘準備は完全ではなく、敵艦隊に先手を取られてしまったために攻撃が後手に回ってしまった。錨を上げるまでに時間がかかったことも苦戦の要因となった。

　そして、なによりナヴァリノ湾守備を指揮するイブラヒムが、艦艇の数では敵軍よりも勝っているという油断があったのか、この湾の特質を見過ごしていた。ナヴァリノ湾は入り口が狭くて奥が広がっており、湾の入り口を押さえられれば逃げ場はない。どれほどの大艦隊であっても、湾内に閉じ込められてしまえば、戦局は圧倒的に不利になるのである。

　そして、実際の戦闘も、その通りになった。不利な状況下にありながら、オスマン帝国・エジプト同盟軍の応戦は予想以上の激しさだったが、戦闘開始から4時間後には60隻の同盟軍艦隊が海中に沈み、イブラヒムは敗走を余儀なくされたのである。4000人もの死者を出したオスマン帝国・エジプト同盟軍に対し、三国連合軍艦隊に喪失艦は1隻もなく、人的被害もごくわずかであった。

　ここまで勝敗の差がはっきりついたのは、装備と練度の差が大きかったのはいうまでもないが、三国連合軍艦隊が結果的に敵艦隊を湾内に閉じ込めたことが大きかった。湾の重大な欠点に気づかなかったオスマン帝国軍指揮官イブラヒムの失態であった。また、U字形に陣形を組んだ相手に対し、中央を避けて敵に近づいて攻撃したことにより、各艦が一斉射撃の的にならずにすんだ点でも、イギリスのコドリントンの戦術が功を奏したのである。

　この海戦の大敗によって黒海の制海権を失ったオスマン帝国は、ギリシアの独立運動を抑えることはできず、かつて栄華を誇ったオスマン帝国滅亡の第一歩となってしまったのだった。

清朝崩壊の兆し

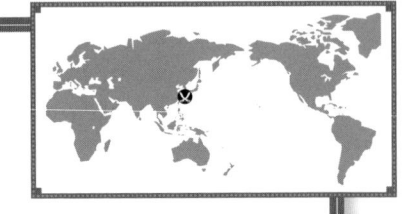

アヘン戦争

清朝支配下の閉鎖的な中国市場の開放を求めていたイギリスは、清朝によるアヘン禁輸の断行を機に中国海域に出撃。圧倒的な海軍力を誇るイギリスは、徐々に清を追いつめていく。

勃発年 1839年
対戦国 イギリス VS 清
兵力 イギリス：不明　清：不明

アヘン密輸で清とイギリスが対立

　欧米列強による中国の植民地化の契機となったのがアヘン戦争であった。当時、鎖国政策をとっていた中国王朝の清は、イギリスの圧倒的な海軍力の前に強制的な開国を余儀なくされたのである。

　1815年のワーテルローの戦いでナポレオンがイギリスに叩きのめされると、フランスの国際的威信は地に落ち、ヨーロッパにおけるイギリスの存在感はさらに高まった。しかしイギリスは、新たに獲得したビルマやインドの植民地政策や、たび重なる戦争への出費がかさみ、国家の経済は破綻寸前にまで追い込まれていた。

　そこでイギリスが目をつけたのが、アヘンだった。インドのムガール皇帝が所有していたアヘンの専売権を獲得し、清にアヘンを輸出することで経済を立て直そうとしたのである。アヘンは麻薬であり、清はアヘンの輸入を禁止していたが、イギリスは密輸によって巨利を得ることに成功した。清にしてみれば、アヘンの密輸入は治安の悪化につながるだけでなく、大量の銀を海外に流出させることになった。

　そこで清の皇帝・道光帝は1838年、アヘンの密輸入の取り締まりを徹底させるために林則徐を欽差大臣（特命全権大使）に任命し、貿易の窓口になっ

ていた広東へ派遣した。林則徐は清側のアヘン業者や吸引者の取り締まりを強化。さらに外国商人に対しては、アヘンの引き渡しと今後アヘンをもち込まない旨の誓約書を提出させ、誓約書を提出しない国との貿易をいっさい禁止した。イギリスを除くアメリカなどの外国商人は誓約書を提出し、早々と貿易を再開させたが、アヘンの輸出に依存していたイギリスだけは、この通達をのむわけにはいかなかった。

川鼻の海戦でアヘン戦争勃発

　林則徐はイギリスとの武力衝突を懸念し、広東の防備を固めるとともに、海軍義勇兵を編成してイギリスに備えた。
　一方、イギリスの駐清監察官チャールズ・エリオットは、イギリス商船を海上に投錨させて、清に対する抗議を繰り返したが、林則徐の態度は変わらず、エリオットはやむなく2万箱のアヘンの引き渡しには応じた。しかし、誓約書の提出はあくまで拒んだため、イギリスの貿易再開は認められなかった。
　アヘンの引き渡しを最大限の譲歩と考えていたエリオットは、林則徐の強硬姿勢に激怒し、イギリス軍艦ボレジ号とヒヤシンス号を呼び寄せると、珠江沿岸の川鼻に進軍して示威行動を行うとともに、林則徐に敵対行為を中止するよう要望書を出した。林則徐がこの要求を拒否すると、1839年11月、ボレジ号とヒヤシンス号が砲撃を開始し、栄光のイギリス史に泥を塗るアヘン戦争が勃発した。
　清海軍は、29隻の艦船を出航させて応戦したが、それまで対外戦争の経験に乏しかった清の海軍は脆弱で、最新技術の砲台を搭載していたイギリス艦隊に対し、清のそれは100年も200年も前のものを使っていた。その結果、29隻の清の艦隊はわずか2隻のイギリス艦に勝てなかった。2時間の砲撃戦の末、ボレジ号は船首や帆檣に損害を受けたが、ヒヤシンス号は無傷。一方の清海軍の29隻は、そのほとんどが戦闘不能となり、戦闘終了後に自力で動けたのは3隻しかなかった。エリオットは、それ以上戦火を拡大することなく、再び洋上へと戻っていった。
　林則徐がこの海戦に関して、イギリス艦が撤退した事実のみを誇張して中央政府に報告したため、清国政府はこの段階でもまったく危機感をもっていなかった。

イギリス艦隊、北へ

　エリオットは本格的に清国を攻撃するための艦隊の派兵を、本国議会に求めた。これを受けたイギリス議会は紛糾し、「イギリス帝国の名誉を守るため」とする賛成派と、「不義の戦争に勝っても栄光ではない」とする反対派に分かれたが、投票の結果わずか9票差で派兵が承認された。
　1840年6月、イギリス東洋艦隊が遠征軍として広州沖に到着した。総司令官にはエリオットの従兄弟にあたるジョージ・エリオット少将が任命され、旗艦ウェルズリー号を筆頭に軍艦16隻、快速艇などその他の艦船32隻、兵数4000名が広州湾沖に集結した。
　イギリス艦隊は、広州湾を封鎖すると、そのまま北上して舟山列島の定海へ向かった。イギリス艦隊の装備が上回っているとはいえ、林則徐によって防備が強化されていた広州を陥落させるには時間がかかると考えたからだ。逆に、広州に攻め込んでくると思い、広州に兵力を集中させていた林則徐は虚をつかれた。
　イギリスは清に降伏を勧告したが、清がこれを拒否したため、イギリス艦隊は一斉攻撃に出た。定海の守備兵は2000名にすぎず、イギリス艦隊はなんなく定海の砲台を占拠すると、さらに北上して白河河口の天津に到着した。
　天津に現れたイギリス艦隊は、エリオット少尉が乗艦する旗艦ウェルズリー号をはじめ、ブロンド号、ボレジ号、ピラデス号、モデスト号の軍艦に加え、輸送船アーナード号、ダビド号、マルコルム号、そして当時としては珍しかった蒸気船マダガスカル号の9隻だった。
　イギリス艦隊が天津沖で示威行動に出ると、清政府は驚いた。首都の北京から遠い広州での局地戦で終わらせるつもりのはずが、イギリス艦隊があっというまに北京と目と鼻の先にまでやってきたのである。清政府は、一気に弱気になった。

停戦交渉は難航し、沙角と大角島両砦が陥落

　イギリスとの武力衝突を回避したい清政府は、広州で指揮を執る主戦派の林則徐を罷免し、イギリスとの停戦交渉を開始した。交渉についたのは、林則徐に代わって欽差大臣に任命された琦善だった。

琦善は、イギリスとの交渉をスムーズに進行させるため、林則徐が編成した海軍義勇兵を解散させた。そのため広州沿岸の防備は手薄になった。さらに、イギリス艦隊をけん制していた海上に浮かべられた筏(いかだ)の大軍を一掃し、1万人いた海上守備兵を8000人に減らしてその大部分を広州城まで退却させた。また、その他前線基地の守兵も2000名に減らされた。

　しかし、これまでの海戦を優勢に進めてきたイギリスは、清に対して容赦のない要求を突きつけてきた。アヘンの密輸を容認すること以外にも、関税自主権の撤廃、広州以外の港の開港、さらに香港(ホンコン)割譲など、鎖国政策をとっていた当時の清国にとっては受け入れられないものばかりであった。

　清側が要求を拒否したことで、1841年1月、イギリス艦隊は再び広州に進軍し、広州入り口の沙角砦と大角島砦に攻撃を加えた。沙角砦は、琦善の防備削減によって、2000人いた守兵が600人に減らされていたこともあり、イギリス艦隊の砲撃を支えきれず、あっけなく陥落した。清の戦死者293名、負傷者463名に対し、イギリス軍に戦死者はなく、イギリス軍が圧勝し、広東はイギリスの手に落ちた。

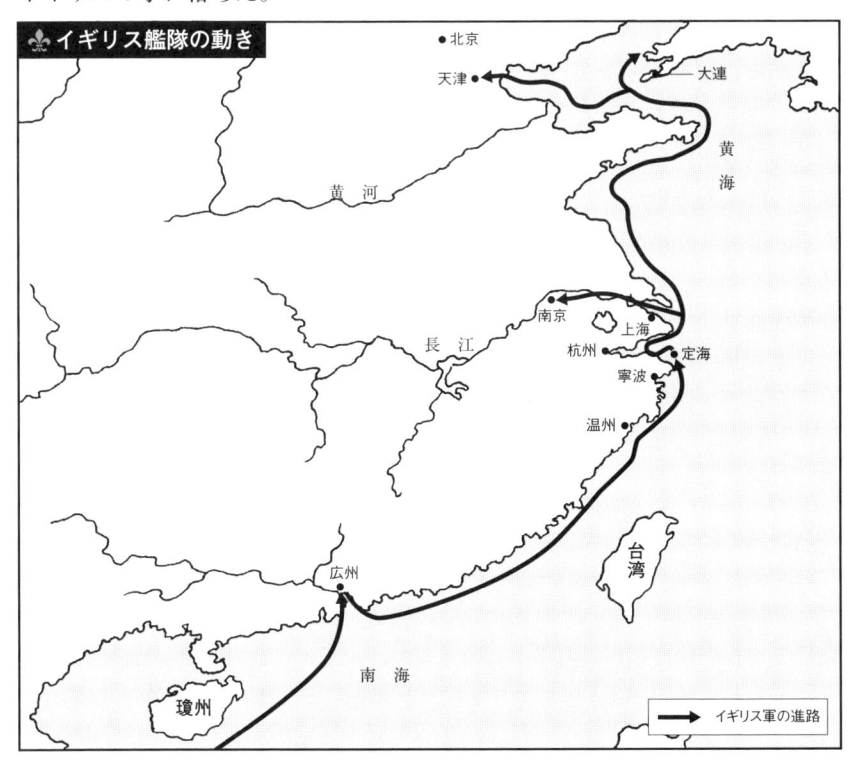

2章　帆走船時代の海戦

イギリス軍の連戦連勝で進むアヘン戦争

　チャールズ・エリオット大佐は、通商の正常化を優先させようと、占拠した舟山列島を返還すること、占領した沙角砲から撤退することを譲歩案として提案し、実際にどちらからも兵を撤退させた。しかし、イギリス政府と、遠征艦隊総司令官ジョージ・エリオット少将がこれに反発し、チャールズ・エリオットは罷免された。

　琦善は、ジョージ・エリオットとの間で再び停戦交渉をはじめたが、イギリス側の要求は変わらなかった。結局、琦善は清朝政府から同意を得られず、両国の停戦交渉は遅々として進まなかった。

　1841年2月、清から返事を得られなかったイギリス軍は、広州南にあった靖遠砲台を攻撃した。靖遠砲台は、関天培が水師提督として200の守兵とともに駐屯していた。関天培は琦善に援軍派兵を求めたが、琦善が援軍を送ることはなかった。敗色濃厚となったことを知った200名の守兵のほとんどが逃げ出すなかで、関天培は必死に防戦するが戦局は変えられず戦死してしまい、靖遠砲台もあっけなく陥落した。

　これ以上の戦火の拡大を望まなかった清は琦善に代えて奕山将軍と隆文大臣、楊芳大臣の三名を停戦交渉の使者として派遣した。しかし、清政府が要求を受け入れないことに変わりはなく、イギリス艦隊はまたも広州に攻め込んだ。これまでの戦いで、制海権はイギリスが完全に掌握しており、本土上陸もたやすかった。イギリス軍は、広州西部から上陸すると、海上からの砲撃の援助を受けつつ進軍を開始した。

　イギリス軍の横暴に、広州市民は平英団という民兵を組織して立ち上がった。折から雨が降り続き、火器・銃器が使えなくなったイギリス軍は苦戦を強いられたが、イギリス軍と和議を進めていた奕山将軍によって平英団が解散させられ難を逃れた。

　奕山将軍は、イギリスと広東和約を結び、賠償金として600万ドルを支払った。しかし、この和約は国家間の条約ではなくイギリス艦隊と奕山将軍の間でなされたものだったので、8月にヘンリー・ポッティンジャーがエリオット駐清監察官の後任として派遣されてくると、イギリス軍の進軍が再開された。

　ポッティンジャーは、まずエリオットが返還してしまった舟山の再占領を目指し、イギリス艦隊を動かした。10隻の軍艦、4隻の武装外輪汽船を率いて、

まず厦門を占領し、その後舟山も陥落させると、さらに定海まで艦隊を進めた。定海は清が重視していた場所でもあり、5800人の守兵が派遣されて防備にあたっていた。ポッティンジャーは、海上から砲撃を浴びせて攻め立てたが、清側の抵抗も激しく、今までのように簡単には落ちなかった。清軍は6日間にわたって抵抗したが、火力の差は明らかで徐々に劣勢になっていく。そして、イギリス艦隊の砲撃に清の提督が被弾し戦死すると、ついに陥落した。

ポッティンジャーは対岸の鎮海を落とし、寧波城に迫った。そこに、ジョージ・エリオットがインドからの援軍を率いて到着すると、寧波城を守っていた清の提督は城を捨てて逃げ出し、寧波城もあっけなくイギリス軍の手に落ちた。

その間、清軍はなんとか陣容を整えて反撃に移ろうとしたのだが、イギリス艦隊のたび重なる砲撃の前に敗走を重ねていった。これを見たポッティンジャーは、物資の補給を待たずに進軍を決め、江南の呉淞要塞に砲撃を加えこれを陥落させると、防備の薄い上海を苦もなく落とした。イギリス軍はヒット・エンド・ラン攻撃によって揚子江沿いの要衝を次々と攻め落としながら、揚子江を遡上した。そして、ついに南京の玄関にあたる鎮江へたどり着いた。

鎮江を守る清国守備兵は、わずか1400名。大艦隊に7000名の兵士を率いたイギリス軍の敵ではなかった。鎮江守備兵は全滅し、1842年7月末に鎮江も陥落、道光帝はイギリスとの戦争を断念し、降伏せざるを得なかった。

アヘン戦争の結末

アヘン戦争中の海戦のほとんどは、イギリス軍の圧勝に終わった。近代化に乗り遅れた清王朝の兵力は圧倒的に脆弱で、イギリス軍にはまったく歯が立たなかった。また、広州ではなく定海を目指したエリオットの戦略も功を奏した。

1842年8月、香港の割譲、広東・厦門・復州・寧波・上海の開港を決めた南京条約が締結された。また、林則徐が没収したアヘンの賠償として600万ドル、公的負債として300万ドル、遠征費用として1200万ドルの計2100万ドルを賠償金として支払い、関税自主権にも制限を加えられた。アヘンの密貿易については触れられず、以降もアヘンの輸入は止まらなかった。この敗戦により、清国の経済破綻は戦前より深刻なものとなった。

さらに翌年、関税自主権の撤廃と治外法権も認めることとなり、イギリスは一方的な最恵国待遇を獲得した。その後、アメリカ・フランスとも同様の条約を締結させられ、清国は衰退していくことになる。

3章
装甲艦時代の海戦

装甲艦時代の
艦船・戦術

イギリスで起こった産業革命により、艦船には蒸気機関が採用され、帆走船の時代は終わった。それとともに艦船は木造から鋼鉄製に進化を遂げ、「大艦巨砲主義」の時代が到来する。

木造船から鉄船へ

　蒸気船の登場と同じころに鉄船も誕生し、軍船はさらなる進歩を遂げた。装甲艦(そうこうかん)の誕生である。文禄・慶長の役（朝鮮出兵）のときに朝鮮水軍の李舜臣(りしゅんしん)がつくった亀甲船(きっこうせん)は、ガレー船を鉄板で覆った装甲艦であったが、それは世界の潮流にはならなかった。亀甲船には頑丈な衝角(しょうかく)がつけられ、一方で2門以上のカノン砲が搭載されていたともいわれている。

　装甲艦の誕生に大きく寄与したのは、1853年に起こったシノープの海戦であった。このときロシア帝国海軍が使用した炸裂弾の威力はすさまじく、オスマン帝国艦隊は次々に沈められていったのである。炸裂弾とは、空中で爆発し、散弾が降り注ぐように敵を攻撃する、当時の新型武器である。

　こうしてフランスが、軍艦に10センチメートルの鉄を張った、世界ではじめての近代的な装甲艦を完成させ、クリミア戦争でこれを使用した。このときのフランスの装甲艦は自力で動くことはできず、ほかの船に引っ張ってもらわなければならなかったが、ロシアの要塞から放たれる砲弾を見事に弾き返した。

　その後、「鉄は砲弾で貫かれたとき、こなごなに砕け散るから危険である」と考えていた各国も装甲艦の建造に乗り出し、装甲も鉄からより強力な鋼に変わった。1861年からはじまった南北戦争では、装甲艦同士によるはじめての海戦が勃発した。そして、19世紀後半に排水量1万トンの装甲艦をイギリスが竣工させ、これが近代戦艦のはしりとなり、以後戦艦が、太平洋戦争で

航空機の実用性が証明されるまで海戦の主役となる。

　また、産業革命によって開発された「電信」は、海戦に大きな影響を与えた。それまで旗信号に頼っていた艦隊指揮は圧倒的に容易になり、フリゲート艦などによる敵艦発見の報告も素早く行うことができるようになったのである。

近接戦が再び脚光を浴びる

　これまで海戦の主役であった帆走船は徐々に脇に追いやられ、20世紀のはじめにはほぼ消滅してしまった。当初は蒸気装甲艦にも帆走装置がつけられていたが、それもなくなり、軍船は風と関係なく自由に動くことができるようになった。

　そして、軍船は鉄鋼によって格段と防御力を増したが、大砲は鉄鋼を貫くほどの威力をいまだ持ち合わせず、そのためこの時代の初期は、近接戦が海戦の戦術として再び脚光を浴びることになった。たとえば、オーストリアとイタリアが戦ったリッサ沖の海戦は、近接戦に勝機を見いだしたオーストリア艦隊が勝利したし、日本と清が戦った黄海海戦では乗組員が互いにピストルを撃ち合うまでの接近戦が行われた。

　しかし、この時代にもなると、武器の進歩のスピードは格段に速くなり、1905年の日本海海戦では、敵前回頭による近接戦が行われたが、一方で大口径砲の戦艦の威力が実証された。日本海海戦での日本の主砲は40口径、最大射程距離は10kmくらいだった。

　日本海海戦が最初の撃ち合いでほぼ勝負が決し、劣勢と思われていた日本がロシアに勝つという番狂わせを演じたため、大艦巨砲主義が世界中に浸透することになるのである。

大艦巨砲主義の出現

　第一次世界大戦においてイギリス軍が開発したドレッドノートの出現は、世界を驚愕させた。

　それまで大砲は、右と左に半分ずつ設置されていたのだが、ドレッドノートは巨砲を中心線上に置くことによって、左右どちらにも砲撃ができるようにしたのである。単一巨砲主義の戦艦の誕生である。ドレッドノートには10

3章　装甲艦時代の海戦　187

門の45口径砲が搭載され、8門の大砲の一斉射撃が可能となった。また、タービン機関を採用したことにより、それまで最高18ノットだった速力が22ノットまで出せるようになった。

このように科学が発達するとともに、戦争は総力戦の様相を呈するようになり、もちろん海上作戦においても総力戦が求められるようになる。戦域は拡大し、戦闘は短期間で決着がつくようになっていく。日本海海戦は、開戦後わずか30分の決戦で、ほぼ勝敗が決したのである。

ドレッドノートの出現は各国を刺激し、それぞれが巨艦に巨砲を搭載する建艦競争の時代がおとずれる。

航空機の開発

また、航空機という次世代の武器が発明されたのも、このころである。戦艦に飛行機を搭載する試みは、すでに第一次世界大戦のときに行われており、ドイツ軍によって世界初の航空母艦（空母）による攻撃も行われた。

これは各国に衝撃を与え、アメリカは1927年に2隻の空母を進水させた。イギリスでは陸海軍と独立した空軍が創設された。1936年に起こったスペイン内戦では、航空部隊の攻撃により戦艦が爆破、沈没するという事件も起こっていた。しかし、航空機の有用性には気づいても、それはあくまで基地航空機であり、航空母艦を重視する海軍提督は、世界中でも少数派であった。

空母が戦艦に取って代わるのは、第二次世界大戦の勃発まで待たなければならない。

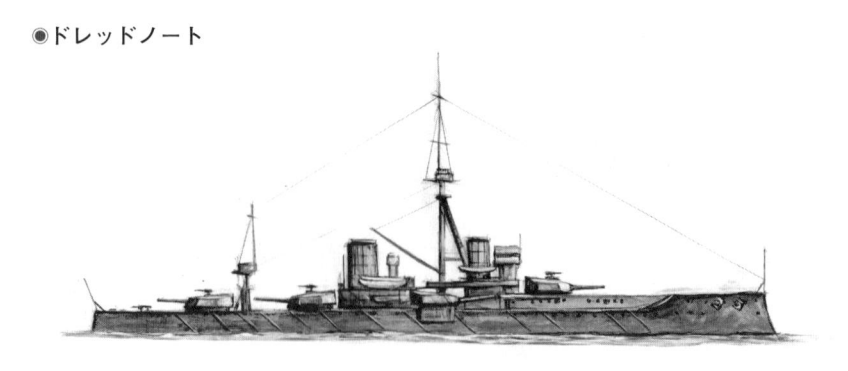

◉ドレッドノート

▲軍艦の歴史を変えた世界初の甲鉄戦艦ドレッドノート。

●日本海海戦

クリミア戦争の転換点となった海戦

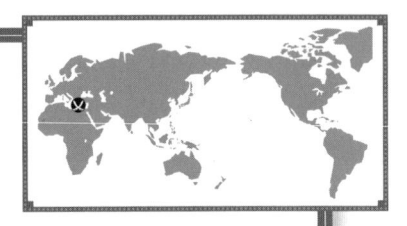

シノープの海戦

ロシア帝国の南下政策はオスマン帝国のみならずヨーロッパ列強の脅威となった。英仏はロシア帝国の圧迫に窮するオスマン帝国を支援することによって状況の打開を目指すが、ロシアは英仏軍の到着を前にシノープのオスマン帝国海軍を急襲した。

勃発年 1853年
対戦国 ロシア VS オスマン帝国
兵力 ロシア：10隻　オスマン帝国：12隻

クリミア戦争勃発

　ロシア帝国とオスマン帝国との間で争われたシノープの戦いは、クリミア戦争中のひとつの戦いであり、落日のオスマン帝国を象徴する戦いであった。そして、イギリスとフランスという欧州列強がクリミア戦争に介入するきっかけとなった戦いでもある。

　当時のロシア帝国は皇帝ニコライ一世のもと、外洋を求めて南下政策を推し進め、オスマン帝国を圧迫するようになっていた。ロシア帝国の南下はイギリスやフランスといったヨーロッパ列強を刺激し、ロシア帝国は欧州各国とも対立するようになった。

　こうした状況下の1853年、オスマン帝国領内エルサレムの聖地管轄権をめぐる紛争が勃発した。エルサレムは、キリスト教カトリック、イスラム教、ギリシア正教会という3つの宗教の聖地として宗教的に中立で、その管理はギリシア正教会が行っていた。ところが、1852年にカトリック大国のフランス王ナポレオン三世の圧力により、エルサレムの管理がカトリックの手に渡り、この管理交替に、ギリシア正教会の保護を自認するロシア帝国が反発したのである。

　1853年7月、ロシア皇帝ニコライ一世はゴルチャコフ将軍に8万の兵を与

えて、オスマン帝国領モルダヴィアとワラキアに侵攻し、クリミア戦争がはじまった。

このときニコライ一世は、ギリシア正教会のよしみからバルカン諸国がロシア帝国軍に呼応することを期待していたが、セルビアもブルガリアも、オーストリアやプロイセンの軍事介入を怖れて中立を保ち、さらに欧州各国にロシア帝国を支持する国はなく、開戦早々ロシア帝国は孤立した。

ロシアとオスマン帝国による黒海の海戦

ワラキアに侵攻する一方で、ロシア帝国は黒海に海軍を派遣し、地中海へ向かうための制海権を奪おうと試みた。ロシア艦隊は、木造戦列艦21隻、フリゲート艦7隻、コルベット艦25隻で、コルベットのうち2隻は蒸気艦だった。オスマン帝国も即座に海軍を派遣し、両軍は黒海海上で激突した。

しかし、木造帆船のフリゲート艦12隻と数隻の小型艦艇と蒸気艦しか派遣できなかったオスマン帝国艦隊の劣勢は明らかだった。黒海での戦いは、史上初の蒸気艦同士の海戦となったが、ロシア帝国の一方的な勝利に終わった。

海上戦でのロシア帝国の優勢に気を揉んでいたのが、イギリスとフランスだった。この戦いにロシア帝国が勝利してしまった場合、ロシア帝国が黒海から地中海へ進出してくるのは火を見るより明らかであった。

イギリスにとって地中海は植民地インドへつながる重要な海域であり、フランスにとって東地中海沿岸のシリア一帯は重要な資金源である。両国にとって、ロシア帝国の地中海進出というシナリオは、断じて避けなければならなかった。そのため、イギリスとフランスはオスマン帝国を支援することで利害が一致した。

そこで、フランスはギリシア沖に海軍を派遣し、ギリシア東のテッサロニキでロシア帝国の輸送船を撃沈し、イギリスはアテネのピレウス港を封鎖し、ロシア帝国とギリシアの連絡線を断つことで、とりあえず地中海の制海権を確かなものにした。

シノープの戦いでロシアが圧勝

イギリスとフランスの介入に対し、ロシア帝国はドナウ川以南のシリストリヤ要塞を攻め、まずは黒海の制海権のイニシアチブを握ろうとした。しか

し、今度はオーストリアが軍事介入しロシア帝国の背後をつく構えを見せたため、ロシア軍は後退を余儀なくされた。そして同じころ、シリストリヤ要塞の援軍として、イギリス・フランス連合軍がすぐ近くのヴァルナに上陸を果たしていた。

シリストリヤ要塞から撤退したロシア軍は、海上戦に敗れたオスマン帝国艦隊が逃げ込んでいた黒海南岸のシノープ港に攻撃目標を変更した。シノープ港は、オスマン帝国軍の重要な兵站線でもあり、ここを落とせばオスマン帝国は窮地に陥る。

シノープ港を守るオスマン帝国艦隊はフリゲート艦7隻、コルベット艦5隻であり、ロシア軍の策略を知った守備隊は急いで本国に対して援軍を要請した。しかし、ロシア軍はイギリスとフランスが軍事介入したこともあり早期決戦を期し、オスマン帝国の援軍が到着する前にシノープ港へ出撃した。

1853年11月、パーヴェル・ナヒーモフ提督率いるロシア艦隊は、戦列艦5隻、フリゲート艦2隻、蒸気艦3隻の陣容でクリミア半島南のセバストポリを出航した。ナヒーモフ艦隊はそのまま南下し、濃霧に紛れてシノープ港への奇襲を試みた。

オスマン帝国の援軍は、知らせを受けてボスポラス海峡沿岸のウンキャ

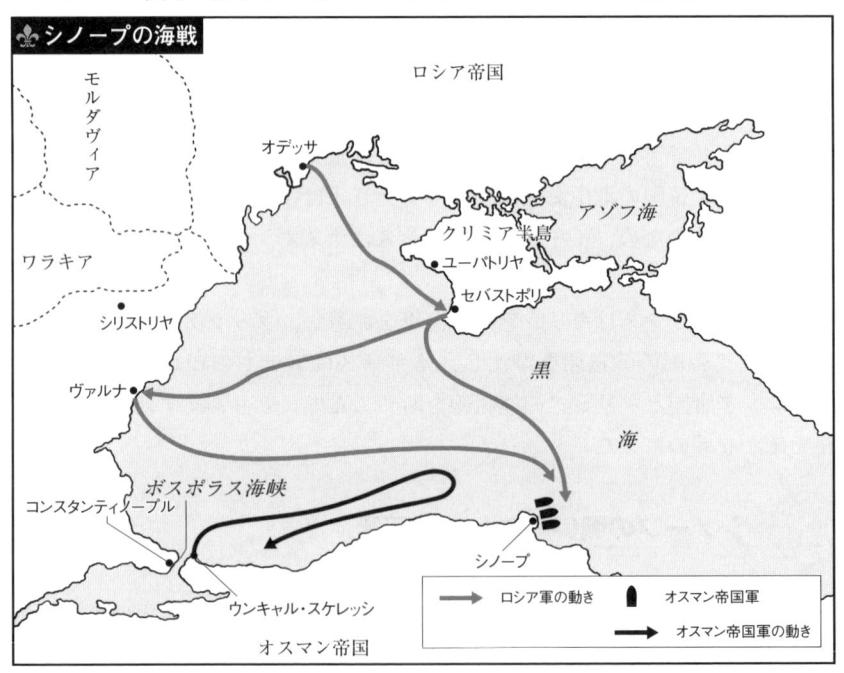

ル・スケレッシをすぐさま出航していたが、ロシア帝国の行動のほうが迅速だった。援軍の到着を待つ間、無警戒のまま開いていたシノープ港内に苦もなく侵入したロシア軍は、停泊しているオスマン帝国艦隊へ向けて砲撃を開始した。このときロシア海軍が使った砲弾は、炸薬を用いた新型の炸裂弾で、弾殻が破裂して広範囲に打撃を与えることができた。オスマン帝国艦隊はすべて木造船だったため、この炸裂弾はさらに威力を発揮した。

　港の入り口付近から砲撃を加えるロシア艦隊に対し、援軍を待っていたオスマン帝国艦隊は、まだ戦備が整っていなかった。炸裂弾に対する防備も皆無で、オスマン帝国艦隊は抵抗らしい抵抗を見せることなく、次々に撃沈されていった。

　さらに、オスマン帝国艦隊が陸地に近いところに停泊しており、その場からほぼ動けなかったため、ナヒーモフ艦隊の放った砲弾の被害はシノープ市街地にまで及んだ。オスマン帝国艦隊を潰滅され、シノープ港は軍港としての機能を失った。

　援軍に向かっていたオスマン帝国の別働隊も、シノープ港陥落を知り、ウンキャル・スケレッシへと戻らざるを得なかった。

　こうしてシノープの海戦はロシア帝国側の勝利に終わり、オスマン帝国の兵站基地を奪ったロシア帝国は黒海の制海権を手中に収めた。オスマン帝国の援軍到着より前に奇襲を仕掛けたロシア軍の作戦勝ちであった。また、ロシア軍が用意した炸裂弾の威力も忘れてはならない。このときの炸裂弾の戦訓が、各国にさらなる装甲軍艦の建造を促すことになるのである。

　その後もクリミア戦争は続き、ロシア帝国はイギリスとフランスの連合軍に敗れ、結局黒海を手放すことになるのだが、シノープの海戦によってオスマン帝国の凋落は決定的となったのである。

アメリカ史上最大の内戦、南北戦争の海戦
ミシシッピー川の戦い

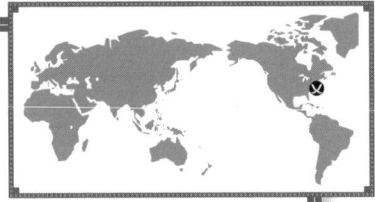

1861年、アメリカは南北に分かれて内戦状態に突入。アメリカ北軍は、南部の大動脈であるミシシッピー川の制圧をめざして出航したが、南軍の二大要塞と河川艦隊が北軍を待ち受ける。

- 勃発年 1862年
- 対戦国 アメリカ北軍 VS アメリカ南軍（アメリカ内戦）
- 兵力 アメリカ北軍：17隻　アメリカ南軍：5隻

アメリカ史上最大の内戦が勃発

　ミシシッピー川の戦いは、1861年4月に起こったアメリカ合衆国史上最大の内戦、南北戦争中に起こった海戦であり、北軍のニューオリンズ攻略のきっかけとなった海戦である。

　当時のアメリカは、工業化が進むオハイオ以北の北部諸州と、奴隷制による綿花・タバコ栽培を主産業とする農業地帯のヴァージニア以南の南部諸州が対立していた。そして奴隷制に反対していたリンカーンが大統領に当選すると、サウスカロライナを筆頭に南部の7州が次々に合衆国を離脱して南部同盟を結成し、南部独自の国家を建国した。こうして南北の対立は決定的となり、チャールトンのサムター要塞をめぐる武力衝突によって南北戦争が勃発した。

北軍ミシシッピー川封鎖へ

　資金力と兵力に勝る北軍は、内戦で多くの犠牲者を出して国力が疲弊することを避けたかった。そこで南軍の戦意を喪失させる作戦として、海上を封鎖するとともに北米大陸を縦断するミシシッピー川を封鎖し、南軍の武器弾薬の輸入経路を断つことにした。そしてミシシッピー川を封鎖するために、

ニューオリンズへの侵攻を決定した。

　こうして1862年1月、ファラガット提督率いる48隻の北軍艦隊がニューオリンズに向けて出航した。北軍艦隊は旗艦ハートフォード号をはじめ、大型艦ペンサコーラ号、ブルックリン号、リッチモンド号、ミシシッピー号をそろえ、砲門数200以上という精鋭部隊であった。

　しかし、ニューオリンズを攻略するためには、ミシシッピー川の途中にあるジャクソン要塞とセント・フィリップ要塞を通過しなければならなかった。この両砦は、いわば南軍の最後の砦ともいえる要塞である。また、ミシシッピー川は普通の川より激しく蛇行しており、ところどころで泥土化したり、逆に水はけが良すぎて喫水が浅かったりと、自然の要害と化していた。さらに、両砦を通過できたとしても、ニューオリンズには南軍3万5000の兵力が駐屯していた。

　出航して1カ月後、ファラガット艦隊はミシシッピー川河口に到着し、川を北上しようと試みるが、デルタ地帯となっていた河口からは大型艦が遡上できず、進むに進めないファラガット艦隊はいったんミシシッピー川から出て、外洋艦の艤装を解体して船の軽量化をはかった。

　ファラガット艦隊が再度ミシシッピー川に入ったのは、2カ月後の4月だった。軽量化したとはいえ、そのスピードは4ノット（時速約7キロメートル）。進軍は遅々として進まなかったが、ファラガット艦隊はミシシッピー川上流のジャクソン要塞へ向けて北上した。

　一方の南軍は、ニューオリンズへの北軍の侵攻を防ぐべく、ジャクソン要塞に76門、セント・フィリップ要塞に40門の砲台を設置し、そのうえ両要塞の間に老朽艦をつなぎ合わせたバリケードを築いて、敵艦隊の北進を阻もうとしていた。

　南軍のニューオリンズ防衛司令官ラヴレー将軍は、さらに援軍としてルイジアナ号とミシシッピー号という2隻の装甲艦を派遣し、要塞に常駐していたマナッサス号と合わせた3隻の装甲艦で防衛にあたらせた。

　両要塞があるあたりは川幅も狭く浅瀬も多いこともあり、準備万端整えた南軍はこれで北軍艦隊の侵攻を止められると考えた。

ミシシッピー川で両軍が激突

　48隻のうちの17隻で編成された北軍のファラガット艦隊先遣隊は、やがてジャクソン要塞近くに現れたが、南軍の予想どおりバリケードの前で航行停

止を余儀なくされた。そこに両要塞から砲撃が加えられ、戦闘がはじまった。しかし、実弾訓練をほとんどしていなかった南軍の両要塞から放たれる砲撃は、ファラガット艦隊にはほとんど命中しなかった。

その間にファラガット艦隊はバリケードを爆破してこれを突破すると、単縦陣(たんじゅうじん)を組んでいた先遣隊の先頭をゆくベイリー大佐率いる第一艦隊がセント・フィリップ要塞に向けて右舷斉射(うげんせいしゃ)を浴びせ、それとともにファラガット率いる第二艦隊がジャクソン要塞を攻撃した。南軍もまた全砲台に砲撃開始を合図し、停泊中の装甲艦3隻にも出撃を命じ、ファラガット艦隊への攻撃をはじめた。

激しい撃ち合いのなか、北軍第一艦隊のヴァルナ号はバリケードを越えたあたりで、南軍のガバナー・ムーア号からの砲撃を受けた。ヴァルナ号は火災を起こし、さらにガバナー・ムーア号の体当たり攻撃を受けて沈没した。

しかし、ガバナー・ムーア号もまた傷つき、オネイダ号によって捕捉された。

北軍艦隊がバリケードを通過

ヴァルナ号を失ったものの、残りの北軍第一艦隊7隻はセント・フィリップ要塞に右舷斉射を休みなく続け、無事にバリケードを越えた。続いてファラガット率いる第二艦隊がジャクソン要塞に攻撃を繰り返しながらバリケードを通過した。

しかし、第二艦隊の先頭を行く旗艦ハートフォード号が、左に舵を切ってセント・フィリップ要塞を通過しようとしたとき、大きな渦に巻き込まれて突然右方向に流され、セント・フィリップ要塞の真下の土手に突っ込んでしまった。南軍はこの好機を逃さず、マナッサス号が炎を点火した筏(いかだ)を押しながら、ハートフォード号めがけて突進した。

動きのとれないハートフォード号はこれを防ぎきれず、ハートフォード号の左舷に炎は燃え移り、あっというまにマストのロープを炎上させた。燃え上がるハートフォード号に対し、マナッサス号はさらなる攻撃を仕掛けようと接近するが、そこに反転してきた北軍第一艦隊のミシシッピー号が追いついた。今度は逆にマナッサス号がセント・フィリップ要塞の上流にあった浅瀬に座礁し、マナッサス号はミシシッピー号の衝角攻撃によって船体を破壊され、ついに撃沈された。

両要塞からの砲撃は続いていたが、相変わらずほとんど効果がなく、北軍第

三艦隊もまたバリケードを通過した。援軍に駆けつけたはずの南軍のルイジアナ号とミシシッピー号の両装甲艦は、一発の砲撃もできずに撃沈させられた。

　この戦闘で、北軍は死傷者184名、南軍は死傷者48名と数のうえでは南軍に軍配が上がったが、ミシシッピー川での戦闘は北軍の圧勝だった。ミシシッピー川は蛇行の多い大河であり、その河口は沼状のデルタ地帯となっている。そのため南軍は、北軍艦隊がミシシッピー川を遡上してきたとしても、2つの要塞で食い止められると考えていた。しかし、北軍司令長官のファラガットは、船の横転を防ぐためのバラストを撤去してまでも艦隊を軽装化させた。このファラガットの決断が北軍に勝利をもたらしたのである。

　両砦を陥落させたファラガット艦隊は、以降はなんの障害もなくニューオリンズに到着した。北軍の圧勝を知らされたラヴレー将軍は3000の守備兵とともに逃亡し、指揮官を失った南軍はニューオリンズを無血開城した。

　その1カ月後、北軍はミシシッピー川中流にある要衝ヴィックスバーグを攻略し、これにより南部は大きく二分され、その戦力を大幅に低下させることになる。ミシシッピー川の戦いにはじまるニューオリンズの攻略戦は、南北戦争の転換点となったのである。

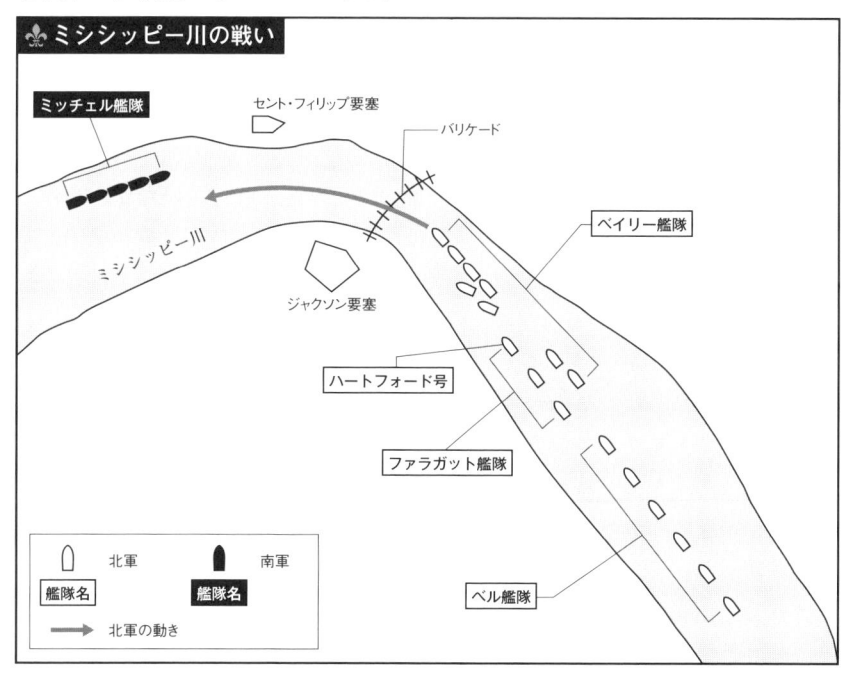

甲鉄艦時代の到来を告げた近代海戦

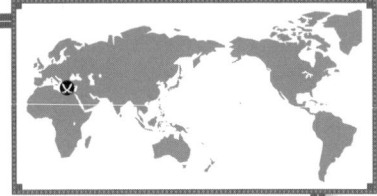

リッサ沖の海戦

オーストリアとプロイセンとが争った普墺戦争の最中、プロイセン側についたイタリアがアドリア海に浮かぶリッサ島のオーストリア艦隊に攻め寄せた。

勃発年 1866年
対戦国 オーストリア VS イタリア
兵力 オーストリア軍：15隻　イタリア軍：23隻

オーストリアとプロイセンの対立

　リッサ沖の海戦は、プロイセンとオーストリアとの対立からはじまった普墺戦争のひとつの海戦である。そしてこの海戦は、甲鉄艦時代の到来を告げた戦いであった。

　ドイツ地方は中世以来、神聖ローマ帝国に組み込まれてはいたが、諸侯の領土が分立している状態で、統一政権はなかった。しかし、工業や経済が発展するにつれドイツ統一の気運が高まり、北部一帯を領するプロイセンが指導的立場に立った。

　そこに現れたのが、プロイセン宰相ビスマルクであった。ビスマルクはドイツ統一を悲願とし、そのためにはドイツ領内に領土をもち軍隊を駐屯させているオーストリアとの武力衝突は回避できないと考えるようになった。ビスマルクは巧みな外交戦術でフランスの中立を確保し、イタリア半島北部のヴェネト州をめぐってオーストリアと対立していたイタリアと同盟を結ぶことに成功した。

　こうして1866年、プロイセンとイタリアがオーストリアに宣戦布告し、普墺戦争が勃発した。

陸海戦でイタリア軍が惨敗

　イタリアは、オーストリアがプロイセンとの戦いに忙殺されている隙をついてオーストリア領のヴェネト州を制圧しようと試みたが、クストッツァの会戦でまさかの敗北を喫してしまう。そのうえ、中立であるはずのフランスが、オーストリアの完敗を避けるためにイタリア国王に圧力をかけたため、イタリア軍は消極的な作戦しかとれず、敗戦を重ねていった。

　一方、イタリア海軍は貧弱なオーストリア海軍を叩き、陸上戦の援護をするためにアドリア海に出撃した。当時、ヨーロッパでは産業革命の産物として、蒸気船、甲鉄艦の開発・進歩がめざましかったが、オーストリアは本格的に海軍増強をはかりはじめて10年たらずの歴史しかなかった。海軍力では、すでに12隻の甲鉄艦を所有していたイタリア海軍が優っていた。

　しかし、出陣したイタリア艦の機械故障が相次ぎ、また甲鉄艦に頼ったばかりに乗員の訓練が行き届かず、イタリア海軍はなんの成果もなくアドリア海からの退却を余儀なくされた。

　一方、プロイセン戦線では、大方の予想を裏切ってプロイセンが優位に戦いを進めていた。7月3日のケーニヒグレーツの会戦でオーストリア軍は敗北し、開戦から1カ月ほどで普墺戦争の大勢はほぼ決定した。

　このプロイセンの快進撃に焦燥したのがイタリアだった。このまま戦果なく戦争が終わってしまえば、ヴェネト州奪還どころか戦後の国際会議での発言力さえなくなってしまう。

　そこでイタリアは、アドリア海に浮かぶオーストリア領リッサ島に白羽の矢を立てた。プロイセンに敗れ手薄になっているリッサ島を占領してアドリア海の制海権を奪い、同時にオーストリア海軍を潰滅させようと考えたのである。

イタリアがリッサ島のオーストリア軍を攻撃

　イタリアは、ケーニヒグレーツの会戦から9日後の7月12日、ペルサーノを司令長官とした艦隊をアンコナよりリッサ島攻略に向かわせた。

　イタリア艦隊は、旗艦レ・ディタリア号を筆頭に、甲鉄艦12隻と木造フリゲート艦7隻、木造コルヴェット4隻を中心とした艦隊だった。なかでも、

イタリアでは初の旋回砲塔を搭載した新鋭甲鉄艦アフォンダトーレ号が、イタリア最大の自慢であった。

対するリッサ島を守るオーストリア海軍は、テゲトフ少将率いる旗艦フェルディナント・マックス号を筆頭に、甲鉄艦7隻、木造戦列艦1隻、木造フリゲート艦5隻、木造コルヴェット2隻で、砲門約500という陣容。甲鉄艦をそろえてはいるものの、すべて旧式の舷側砲門艦で、最先端の後装式の砲門はひとつもなかった。

ペルサーノが折からの悪天候でリッサ島上陸の延期を決めた翌日、テゲトフ率いるオーストリア艦隊は、イタリア軍の到着を待って防衛戦に臨むのではなく、自ら海戦に打って出た。

リッサ海戦開幕　テゲトフの突進と衝撃

テゲトフは、自軍とイタリア軍の装備の差、とくに戦艦の火力差を埋めるために、近接戦に勝機を見いだそうとした。そして、艦隊を3隊に分け、第一列に旗艦フェルディナント・マックス号を含む甲鉄艦7隻を配置し、第二列に大型木造艦7隻、後方の第三列には残りの小型木造艦を配置した。そして、それぞれの戦列で主力となる艦を中央に置いて先頭艦を頂点に相手に向かって鋭角になるように艦を並べ、戦列がくさび型になるように展開した。これは後翼単梯陣といい、近接戦とくに衝角による攻撃に適しているとされる陣形であった。

一方、イタリア軍のペルサーノは、オーストリア側の海岸防御隊を確実に破壊するために艦隊を3つに分散させ、それぞれに異なる地点を攻撃させようとしていた。オーストリア軍の急襲に驚いたペルサーノは、急いで戦闘態勢を整えたが間に合わず、最初の戦闘に加われたのは甲鉄艦10隻だけとなり劣勢を強いられた。

突進してくるオーストリア軍を前に、イタリア軍は艦隊を3つに分け、敵軍の進路を阻むように艦隊を横に広く展開させて迎え撃った。そのとき、ペルサーノは突如として旗艦レ・ディタリア号を含む第二艦隊を停止させ、第三艦隊の先頭艦である新鋭甲鉄艦アフォンダトーレ号に乗り移り、旗艦を移動させてしまった。

ペルサーノの行動は予定外であり、レ・ディタリア号より前を進んでいた3隻から成る第一艦隊は、第二艦隊が止まったことも旗艦が変わったことも

知らないまま前進を続けた。これにより、イタリア軍の第一艦隊と第二艦隊は大きく分断されることになってしまった。

イタリア軍の第一艦隊と第二艦隊の分断を見たオーストリア軍司令長官テゲトフは、自らが座乗するフェルディナンド・マックス号を先頭にして、イタリア軍第二艦隊の左側から進み、敵艦の間隙を縫ってさらに左に転進し、レ・ディタリア号に襲いかかった。

テゲトフ隊の突撃を見て、そのほかのオーストリア艦隊は、イタリア軍第二艦隊と第三艦隊の間を遮断し、第三艦隊の捕縛を試みた。

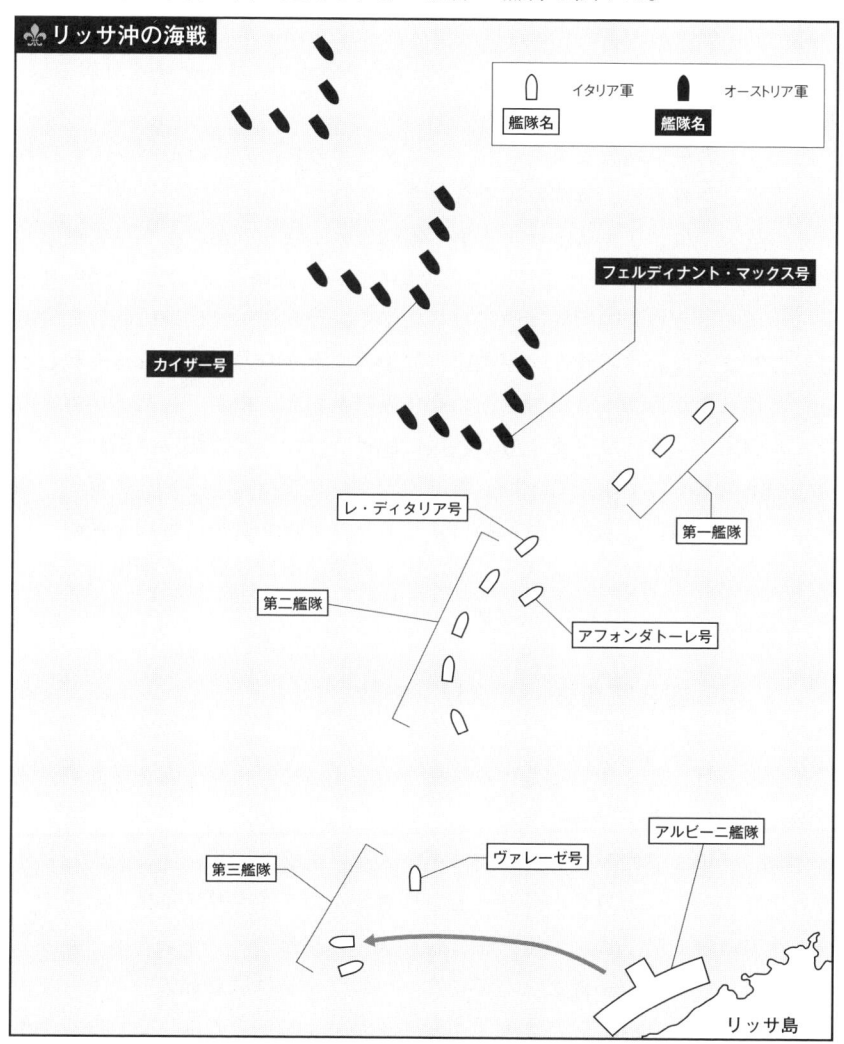

リッサ沖の海戦

凡例：イタリア軍／オーストリア軍　艦隊名

- フェルディナント・マックス号
- カイザー号
- レ・ディタリア号
- 第一艦隊
- 第二艦隊
- アフォンダトーレ号
- 第三艦隊
- ヴァレーゼ号
- アルビーニ艦隊
- リッサ島

3章　装甲艦時代の海戦　201

ペルサーノは、なんとか態勢を立て直そうと各艦隊に指令を発したが、ペルサーノがアフォンダトーレ号に移動したことを知らない第一艦隊は、来るはずもないレ・ディタリア号からの指令を待ち続けていたため、戦闘に加わることができなかった。また、リッサ島沿岸で輸送船の護衛についていた別働部隊のアルビーニ艦隊は、ペルサーノの命令に服さず戦闘に加わらなかった。

　レ・ディタリア号の左翼に取り付いたテゲトフ率いる7隻の第一艦隊は、レ・ディタリア号に集中砲火を浴びせ、舵機を損傷したレ・ディタリア号は航行不能に陥った。テゲトフはその隙を見逃さず、フェルディナント・マックス号による衝角攻撃でレ・ディタリア号を撃沈した。レ・ディタリア号は、乗員381名とともに海の藻屑と消えた。

　また、この集中砲火により、レ・ディタリア号の後方にいたパレストロ号も大火災に見舞われ、戦線離脱を余儀なくされた。

　その後方では、オーストリア軍第二艦隊のカイザー号が、イタリア軍第三艦隊のレ・ディ・ポルトガロ号に衝角攻撃を試み、激戦となった。だが、レ・ディ・ポルトガロ号の甲鉄は予想以上に堅く、カイザー号は逆に船首を破壊されてしまった。ペルサーノ座乗のアフォンダトーレ号が、これを追撃しようと突進したが、カイザー号はこれを巧みにかわし、やがてテゲトフ座乗のフェルディナント・マックス号が救援に駆けつけたことで沈没は免れた。

　テゲトフがやって来たことで、再び激戦がはじまった。イタリア軍第一艦隊はいまだ救援には来ず、数に勝るオーストリア軍が優勢に戦局を進め、イタリア軍の旗艦アフォンダトーレ号は集中砲撃を浴びて激しく損傷してしまった。

甲鉄艦3隻を失いイタリア惨敗

　テゲトフは、ここでいったん小休止を置くことにし、全艦隊を横陣列にまとめて北方に引き上げさせた。

　両軍はそのまま睨み合いの膠着状態に入り、約2時間後、先に炎上したイタリア軍のパレストロ号が轟音とともに爆沈した。イタリア軍は、レ・ディタリア号、パレストロ号の甲鉄艦2隻を失い、自慢のアフォンダトーレ号も激しく損傷し、戦闘不能となっていた。ペルサーノは戦意を失い、アンコナに向けて退却した。アンコナでイタリア軍を待っていたのは、さらなる不幸

だった。損傷していたアフォンダトーレ号が、帰着したアンコナで沈没してしまったのだ。

こうしてリッサ沖の海戦は、オーストリア軍の勝利のうちに幕を閉じた。

この海戦で、イタリアは甲鉄艦3隻を失い、戦死者は643名にものぼった。オーストリアの沈没艦は木造戦列艦1隻にとどまり、戦死者は38名だった。

甲鉄艦の優位を証明したリッサ沖海戦

イタリアが敗戦を重ねていたころ、普墺戦争はプロイセンの勝利が確実なものとなっていた。プロイセンが、イタリアに通告せずにオーストリアと休戦条約を結んだため、イタリアは一度の勝利も得られないままオーストリアと休戦せざるを得なくなり、8月12日、休戦協定が成立した。イタリアはプロイセンと同盟を結んでいたよしみで、ヴェネト州の奪還には成功したが、トリエステ・ゴリツィア・グラディスカ・イストリアなどのイタリア語圏は依然としてオーストリア領として残されることになった。

リッサの海戦の明暗を分けたのは、ペルサーノの突然の旗艦の変更であった。これによりイタリア艦隊は隊列を乱し、第一艦隊は戦いに加わることすらできなかったのである。

そして、この海戦で明白になったことは、甲鉄艦の優位性だった。熾烈な近接攻撃に十分に耐えた、錬鉄装甲板の防御力の高さは出色だった。そして、レ・ディタリア号を沈没させたフェルディナント・マックス号の衝角攻撃を際だたせる結果にもなった。

以降、衝角攻撃への信頼性は高まり、衝角攻撃を存分に引き出すために単梯陣や単横陣が、各国のスタンダードな陣形としてもてはやされた。しかし、重砲の威力が認められるにつれ、戦術は再び縦陣が主流となっていく。

品川・阿波沖の海戦

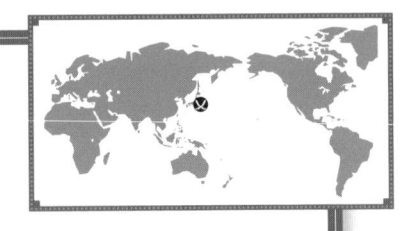

日本戦艦同士の砲撃戦

日本の幕末、鳥羽伏見の戦いを前に、徳川幕府と薩摩藩による海戦が勃発した。国家の覇権をかけた両勢力の戦いは、日本の近代海軍の登場を告げる戦いでもあった。

- **勃発年** 1867年
- **対戦国** 薩摩藩 VS 旧江戸幕府（日本内戦）
- **兵力** 薩摩藩：3隻　旧江戸幕府：5隻

幕末の日本事情

　1853年のアメリカ東洋艦隊司令長官ペリーの来航によって、日本は200年以上にわたって続けてきた鎖国政策を放棄し、翌年から各国と国交を結ぶことになった。これにより日本の政情は一気に不安定なものとなり、開国派と攘夷派の対立に親幕派と倒幕派という思想がからみ合い、幕末動乱の時代を迎える。それとともに、幕府と雄藩は欧米列強に対抗するための軍備拡張の必要性を痛感するのである。

　江戸幕府老中・阿部正弘は、まず大船建造禁止令を解禁し、諸藩に軍船の建造を勧めた。だが、財政が逼迫する藩も多く、またこれまでの鎖国政策によって海外事情に明るい藩主も少なく、軍艦建造に着手したのは薩摩藩と佐賀藩だけだった。

　とくに薩摩藩主・島津斉彬は、その立地条件からも対外的な危機感を感じており、殖産興業と軍艦建造による富国強兵を目指し、本格的な国力増強に着手した。斉彬が建設した集成館は、当時の日本随一の工場であり、製鉄、造船、紡績を中心に生産が行われた。それとともに薩摩藩は、密貿易によってフランスから軍艦や銃器を購入し、軍事力の増強をはかった。

　さらに、薩摩藩は薩英戦争で大敗を喫したことで、列強の近代軍事力の威

力を思い知らされ、強兵政策を進めていく。その結果、薩摩藩は17隻の艦船を保有するに至った。このとき幕府の保有艦数は36隻だったのだから、一藩で保有する数としてはかなりの数だったことがわかる。

一方、幕府も海軍の創設に尽力していた。オランダから軍艦を購入し、オランダの協力を得て海軍伝習所を設立して人材の育成に注力した。海軍伝習所は、幕臣だけにとどまらず諸藩の藩士にも開放し、日本全国に海軍の必要性をアピールした。

そして、軍備増強を本格的に考え出した幕府は、幕府の財政難から各藩に費用を負担させて、大小370隻の軍艦を建造したのである。

幕府権力の弱体化

とはいえ、列強との外交に後手を踏み、その弱腰な外交は幕府権力をしだいに弱体化させていった。藩政改革に成功した雄藩のなかには、朝廷を抱き込んで幕府に反目する藩まで出てきた。その急先鋒が長州藩であり、幕府の軍事力では列強にかなわないと知る薩摩藩は、1866年にそれまで犬猿の仲だった長州藩と結び、反幕府の姿勢を明確にした。

将軍・徳川慶喜は、幕府権力の回復に躍起となるが、もはや時代の流れを押し戻すことはできず、1867年10月、ついに朝廷に大政奉還を上表し、江戸幕府は事実上滅亡した。

しかし、国内の政情はそれでも安定しなかった。政権を朝廷に禅譲することによって新政権でも発言権を行使しようと目論む徳川慶喜に対し、薩摩藩と長州藩は徳川家の息の根を止めることに執念を燃やしたのである。

日本における最初の近代海戦、品川沖の海戦

そして1867年12月、江戸で旧幕府と薩摩藩の間で武力衝突が起こった。薩摩藩士が江戸城西の丸に放火し、それに対して旧幕府は、薩摩藩邸の焼き討ちで報復した。

藩邸に砲弾を撃ち込まれた薩摩藩士は、江戸の藩士を自国に引き揚げさせるために品川沖を回航していた薩摩藩船・翔鳳丸に彼らを乗り込ませ、三浦半島方面から海上へ出ようと、ただちに錨を上げて大阪へ逃亡を開始した。ところが、同じく品川沖に停泊中だった旧幕府船・回天に見つかってしまった。

回天は、旧幕府軍が所有する古いタイプの軍船だったが、商船にすぎない翔鳳丸とは、そのスピードも装甲も段違いで、勝負は火を見るより明らかだった。

　翔鳳丸に平行する形であとを追った回天は、なんなく翔鳳丸に追いつくと、砲弾の雨を降らせた。翔鳳丸はこの砲撃に被弾し28発もの命中弾を食らった。そして、そのうちの一発が左舷前部に命中し、翔鳳丸の船底から浸水がはじまった。薩摩藩は破孔(船体の穴があいた部分)に布団を詰め込むくらいの応急処置しかできず、そのうち死傷者も増えていき、劣勢を挽回するどころではなく、逃亡すら危うくなった。

　進退きわまった翔鳳丸は、なんと逃げるのではなく、江戸湾方向へ舵を切り、回天に向かって突撃をはじめたのである。敵艦に撃沈させられるよりは、特攻して一矢を報いようとしたのだ。この行動は、回天にとっても予想外だった。

　死に物狂いに突進してくる翔鳳丸に対し、回天は怖けづき、江戸湾方向へ転じて逃亡を開始。その機に乗じて翔鳳丸は船首を転じて遁走に移った。小回りの利かない軍艦だった回天は、翔鳳丸に完全に翻弄されてしまった。ようやく船首を戻して翔鳳丸を追撃するも、三浦半島の観音崎沖付近で日没を迎えてしまい、やむなく翔鳳丸の追撃をうち切った。

　その後、回天艦長・柴誠一郎の指示で、再度翔鳳丸を追って徹夜で追撃を試みたが、伊豆小浦で損傷を修理していた翔鳳丸を見つけることができず、ついに拿捕することは叶わなかった。

　こうして翔鳳丸が逃走を成功させたことで、品川沖の海戦は幕を下ろしたが、日本の内戦に軍艦が用いられた戦いとして、第二次長州征伐とともにエポックメイキングな戦いだった。

阿波沖の海戦

　品川沖での両軍衝突の翌1868年、慶喜は薩摩討伐を朝廷に上表するために上京し、それに合わせて旧幕府の海軍も大阪湾で臨戦態勢に入った。
　この一触即発の状況下、大阪にあった薩摩船は、春日丸、翔鳳丸、平運丸の3艇だった。このうち、平運丸が大阪の藩士家族を乗せて薩摩に向かおうと大阪を出航したが、天保山沖に停泊していた旧幕府軍の開陽丸と蟠竜丸の攻撃を受けて、兵庫港を過ぎた和田岬以西に到達するころ、蟠竜丸の砲撃に

被弾、兵庫港へ戻らざるを得なくなった。

　このとき、蟠竜丸が空砲を撃たずに実弾を撃ち込んできたことが万国公法に反すると薩摩藩が抗議したが、開陽丸の艦長・榎本武揚の返答は、「徳川家と薩摩藩は、すでに昨年12月25日以来、事実上戦争状態にある。主君の命なくとも薩摩藩の艦船は１隻たりとも兵庫港から出港させない。海上で十文字旗を掲げる船を認めれば、いつでも砲撃する」という強硬なものだった。

　榎本武揚は開陽丸を旗艦、蟠竜丸と翔鶴丸の２隻を脇備えとし、さらに順動丸、富士山丸の２隻を臨時応援、遊撃につかせて臨戦態勢をとった。

　薩摩藩の３隻は、どれも軍船ではなく輸送船だったため、薩摩藩は旧幕府軍と戦火を交えたくはなかった。そのため、夜陰に乗じて兵庫を出港した。春日丸と翔鳳丸は、兵庫港から南下し阿波沖から太平洋へ出るルートを、平運丸は西から瀬戸内海を抜けるルートで出発した。

品川沖の海戦

①翔鳳丸が転針して回天へ突撃し、回天が後退

②後退した回天のすきをついて翔鳳丸が江戸湾からの脱出に成功

旧幕府軍　艦隊名　旧幕府軍の動き
薩摩軍　艦隊名　薩摩軍の動き

3章　装甲艦時代の海戦　207

ところが、その途中で翔鳳丸が舵輪損傷を起こすという予想外の事故が発生した。幸いにも予備舵の操作が可能だったため操舵に支障はなかったものの、この混乱のなかで搭載していた大砲が暴発し、大阪方面に砲撃が飛ぶという大失態を犯してしまう。大阪方面で火の手が上がったことから薩摩艦隊の出港に気づいた榎本武揚は、すぐに開陽丸であとを追った。

　事故で時間を取られた薩摩軍は、最大速力16.9ノットを誇る快速船・春日丸だけなら逃走も可能だったが、7〜8ノットしか出ない翔鳳丸を連れては開陽丸の攻撃をかわせないと考え、翔鳳丸だけを逃がして春日丸で迎撃する決心を固めた。

　阿波の伊豆前洋で翔鳳丸を無事逃がした春日丸は反転して、追ってくる開陽丸へと向かった。開陽丸も転進し、同行砲戦の形となった。

　やがて阿波沖・紀伊水道西側で両艦とも砲撃で応戦しあったが、どちらも致命傷を与えるには至らなかった。開陽丸は、各個砲撃から片舷斉射に切り替え、右舷砲13門から一斉に砲撃を加えた。しかし、当時の艦砲、アームストロング砲やクルップ鋳鋼砲は、射程距離は飛躍的に進化していたが、照準装置の精度が追いついておらず命中精度はそれほど高くなかった。両軍の距離は徐々に縮まり、再接近したときには1200メートルにも近づいていたという。しかし、それでも両軍ともに命中弾はなかった。

　当時の遠距離砲撃の場合は、航行しながらの砲撃はかなり難しく、停船してから砲撃するのが常道だった。馬関戦争の四国艦隊も、長州藩の砲台を破壊するときには、停船し錨を下ろしてから砲撃を加えている。

　品川沖の海戦は、薩摩藩の翔鳳丸が相手の予想を裏切った決死の突撃戦を試みたことが勝因につながった。

　阿波沖海戦の結末は、右舷砲を撃ち尽くした開陽丸が、左舷砲に切り替えようと反転した隙を突いて、スピード差にものをいわせて春日丸が全速力で逃走したことで終わった。

　また、この海戦は近代的な砲撃戦が行われたという点で、日本史上では意義ある戦いだった。これらの海戦を発端にして、日本に海軍が育っていったのである。

Column 6 ── 箱館戦争

　1867年12月の王政復古の大号令により徳川幕府は消滅したが、旧幕府軍はなお抵抗を続け、戊辰戦争と呼ばれる内戦へと発展した。箱館戦争は、戊辰戦争の最終決戦となった海戦である。

　旧幕府の海軍副総裁・榎本武揚は、品川に停泊していた旧幕府海軍を率いて蝦夷に上陸し、1868年10月に箱館を占拠した。旧幕府軍の戦力は軍艦・開陽丸を含む軍艦5隻と輸送船6隻であった。なかでも開陽丸は35門の艦載砲を有し（異説あり）、当時の日本における最強の軍艦であった。

　対する明治新政府軍は軍艦5隻、輸送船4隻を所有していたが、合わせても32門にしかならず、旧幕府軍に箱館を占領されたあともうかつに手を出せずにいた。しかし、同年11月、旧幕府軍の頼みの綱、開陽丸が浅瀬に座礁して沈没してしまった。さらに、新政府軍にアメリカから新たな軍艦・甲鉄丸が引き渡されたことで、両軍の戦力は互角となった。そして1869年3月9日、新政府軍は品川から8隻の艦隊を箱館に向けて出航させ、同月18日に宮古湾へ入港した。対する旧幕府軍は宮古湾への奇襲を計画して3隻の軍艦を派遣したが、天候不順と機関の故障という不運が重なり、軍艦1隻を失って敗走、旧幕府軍の軍艦は3隻のみとなってしまった。

　これにより旧幕府軍は津軽海峡の制海権を失い、新政府軍はやすやすと津軽海峡を通過して渡島半島西岸の乙部への上陸を果たす。新政府軍は陸と海の両面から旧幕府軍を攻め立て、甲鉄丸ほか3隻の軍艦による砲撃で松前城が落城。新政府軍艦隊はそのまま箱館湾方面へ回航し、4月24日旧幕府軍の3隻の軍艦との激しい砲撃戦がはじまった。劣勢となった旧幕府軍も必死の抵抗を試みたが、29日に軍艦千代田形丸が座礁して新政府軍に拿捕され、5月7日に新政府軍艦隊5隻が箱館湾に侵入したときには軍艦蟠竜丸は故障のために動きが取れない状況となった。旧幕府軍の残りの1隻、回天が孤軍奮闘して敵艦5隻と戦ったが、集中砲撃を受けた回天号はついに機関を損傷させ、操縦不能となってしまった。修理を終えた蟠竜丸は11日に錨を上げると、敵艦・朝陽丸を撃沈したが、戦局を変えるまでには至らなかった。

　新政府軍艦隊はその後、箱館港を制圧すると旧幕府軍側のすべての台場を占拠し、五稜郭を陸海両面から包囲した。5月17日、旧幕府軍はついに降服し、1年にわたって続いた戊辰戦争は終結した。

南米沖で勃発した太平洋戦争
イチケ・アンガモスの海戦

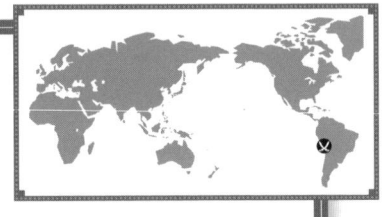

ヨーロッパから独立し新たな歴史を刻みはじめたチリとペルーだったが、資源をめぐって軋轢が生じ、ついに本格的な戦争に足を踏み入れる。そして、制海権をめぐってイチケ沖で海戦が勃発した。

勃発年 1879年
対戦国 チリ VS ボリビア・ペルー連合
兵力 チリ：不明　ボリビア・ペルー連合：不明

チリとボリビアの対立にペルーが介入

　1879年、南米大陸沖でペルー艦隊とチリ艦隊が激突し、南米の２国による海戦が勃発した。イチケ・アンガモスの海戦である。

　両国の争いのきっかけは、ボリビアとチリとの国境付近にあるアントファガスタ地域の帰属問題であった。この地域で採掘される硝石資源をめぐってボリビアとチリが対立し、ボリビアがペルーと結んでチリに対抗したのだ。

　チリは1879年２月、アントファガスタに5200の兵力を送り込み海岸線を制圧すると、ボリビアがチリに宣戦を布告して本格的な戦争が勃発した。ペルーが両国の仲裁に乗り出したが、ボリビアと同盟を結んでいた過去をもつペルーに不信感を抱いたチリが、1879年４月に今度はペルーに宣戦を布告するという泥沼に陥っていったのである。

　陸軍兵力はボリビア・ペルー連合軍が優勢だったが、海軍兵力はチリが上回っていた。チリは、イギリスに速力11ノット、装甲９インチ、229ミリ砲を６門搭載した当時の新鋭の中央砲郭艦アルミランテ・コクラン号とブランコ・エンカラダ号の２隻を発注していた。中央砲郭艦とは、船体の中央部の砲郭に大口径砲を納めた装甲艦のことである。さらに、コルベット艦（小型の戦闘軍艦）オイギンス号、チャカブコ号、エスメラルダ号、アブタオ号、

砲艦マガヤネス号、コヴァドンガ号を所有しており、イギリス海軍を招聘して人材育成にも余念がなかった。

内陸国のボリビアは海軍をそもそももっておらず、ペルー海軍に依存するしかなかった。ペルー海軍の艦船は、中央砲郭艦インディペンデンシア号、装甲砲塔艦ワスカル号がチリ海軍に対抗できるくらいで、あとは河川用のモニター艦が数隻あるだけだった。

イチケの海戦勃発

アントファガスタは陸路の整備が遅れていたため、ペルー・ボリビア連合軍の陸兵を動かすためにも、海路の確保は必須だった。そして、それはチリも同じで、制海権をペルー・ボリビア連合軍に奪われてしまえば、陸戦では勝ち目がない。

先手を打ったのはチリだった。チリは開戦後まもなく、艦隊をペルー沖へ北上させ、ガラスの積出港でもあったタラパイカ州の港湾都市イチケを海上封鎖した。そして1879年5月には、チリ海軍は司令長官ファン・レボエド率いるブランコ・エンカラダ号とオイギンス号をペルーのカヤオ港へ向かわせ、ペルー艦隊に奇襲を仕掛けようとした。

ところが同日、偶然にもペルー司令長官ミゲル・グラウが、主力艦ワスカル号とインディペンデンシア号を率いて、イチケ北部のアリカに兵員輸送を行うためカヤオ港を出航していた。しかし、チリ艦隊は沖合を、ペルー艦隊は沿岸を航行していたため、両艦隊は遭遇することなく目的地に到着した。

イチケの海上封鎖が薄くなったことを知ったグラウは、即座にイチケに集合しているチリ艦隊への攻撃を決め、アリカへ輸送船を届けると、すぐさまワスカル号とインディペンデンシア号を南下させた。一方、イチケを守備していたのは、コルベット艦エスメラルダ号と、砲艦コヴァドンガ号、輸送船ラマール号だった。こうして主力艦が不在のチリ艦隊にとって、敗色濃厚な戦いがはじまった。エスメラルダ号座乗のアルトゥーロ・プラット中佐は、ラマール号を避難させてペルー艦隊へ砲撃を開始した。1879年5月21日のことだった。

イチケ沖で機会をうかがっていたグラウは、ワスカル号を前進させ、艦首衝角による攻撃を試みた。突進してくるワスカル号に対し、エスメラルダ号も砲撃を繰り返したが、火力の弱いエスメラルダ号の砲撃では、ワスカル号

の装甲を破ることはできず、接近を許すことになった。

　チリ海軍のプラットは砲撃戦では効果がないと見るや、接舷移乗による白兵戦に勝機を見いだすことにした。ところが、プラットの命令は砲声にかき消され、ワスカル号へ乗り移ったプラットに続いた兵士はわずか２名で、プラットはワスカル号甲板で銃弾に倒れた。その後、ワスカル号の３度にわたる衝角攻撃によって、エスメラルダ号は撃沈された。

　エスメラルダ号を失ったチリ艦隊に残された戦闘艦はコヴァドンガ号１隻のみとなり、コヴァドンガ号はイチケの南、根拠地バルパライソへ向けて逃走を開始した。それをインディペンデンシア号が追撃した。もはやペルー艦隊の圧勝かと思いきや、それをコヴァドンガ号座乗のカルロス・コンデル少佐が阻止する。コンデルは、やみくもに逃走していたわけではなく、ペルー艦隊が不案内な海域に敵を誘い出していたのだ。勝利を目前にしたインディペンデンシア号は、その誘いにまんまと乗っかってしまい、追撃の途中に大陸沿いの沿岸の暗礁に乗り上げて座礁してしまった。コンデルは逃走から一転、回頭してインディペンデンシア号に砲撃を加えはじめた。ワスカル号が救援に駆けつけるも、インディペンデンシア号を離礁させることは叶わず、

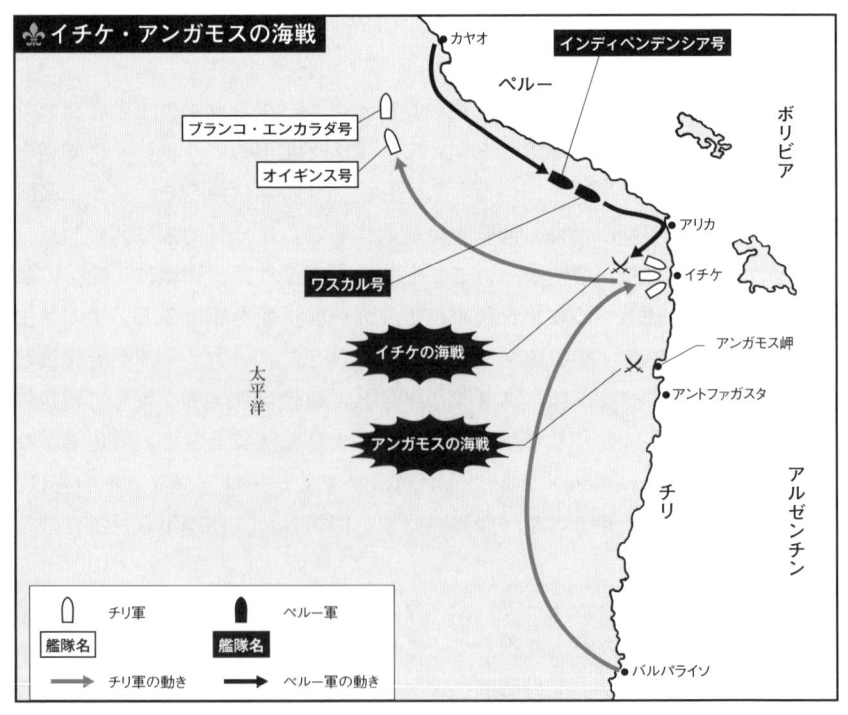

212

ペルー艦隊は撤退せざるを得なくなった。

　ペルー艦隊は主力艦の1つインディペンデンシア号を失い、以降は積極的な海上攻撃に出られなくなった。対するチリは、エスメラルダ号を失いはしたものの、主力艦2隻はいまだ健在であり、制海権はチリ軍が掌握することになった。結局、アントファガスタへの陸路を選ばざるを得なくなったボリビア・ペルー連合軍は、いっそう不利な立場に追い込まれることになった。

アンガモス岬の海戦と戦争の結末

　ペルー艦隊は、その後も南アメリカ近海の太平洋で、ワスカル号による通商破壊戦を行ったが、いずれも小規模な小競り合いに終始した。しかし、1879年7月、ワスカル号が拿捕したチリ輸送船リマク号だけは違っていた。リマク号には、今後のチリにとって重要な軍事物資が大量に積み込まれており、チリ海軍はワスカル号の探索に必死になった。

　10月になって、ボリビア領のアンガモス岬に、ようやくワスカル号を発見したチリ海軍は、中央砲郭艦アルミランテ・コクラン号を追跡にあてた。ペルー軍のグラウ提督は、同行していたコルベット艦ウニオン号を待避させて、ワスカル号単艦でアルミランテ・コクラン号との決戦を決意した。しかし、両艦の砲撃射程距離には圧倒的な差があり、ワスカル号の砲撃は届かなかった。衝角攻撃に移ろうとしても、速力は両艦同じくらいのもので、アルミランテ・コクラン号は巧みにそれを回避した。

　やがて、チリ南部バルパライソから出撃したブランコ・エンカラダ号が戦闘に参加すると、グラウの敗北は決まった。ワスカル号はチリ艦2隻の集中砲火を浴びてグラウが戦死し、ついに拿捕された。このアンガモス岬の海戦の敗北により、ペルー艦隊は事実上潰滅し、チリは制海権を確実なものとしたのである。

　チリ艦隊がアンガモス岬での戦いに勝利した大きな要因が、火力の強さがあった。ワスカル号は大砲の威力のみに敗れたのであった。

　その後、制海権を奪われたボリビア・ペルー連合軍は守勢に回らざるを得なくなり、1881年1月にペルーの首都リマが陥落する。それでも連合軍はゲリラ戦で抗戦を続けたが、1883年10月、ついにペルーが屈し、その翌年にはボリビアも降伏した。チリは、タラパカ州とアントファガスタを正式に割譲され、その後の繁栄を手にしたのである。

日清戦争の帰趨を決した大海戦

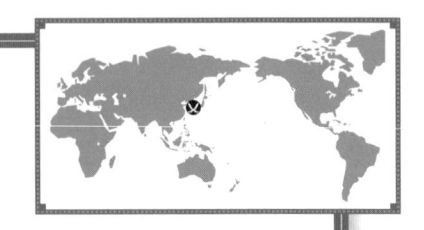

黄海海戦

明治維新を経て近代国家への道を歩みはじめた日本が、はじめての対外戦争を迎える。眠れる獅子と呼ばれ恐れられていた清帝国との戦争は、黄海海上での艦隊決戦へと発展した。

勃発年 1894年
対戦国 日本 VS 清
兵力 日本：12隻　清：12隻

豊島沖の海戦で日本軍が勝利

　日本がはじめて遭遇した近代海戦である黄海海戦は、日清戦争中に生起した戦いであった。日本がはじめて経験した近代海戦であり、日本戦史上重要な海戦である。

　19世紀後半の李氏朝鮮では国政が乱れ、圧政に苦しむ国民が1894年6月に反乱を起こした。甲午農民戦争として知られるこの反乱を、李朝は独力で鎮圧することができず、清に出兵を要請。清軍が朝鮮に出兵したことを知った日本は、負けじと朝鮮に兵を送った。

　日清両軍は、朝鮮政府と農民軍が和解したあとも朝鮮から撤兵せず、朝鮮支配をめぐって対立を続け、1894年7月25日、佐世保を出航した日本艦隊の巡洋艦3隻と清国北洋艦隊2隻が朝鮮半島西の豊島沖で武力衝突した。

　清軍の北洋艦隊・済遠号が発砲して戦端が開かれ、日本連合艦隊・吉野号がこれに応戦した。深い霧のなか至近距離での砲撃戦がはじまり、しだいに日本艦隊が優勢となると済遠号は西に逃走した。北洋艦隊のもう1隻、広乙号も逃走し、日本の巡洋艦・秋津州号がこれを追撃し、広乙号は東方の海岸に座礁したのち沈没した。こうして、日本が軍艦旗を立てて外国艦隊とはじめて戦った豊島沖の海戦は日本軍の勝利のうちに終わった。そして、この海

戦の7日後、日本は正式に清に宣戦布告した。

　豊島沖海戦に勝利した日本連合艦隊は、黄海から対馬海峡にかけての制海権を確実なものにするためにも、清国北洋艦隊の撃破が不可欠となった。そして、それは清国艦隊にしても同じであった。

　こうして、双方が索敵を行うなか、1894年9月17日、ついに両軍は遼東半島沖で相まみえることになる。

黄海沖で両軍相まみえる

　この日、丁汝昌を司令官とする北洋艦隊は、自国の兵を朝鮮半島に送るために航行中、日本艦隊と出くわした。

　北洋艦隊は後翼を広げた単横列の陣形で遼東半島を背に布陣し、対する日本連合艦隊は単縦列の陣で臨んだ。北洋艦隊は30.5センチ砲の大口径砲を設置した旗艦定遠号と鎮遠号の主力が中央に陣取り、左翼に甲鉄砲塔艦・来遠号と巡洋艦4隻が、右翼に甲鉄砲塔艦・経遠号と巡洋艦4隻が、やや凸型の後翼単梯陣へと陣形を変形させながら、連合艦隊への攻撃を試みた。

　一方の連合艦隊は、司令長官の伊東祐亨中将が座乗する旗艦・松島号をはじめとする主力艦隊と巡洋艦・吉野号、高千穂号で編成された第一遊撃隊の2つに分隊し、どちらも単縦列を組んだ。

　海戦の幕を上げたのは、射程距離の長い北洋艦隊・定遠号の砲撃だった。日本連合艦隊は、自らの射程距離内まで距離を詰め、北洋艦隊まで3000メートルとした時点で、まず吉野号が敵巡洋艇・揚威号へ第一弾を発砲した。それを合図に、日本連合艦隊の一斉砲撃が開始された。大砲の火力では北洋艦隊が勝っていたが、日本連合艦隊は中小経口の大砲で発射速度において上回っていた。

　第一遊撃隊は縦陣のまま北洋艦隊右翼へ進軍し、集中砲火で揚威号など2隻を火の海にした。大火災を起こした2隻は、西方向へ逃げ出した。これによって、速力約7ノットと低速だった北洋艦隊の陣形は崩れた。対する日本連合艦隊の速力は10ノット以上あったので、敵の陣形が崩れていくなかでの速力差で一気に優位に立った。

　動きの鈍い北洋艦隊に、日本連合艦隊は次々と一斉砲撃を浴びせた。北洋艦隊の致遠号が戦闘能力を失い、来遠号、済遠号で火災が発生した。北洋艦隊も応戦し、吉野号と高千穂号が被弾した。

一方、伊東率いる主力艦隊は北洋艦隊の中央主力隊に向かい、旗艦・松島号が定遠号に発砲したのを合図に、千代田号、厳島号、橋立号がそれに続いて、北洋艦隊主力の定遠号、鎮遠号との間で砲撃戦が繰り広げられた。しかし、松島号、厳島号、橋立号に搭載された32.5センチ砲は、4000トン級の巡洋艦に無理やり設置されていたため、敵艦方向へ砲台を向けるたびに船体が傾いてしまい、命中精度は極端に悪かった。そして、それは定遠号、鎮遠号に搭載された30.5センチ砲にも同じことがいえた。

　結局、この主力艦隊同士の交戦で勝利を左右したのは、連合艦隊が搭載していた12センチ、15センチの速射砲だった。この速射砲の攻撃で、定遠号は159発被弾し、鎮遠号は220発、来遠号は225発被弾した。北洋艦隊の主力艦は、たびたび火災を発生し戦闘力を低下させた。一方の連合艦隊も損害を受け、松島号の32.5センチ砲台が大破した。

黄海海戦で日本勝利

　主力艦隊同士が激しく戦っていたころ、第一遊撃隊は北洋艦隊右翼を右に見て半円を描きながら背後に回り込もうと旋回したが、主力艦隊の後方に位

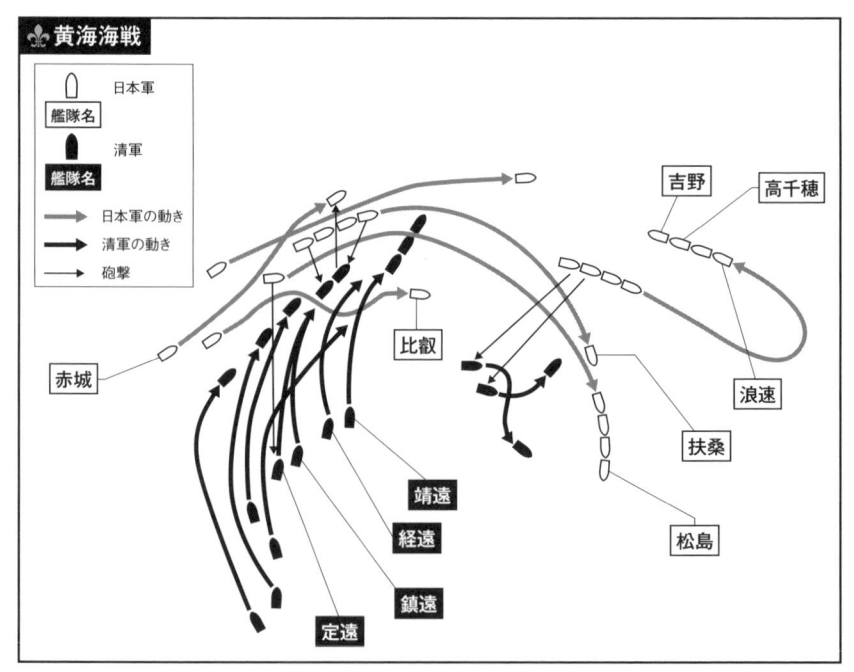

```
黄海海戦
```

凡例：
- 日本軍（艦隊名）
- 清軍（艦隊名）
- 日本軍の動き
- 清軍の動き
- 砲撃

艦名：吉野、高千穂、浪速、扶桑、松島、比叡、赤城、靖遠、経遠、鎮遠、定遠

置していた比叡号と赤城号が敵艦隊の砲撃を受けて危機に陥った。比叡号は、連合艦隊のなかでもっとも速度が遅かったので、どうしても陣形に置いていかれることが多かった。

　また、赤城号は戦闘艦ではなく偵察艦だったので、定遠号と鎮遠号をはじめとする北洋艦隊の主力の攻撃の的にさらされた。比叡号は伊東艦隊に追いつくために、横列の敵陣を横切ったときに包囲射撃をくらって、船体やマストに甚大な損害を被ってしまった。

　さらに、主力艦隊後方に控えていた西京丸号も集中砲火を浴び、舵を大破されて撃沈寸前に追い込まれた。そこへ北洋艦隊の水雷艇・福龍号が、世界初となる自走式の魚雷を発射した。

　しかし、この魚雷は西京丸には命中せず、西京丸はからくも逃走に成功し、戦線を離脱した。

　第一遊撃隊を率いていた坪井司令官は、その２艦を救うために敵艦との間に割り込もうと舵を切った。また、伊東艦隊も同じように２艦を救うために反転したため、連合艦隊が敵艦隊を挟撃する形になった。北洋艦隊は、敵艦を攻撃するために各艦が突出するなど、しばしば陣形を崩しがちだったが、連合艦隊は常に縦陣を崩さなかった。

　思いがけず敵艦主力艦を挟撃することになった連合艦隊は、一気に攻勢を強めた。縦陣を保持しながら、敵艦の周りを周航して集中砲火を浴びせる。そのため、北洋艦隊は徐々に中央に集められてしまった。平遠号、広丙号で火災が発生し、陸側に逃げ道を求めて遁走した。

　また、北洋艦隊旗艦・定遠号も被弾して火災が発生し、マストが大破してしまった。

　北洋艦隊にとって、信号旗を掲げる旗艦のマストがなくなったのは痛恨だった。これにより丁汝昌提督の指揮系統は完全に乱れ、北洋艦隊の各艦は各個バラバラに応戦しはじめた。やがて超勇号が沈没し、広甲号、来遠号、経遠号、靖遠号は大きな被害を受けて戦線を離脱した。こうして残された北洋艦隊は、主力の定遠号と鎮遠号の２隻だけとなった。

　第一遊撃隊は逃走した艦隊の追撃に移り、伊東率いる主力艦隊が残った２隻の撃滅にあたった。追撃戦では広甲号は北西に脱出をはかったが、第一遊撃隊の追撃から逃れないと悟って自沈、経遠号は連合艦隊の速射砲にさらされて撃沈された。

　この２隻に攻撃が集中している間に、靖遠号や来遠号などそのほかの巡洋

艦は西方へ逃走した。

　戦線に残された定遠号と鎮遠号は、伊東艦隊の旗艦・松島号を集中攻撃して砲弾を降らせて火災を発生させた。この攻撃で、伊東艦隊では28名の戦死者と68名の負傷者を出した。7400トン級の定遠号と鎮遠号の装甲は堅く、伊東艦隊の砲撃はなかなか致命傷を与えられない。そのうち日没となり、伊東司令官は、敵の水雷攻撃を考慮して戦闘を打ち切った。丁汝昌は九死に一生を得て、残存艦を引き連れて南の威海衛方面へ逃走した。

　黄海海戦はこうして日本の勝利で終わり、黄海の制海権は日本の手中に収まった。これにより、日本は陸軍を安全に朝鮮半島へ運ぶことが可能になった。

日清戦争の終結

　黄海海戦に日本軍が勝利できたのは、遊撃隊の活躍が大きい。清艦隊よりも機動力に優れた遊撃隊は超勇号と揚威号の2隻を戦闘不能にし、敵主力艦隊を挟撃するきっかけをもつくった。また、大口径砲を備えた清艦隊に比べて、日本艦隊は速射砲を主要の武器として使ったため、清艦隊よりも命中率の点で勝った。

　この海戦で日本軍は清艦隊を殲滅させることはできなかったものの、黄海の制海権を手に入れた。それは、陸軍を安全に中国大陸へ輸送できることへとつながり、旅順と威海衛は陸上からの攻撃によって陥落し、日清戦争は日本の勝利となるのである。

3章　装甲艦時代の海戦　219

近代日本が列強の仲間入り
日本海海戦

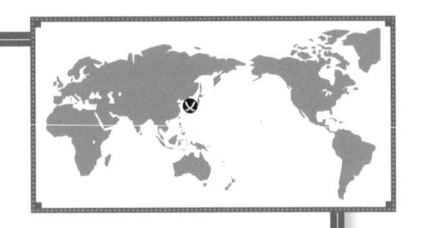

中国大陸の権益をめぐるロシアと日本の対立は、ついに武力による直接対決を引き起こす。東郷平八郎司令長官率いる日本連合艦隊とロシア・バルチック艦隊は対馬沖で対決した。

勃発年 1905年
対戦国 日本 VS ロシア
兵力 日本：41隻　ロシア：38隻

日露戦争の勃発

　日本海海戦は極東の新興国・日本が大国ロシアを破った日露戦争の趨勢を決めた戦いであり、日本の勝利は世界の海軍国の注目を集めることになった。
　日清戦争で清が敗れると、欧米各国が中国大陸における権益獲得を目論み続々と清に乗り込んできた。なかでもロシアの動きは露骨で、満州へ進出したばかりか朝鮮半島にまで手を伸ばしてきた。
　こうしたロシアの行動に激しく反発したのが、イギリスやアメリカなどの列強ではなく、日清戦争に勝利して中国大陸と朝鮮半島への影響力を増そうとしていた日本だった。
　軍事力で圧倒的に劣る日本は、日英同盟を結んでロシアをけん制するなど外交努力を繰り返したが妥結点は見いだせず、1904年2月、日本はロシアとの国交を断絶した。こうして日露戦争が勃発した。

緒戦の海戦・仁川沖の海戦で日本が勝利

　当時ロシアはヨーロッパ諸国をけん制する必要もあり、海軍力を太平洋、バルト海、黒海の3つに分散させていたが、中国大陸の遼東半島先端にある

旅順と日本海に面していたウラジオストックを根拠地とする太平洋艦隊だけでも、十分日本軍に匹敵する戦力を備えていた。

　戦力に劣る日本は、バルト艦隊（日本ではバルチック艦隊と呼ばれる。以下バルチック艦隊と記述）が太平洋艦隊と合流する前に決着をつけなければならなかった。そして日本は、ロシアに国交断絶を言い渡した2日後の1904年2月9日に仁川沖でロシア艦隊と砲火を交え、ロシア側2艦を撃沈させて緒戦を飾った。

　仁川沖の海戦で勝利した日本艦隊はそのまま北上し、旅順港内にいたロシア艦隊を攻撃し、それとともに沈船で旅順港をふさごうと試みた。旅順港の封鎖には失敗したが機雷の敷設には成功し、この機雷戦でロシアはマカロフ提督が戦死し、戦艦ペトロパブロフスク号が撃沈される大損害を被った。対する日本も、戦艦初瀬号と八島号の2隻を喪失したが、名将とうたわれたマカロフを失ったロシアの被害は甚大だった。

黄海の海上で両軍が激突

　意外な苦戦を強いられたロシアは、旅順艦隊とウラジオストック艦隊を合流させることにし、8月10日に旅順艦隊をウラジオストックに向けて出航させた。それとともにバルチック艦隊の投入も決め、これを極東方面へ回航させることにした。

　旅順艦隊の出航を知った日本艦隊はすぐさま行動に移り、その日のうちに黄海海上で両艦隊が激突した。

　ウィトゲフト中将率いるロシア艦隊は戦艦6隻、巡洋艦4隻、駆逐艦8隻から成り、対する日本艦隊は東郷平八郎大将率いる戦艦4隻、巡洋艦8隻という陣容である。

　ウラジオストックへ向けて北に針路をとる旅順艦隊に対し、日本艦隊は旅順艦隊の頭を押さえようと同様に北へ針路をとった。

　日本艦隊は、ウィトゲフト艦隊を追いかけながら砲撃を開始。こうして戦闘がはじまったが、開始早々ウィトゲフト座乗のツェザレヴィッチ号が被弾してウィトゲフトが戦死してしまい、旅順艦隊は劣勢を強いられた。司令官を失った旅順艦隊は混乱をきたし、ツェザレヴィッチ号は青島に逃げ込んだが抑留され、巡洋艦ノーウィック号は単独でウラジオストックへの突破を試みたが、宗谷海峡で日本艦隊に撃破された。残りの戦艦はウラジオストック

への移動をあきらめ、旅順へ引き返さざるを得なかった。

黄海海戦は日本側の勝利に終わった。ロシア軍は旅順艦隊とウラジオストック艦隊を合流させることに失敗し、これによりその後の作戦にも支障をきたすようになる。

さらに日本艦隊は日本海に面した中国南東の蔚山沖の海戦で、ロシアの装甲巡洋艦1隻を撃沈、2隻を大破させる大勝利を収め、これら海戦の結果、日本軍は朝鮮海峡における海上輸送路を確保した。

バルチック艦隊が出航する

1904年10月15日、態勢が整ったロシアのバルチック艦隊が、日本近海に向けてバルト海沿岸のリバウを出航した。

バルチック艦隊は、ロジェストヴェンスキー中将を司令長官とし、戦艦8隻を主力とした約30隻で編成されていた。ある程度の艦数はそろえたものの、ロシアは経費削減のため海兵の練度に問題を抱えていた。実弾を使った砲撃演習も少なく、操舵技術も未熟な兵が多かった。とくに夜戦に対する免疫がなく、バルト海を航行中ですら、いるはずもない日本水雷艇の襲撃におびえていた。そのため、航行途中に日本水雷艇と誤認してイギリス漁船を砲撃するという不祥事を起こすなど、出航当初からバルチック艦隊の前途は多難だった。

さらにバルチック艦隊は、長途の航海であるにもかかわらず、その途中でほとんど休養をとれなかった。友好国であったフランスの植民地を頼ったが、日英の抗議によりフランスが中立を保ち露骨な戦争協力ができなかったためである。

それに対し日本は、ロシア艦隊の航路途中には同盟国イギリスの植民地が多くあったため、ロシア艦隊の動きを逐一入手することができた。また、蔚山沖の海戦以降、大きな戦いが起こらなかったことも幸いし、艦艇の修理や整備を十分にできた。

1905年1月にマダガスカル島に到着したバルチック艦隊に、旅順陥落という悲報が届いた。1万人以上という死傷者を出して日本陸軍が占領した二〇三高地からの砲撃により旅順艦隊が壊滅し、ロシア軍は旅順を明け渡したのである。

バルチック艦隊の兵士たちの士気は一気に下がり、ロジェストヴェンスキ

ーは本国に対して帰国を打診した。しかし、主戦派の多かったロシア首脳部はそれを却下し、さらに後発の増援部隊を派遣することを決定、ロジェストヴェンスキーはマダガスカルで足止めを食らってしまった。バルチック艦隊が出航したのは、3月になってからだった。

日本軍の戦術

日本軍はバルチック艦隊を迎撃するために、七段構えの戦略をとった。これは艦隊司令部作戦参謀の秋山真之中佐の発案によるもので、第一段は駆逐隊と水雷艇隊による夜間奇襲、第二段は夜襲の翌日の主力艦隊による昼間砲戦、その夜に第三段が再び水雷戦を仕掛け、第四段から第六段がその翌日に連合艦隊の総力を上げて敵艦隊をウラジオストック付近まで追撃し、最後の

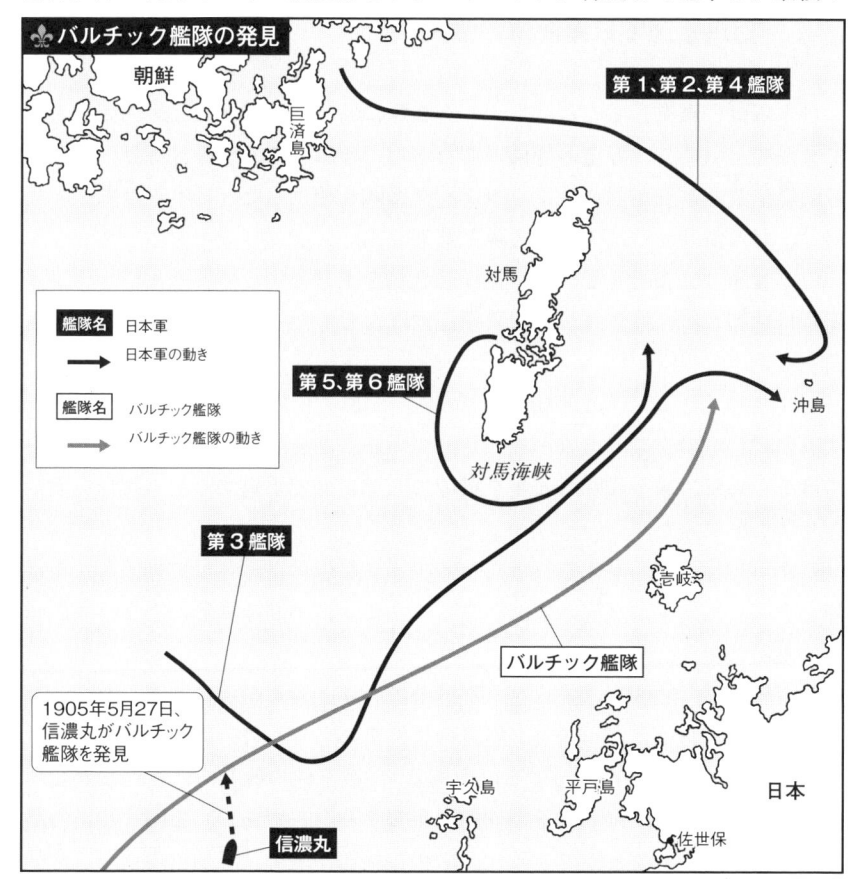

第七段でウラジオストック港口に敷設済みの機雷原に敵艦を追い込んで撃滅させる、という戦法である。

　日本軍はバルチック艦隊との対決に向けて準備を進めていたが、日本軍を悩ませたのはバルチック艦隊の航路だった。彼らがウラジオストックを目指していることは間違いなかったが、対馬海峡と津軽海峡のどちらを通るかがわからなかった（宗谷海峡は可能性が薄かった）。最短距離は対馬海峡だが、敵艦隊と遭遇する可能性は高まる。津軽海峡は遠回りになるが、敵艦隊と遭遇する公算は薄い。

　日本軍は判断を迷ったが、5月26日朝、ロシア軍の運送船が上海に入ったという情報をつかんだ。これで、バルチック艦隊の航路は対馬海峡であることが確実となった。

対馬水道で日露海軍が激突

　日本軍は、東進してくるバルチック艦隊に備え、朝鮮海峡と対馬海峡方面に警戒線を引いて、万全の警備にあたった。そして1905年5月27日、日本軍の哨艦信濃丸が五島列島沖にバルチック艦隊を発見した。日本軍は即座に集結し、対馬海峡でバルチック艦隊と遭遇した。

　日本艦隊は、戦艦4隻、装甲巡洋艦8隻を主力とする陣容で、バルチック艦隊は戦艦8隻、巡洋艦6隻（装甲巡洋艦含む）だった。戦力的にはほぼ互角だった。

　対馬海峡東水道に差しかかったロジェストヴェンスキーは、日本艦隊が次々に現れるのを見て機雷が散布されていることを恐れた。そして、それを避けるために、第一艦隊の4隻を横陣にして正面で撃退するため陣形を変形させようと試みた。

　しかし、操舵技術が未熟だったバルチック艦隊は艦隊運動に失敗し、単横陣を企図したはずが2列の縦陣となってしまい、不利な陣形のまま日本艦隊との戦闘に突入してしまった。

　日本艦隊は、敵と行き違うような態勢でバルチック艦隊に遭遇した。東郷平八郎司令長官は、バルチック艦隊の進路をふさぐため（敵艦と並走して敵を逃がさないためだったとする説もある）、敵主砲の射程内にもかかわらず艦隊を転回させた。有名な敵前回頭（東郷ターン）である。まっすぐ進む敵の進路を押さえることができれば、敵の後続艦が戦闘に参加する前に、先頭

艦隊に集中砲火を浴びせることができ、圧倒的に戦局を有利にもっていける。とはいえ、回頭中は砲撃を行えないため、いくら有利な陣形を整えるといっても敵前で回頭することは一か八かの賭けであった。しかし、バルチック艦隊は直前の艦隊運動の失敗により、新鋭艦ボロジノ級艦隊がオスラビア号の第2艦隊の陰となってしまい、十分な砲撃を行えず、日本艦隊は首尾よくこの回頭を成功させた。

回頭を成功させた日本艦隊と、2列縦陣から単横陣への艦隊運動を続けていた両艦隊の差は歴然だった。

日本艦隊はバルチック艦隊の先頭を遮るように移動を続け、日本の主力艦・三笠号から砲撃がなされると、全艦隊はいっせいにバルチック艦隊への砲撃を開始した。

2列縦陣の先頭に立ってしまったオスラビア号が被弾し、大きな火柱とともに大火災を起こした。オスラビア号に続いた、ロジェストヴェンスキー座

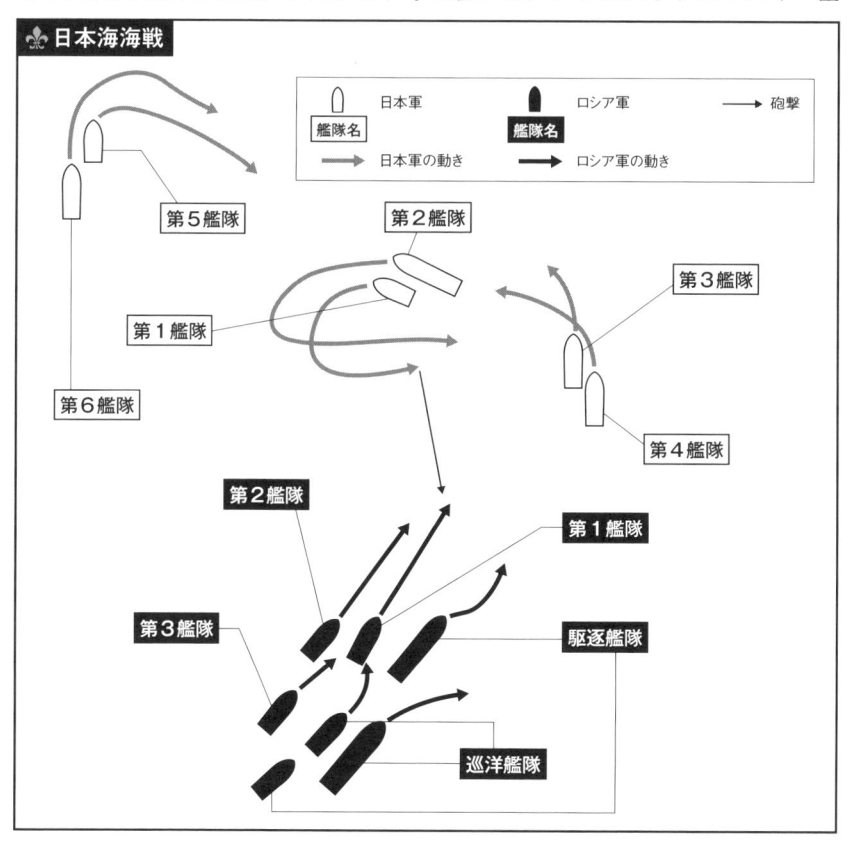

日本海海戦

	日本軍		ロシア軍	→砲撃
艦隊名		艦隊名		
	日本軍の動き		ロシア軍の動き	

第5艦隊
第2艦隊
第3艦隊
第1艦隊
第6艦隊
第4艦隊
第2艦隊
第1艦隊
第3艦隊
駆逐艦隊
巡洋艦隊

3章 装甲艦時代の海戦

乗のスウォーロフ号も同様に火に包まれ、バルチック艦隊は針路を東から南東へと圧迫された。

この砲撃でロジェストヴェンスキーは重傷を負い、スウォーロフ号は舵を破壊されて戦線を離脱し、北へ流されていった。東郷は、これをバルチック艦隊が逃亡をはかって針路をとったと思い込み、全艦に追撃を命じた。しかし、スウォーロフ号に追従するバルチック艦隊がいなかったため、日本第二艦隊・出雲号の上村彦之丞中将は、東郷の命令を無視して追撃は行わず、南東へ逃走するバルチック艦隊の殲滅にかかった。

スウォーロフ号を追った東郷も間違いに気づき、すぐに反転してバルチック艦隊へ向かった。やがて、逃走するバルチック艦隊に遭遇し、思いがけず上村艦隊との挟撃の形になった。バルチック艦隊は、ウラジオストックへの逃亡をはかり北上を開始したが、左側面を東郷艦隊に、背後を上村艦隊に包囲され、激しい砲撃にさらされてアレクサンドル三世号をはじめボロジノ級戦艦、工作艦などが次々に撃沈させられた。やがて日没を迎え、両軍は戦闘を中止した。

夜襲によりロシア艦隊が潰滅

夜間になると、日本軍は主力艦を引き上げ、駆逐艦と水雷艇による夜襲を開始する。練度の低いバルチック艦隊は日本艦隊の夜襲を防ぎきれず、戦艦ナワリ号が撃沈、シソイヴェーリキー号が大破し、残りの艦隊も散り散りになってしまった。

夜が明けると、日本艦隊は一気に掃討戦に移った。バルチック艦隊のボロジノ級戦艦の唯一の残存艦アリヨール号を拿捕し、抵抗する海防戦艦を撃沈させ、バルチック艦隊を潰滅させた。高速巡洋艦イズムルード号の捕捉には失敗したが、それもウラジオストック付近で座礁し、沈没した。スウォーロフ号からベドウイ号に移乗していたロジェストヴェンスキーは北方に逃れたものの日本軍に発見され、降伏した。結局、ウラジオストックに無事入港できたバルチック艦隊は、巡洋艦1隻と駆逐艦2隻だけだった。対する日本艦隊の損害は、水雷艇が3隻沈没しただけで、海戦史上にも稀に見るパーフェクトな勝利を収めたのである。

日露戦争に日本が勝利

　このように日本海海戦は日本軍の圧勝という形で終わった。日本艦隊の勝因は、バルチック艦隊がウラジオストックに到達する前に発見できたことである。運送船を上海に入港させたロシア軍の失態であった。

　そして、日英同盟によってイギリスがロシアをけん制してくれたことも大きかった。バルチック艦隊は十分な補給も訓練もできないまま海戦に突入してしまったのである。

　制海権を失ったロシアは朝鮮半島から後退し、ウラジオストック要塞の防備を固めるのみにとどまった。日本は、講和条約を有利に進めるため、その後樺太に進出して全土を占領した。

　そして1905年9月、日本とロシアはアメリカの仲介でポーツマス条約を締結し、和議を結んだ。日本は、朝鮮半島への支配力を強め、満州の権益も手中に収めていく。

　ロシアは極東への南下政策を断念し、再びバルカン半島へ目を向けはじめ、オーストリアとの対立を招いて第一次世界大戦の引き金となっていく。一方、大国ロシアに完勝した日本の評価は、欧米列強の間で一気に高まることとなり、不平等条約の撤廃などが行われて、日本は大国の仲間入りを果たした。

第一次大戦の劈頭を飾った大海戦
コロネル沖・フォークランド沖の海戦

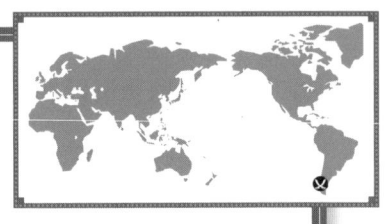

第一次世界大戦の戦場はヨーロッパだけにとどまらず、ドイツ東洋艦隊は、南米チリのコロネル沖でイギリス艦隊と遭遇し、一大海戦が勃発した。

勃発年 1914年
対戦国 ドイツ VS イギリス
兵力 ［コロネル沖の海戦］ドイツ：5隻　イギリス：4隻
　　　　［フォークランド沖の海戦］ドイツ：5隻　イギリス：6隻

第一次世界大戦当初のドイツとイギリス海軍

　第一次世界大戦が勃発した年に起こったこの2つの海戦は、大戦中の太平洋の制海権を決定づけた戦いである。

　1914年7月28日、オーストリアとドイツがセルビアに対して宣戦布告してはじまった戦争は、8月に入ってドイツがフランスとロシアにも宣戦布告し、さらに中立国ベルギーに侵攻したドイツに対してイギリスが宣戦を布告した。その後、アメリカやオスマン帝国も参戦するなど、後世に第一次世界大戦と呼ばれる大戦争に発展し、イギリスと同盟を結んでいた日本も同年8月23日に参戦した。

　ドイツ太平洋艦隊を指揮していたマクシミリアン・フォン・シュペー中将は、分散していた自軍艦隊をグアム島の東南東にあるポナペ島（現ポンペイ島）に集結させた。ドイツは中国山東半島の青島を租借していたが、イギリス領の香港や日本が近いことから、青島から艦隊を撤収させていた。ポナペ島に集まった艦は、装甲巡洋艦シャルンホルスト号、グナイゼナウ号、軽巡ニュルンベルク号だった。

　シュペーは、マリアナ諸島北部のパガン島で、青島を出航した軽巡洋艦エムデン号、石炭補給船8隻と合流すると、メキシコ沖に派遣しているライプ

チヒ号と合流すべく、南アメリカ方面へと舵を切った。南太平洋へ進出したシュペーは、中立国チリ領イースター島で軽巡ドレスデン号と合流し、その後まもなくメキシコ沖からライプチヒ号が合流した。

そのころイギリスは、ドイツ太平洋艦隊が南米に向かっていることを知り、南大西洋にあったクリストファー・クラドック少将率いる第4巡洋艦隊を向かわせた。その兵力は装甲巡洋艦グッド・ホープ号、モンマス号、軽巡洋艦グラスゴー号、仮装巡洋艦オトラント号、前弩級型の旧式艦カノーパス号という編成であった。10月末、南米沖に到着したクラドックは偵察のため、グラスゴー号をチリ北部のコロネルへ派遣した。

コロネル沖で海戦が勃発

グラスゴー号からの報告で、コロネル付近にドイツ軽巡ライプチヒ号がいることを知ったクラドックは、グッド・ホープ号、モンマス号、グラスゴー号、オトラント号の順で単縦列の陣形を組み、コロネル沖へ向かって進撃した。カノーパス号は低速だったため別働隊となり、クラドック艦隊の後方を進んだ。

対するドイツ艦隊も偵察に来たイギリス軍のグラスゴー号を発見し、シュペーはサンチャゴ近くのフェエラ島にいた全艦を出撃させた。両艦隊とも、敵は1隻だけだと思っていたのだが、11月1日の夕方に思いがけず全艦隊同士の海戦がはじまることになったのである。

先に動いたのはドイツ軍のシュペーだった。イギリス艦隊を発見したシュペーは多少驚いたものの、シャルンホルスト号、グナイゼナウ号、ライプチヒ号、ドレスデン号の順に縦陣を組んで、イギリス艦隊とチリ陸岸のあいだに割り込むように進軍し、風上を征することに成功した。偵察に出ていたニュルンベルク号は、やや遅れて合流した。

イギリス軍のクラドック艦隊は単縦列を組んだままシュペー艦隊と相まみえたが、最大火力を誇るカノーパス号は、とても間に合いそうもない距離を航行していた。

それでもクラドックは、太陽を背にしているうちに戦端を開こうとシュペーをことさら挑発したが、シュペーは逆に太陽が沈むのを待ち、距離をとったまま応戦しようとしなかった。

やがて日が沈み、水平線上に浮かび上がるクラドック艦隊に対し、シュペ

一艦隊は背後の大陸に紛れて見えなくなった。このときを待っていたシュペーは、1万2000メートル（12km）の距離から砲撃を開始した。21センチ砲8門を搭載したシャルンホルスト号の第三斉射弾は、グッド・ホープ号の前部砲に命中し、15センチ砲6門を搭載したグナイゼナウ号の砲撃はモンマス号に被弾して、前甲板を炎に包み込んだ。

クラドック艦隊も砲撃で応戦するが、闇に紛れたドイツ艦隊を視認できず、砲弾を命中させることができない。それに対して、燃えさかるモンマス号を目標に、ドイツ艦隊からは砲撃が雨のように降ってくる。やがて、クラドック座乗のグッド・ホープ号が大爆発を起こして海の藻屑となり、火災を発生させて西へ後退するモンマス号は、ニュルンベルク号の追撃を受けて撃沈された。

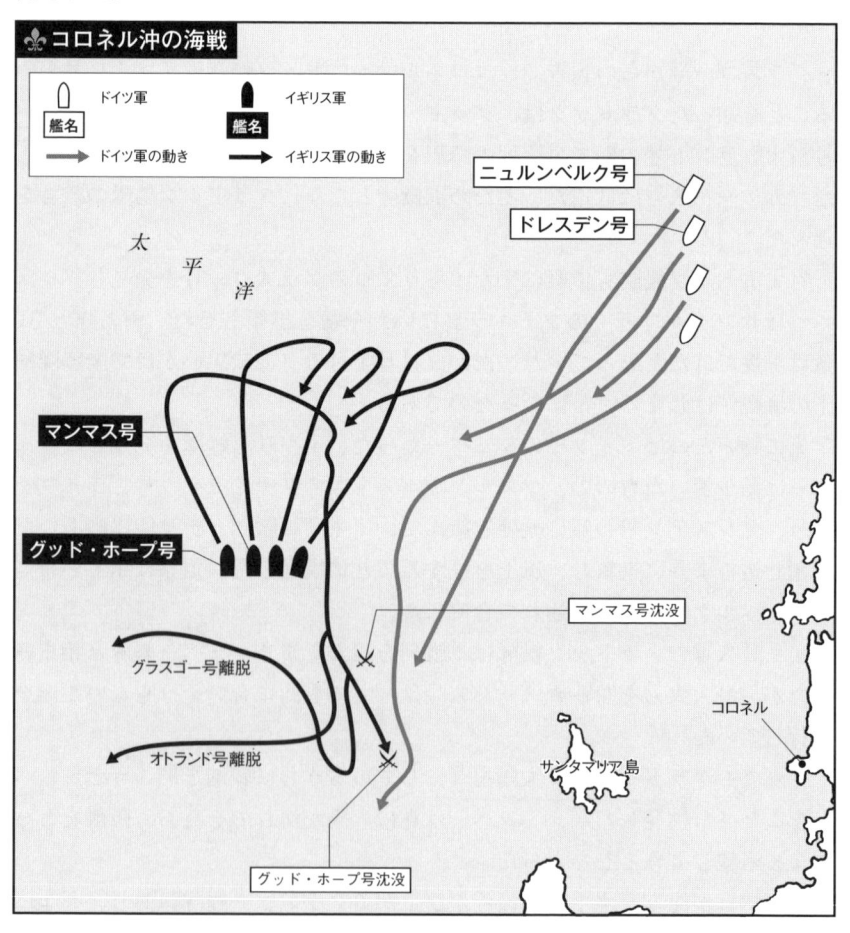

グラスゴー号も命中弾をくらって破損したが、ほかの艦より快速だったためなんとか逃走に成功した。残るオトランド号は、火力と速力に劣っていたため最初から戦闘に消極的だったこともあり、夜陰に乗じて追撃を振り切り、後方にいたカノーパス号と合流して大西洋へ脱出した。

　ドイツ艦隊の損害は、グナイゼナウ号に破損が見られる程度で、コロネル沖の海戦はドイツ艦隊の圧勝に終わった。敗れたイギリスは、南米の通商路を脅かされることとなり、シュペー艦隊の次なる行動に向けて対策を練るのであった。

フォークランド沖で両軍が遭遇

　イギリスは、同盟国の日本に協力をあおぎ、ドイツ艦隊の殲滅へ動き出した。フィジー諸島のスバ港に、日本第一南遣艦隊の巡洋戦艦鞍馬号、筑波号、生駒号を派遣し、東カロリン諸島のトラック環礁には第二南遣艦隊の薩摩号、伊吹号を向かわせ、ドイツ艦隊が太平洋をアジア方面に引き返す航路を封じた。

　また、パナマ運河を通って大西洋に出る航路には、イギリス巡洋戦艦オーストラリア号、日本艦隊の肥前号、出雲号、浅間号が連合して集結した。さらに、南米ホーン岬をまわって大西洋に出る航路には、イギリス本国から巡船インヴィンシブル号、インフレキシブル号をダブトン・スターディー中将に指揮させた艦隊を送り込んで警戒にあたらせた。

　一方、コロネル沖の海戦以降、チリのバルパライソに入港して補給や整備に時間をとられていたシュペー艦隊は、ようやく南米大陸南端のアルゼンチン沖にあるフォークランド諸島に在泊する、カノーパス号をはじめとするイギリス敗残艇を撃滅するため帆を上げた。シュペー艦隊は、ホーン岬を経由して大西洋に入った。イギリスは、このシュペー艦隊の動きを察知していなかった。スターディーは、装甲巡洋艦カーナボン号、コーンウォール号、ケント号、軽巡ブリストル号、そしてコロネル沖から合流したグラスゴー号を率いて、石炭補給のためフォークランドに入港した。

　シュペーは、まずグナイゼナウ号とニュルンベルク号に敵情偵察と無線電信所破壊を命じ、フォークランドに派遣した。スターディー艦隊が到着した翌日のことだった。ここで両軍は、コロネルに続いてまたもや思いがけず遭遇し、海戦となったのである。

イギリス艦隊とドイツ艦隊による海戦

　載炭作業が終わっていなかったスターディーは、ドイツ艦隊を視認して攻撃に移るかどうか躊躇したが、載炭作業を中止してカノーパス号に砲撃を命じた。すぐにカーナボン号とケント号が出撃し、やや遅れてインヴィンシブル号とインフレキシブル号が出撃した。ドイツ艦隊グナイゼナウ号とニュルンベルク号は、シュペー本隊と合流すべくいったん戦線を離脱した。報告を受けたシュペーは、敵の主力艦インヴィンシブル号、インフレキシブル号と自軍との火力差を重んじて撤退を決めた。

　シュペー艦隊は、シャルンホルスト号を先頭に逃走を開始したが、速度の遅いライプチヒ号に速力を合わせなければならず、さらにイギリス主要艦の速力は25.5ノットとドイツ艦隊のどの艦よりも速かった。スターディー艦隊は、インヴィンシブル号とインフレキシブル号が先頭に立ち、その後をカーナボン号以下の巡洋艦が単縦列で続いた。先頭の2隻は、その速力を生かして戦場を縦横無尽に行きかった。

　インフレキシブル号が、1万3700メートル（13.7km）の距離からドイツ艦隊最後方ライプチヒ号に向かって初弾を放った。これにインヴィンシブル号も続いた。対するシュペーは、ライプチヒ号、ドレスデン号、ニュルンベルク号を逃がすため、座乗するシャルンホルスト号とグナイゼナウ号の2隻のみで迎撃態勢を整えた。

　だが、イギリス主力艦の射程距離1万3000メートル（13km）以上に対し、ドイツ艦隊のそれは約1万メートル（10km）であり、シュペーは砲戦距離を縮めなければならなかった。しかし、速力に勝るイギリス艦隊は回頭を繰り返し、なかなか距離を縮めることができなかった。スターディーは、シュペーの相手をインヴィンシブル号、インフレキシブル号、カーナボン号の3隻にまかせ、コーンウォール号とグラスゴー号がライプチヒ号を、ケント号はニュルンベルク号とドレスデン号を追撃した。

　シュペー艦隊がようやく射程距離に敵艦を捉えたとき、シャルンホルスト号は砲撃にさらされてすでに甲板上には火災が発生し、グナイゼナウ号も船体に損傷を受けて艦隊が傾斜していた。それでもシュペーは、12門の副砲で砲撃を続けた。しかし、シャルンホルスト号は右に回頭して砲撃を加えようとしたとき横転して沈没してしまう。シュペーは、救助に向かおうとしたグ

ナイゼナウ号に離脱に努めよと命じ、そのまま海中に沈んだ。

　スターディーは、すぐざま離脱するグナイゼナウ号に目標を定め、3隻でグナイゼナウ号に包囲砲撃を開始した。三方向からの砲撃にさらされたグナイゼナウ号は、弾薬を撃ち尽くすまで必死に応戦したが、弾が尽きると一方的な攻撃のなか軍旗を掲げたまま沈没した。

　南方へ逃走したライプチヒ号は、コーンウォール号とグラスゴー号の十字砲火により撃沈された。ニュルンベルク号は、追撃してきたケント号と交戦したが、ケント号の砲撃で船体に大きな損傷を受けて艦尾沈下して、そのまま海中に沈んだ。結局、無事に逃走できたのはドレスデン号だけだった。

海戦の勝因とその後

　コロネル沖の海戦は、ドイツ軍のシュペー艦隊の砲撃が正確だったことと、イギリス軍のクラドック艦隊がカノーパス号などの援軍を待たずに戦闘に突入してしまったことが勝敗を分けた。

　一方、フォークランド沖の海戦は、イギリス軍が速力と火力に勝っていた点が勝因となった。また、ドイツ軍の帰路を封鎖、警戒していたことも勝因のひとつだった。

　ドイツはコロネル沖の海戦で勝利を収めたものの、フォークランド沖の海戦で完敗を喫し、太平洋のほとんどの制海権はイギリス・日本連合軍の手中に帰し、イギリスは海軍力のほとんどを主要な戦場に投入することができるようになった。それは、以降の戦局の行方を、イギリス側の優勢に導いていった。

水上艦同士の史上最大の戦い
ユトランド沖の海戦

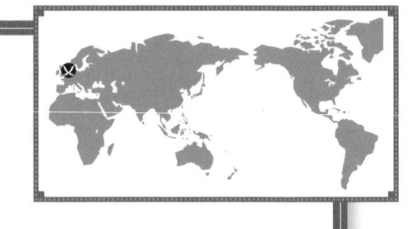

水上艦同士による最大の海戦といわれる戦いが、第一次世界大戦中に北海沖で起きたユトランド沖の海戦である。北海洋上でドイツ軍とイギリス軍が総力を結集して激戦を繰り広げた。

勃発年 1916年
対戦国 イギリス VS ドイツ
兵力 イギリス：151隻　ドイツ：99隻

ドイツとイギリスの海軍力

　第一次世界大戦中、主力艦隊同士による大規模な海戦が1回だけ行われた。それが、北海の制海権をめぐってイギリスとドイツが戦ったユトランド沖の海戦である。イギリス側151隻、ドイツ側99隻が参戦した海戦は、史上稀にみる大激戦となった。

　1914年7月に第一次世界大戦が勃発した当初から、ドイツの海軍力はイギリスに劣っていた。そのため正面衝突になれば勝機はないことを、ドイツ軍は知っていた。とくに、イギリスの主力艦には14～15インチの砲台を設置した超弩級戦艦が使われており、12インチを主砲とするドイツ艦との火力差は圧倒的だった。そこでドイツは、機雷、水雷、潜水艦を活用し、イギリス海軍との戦力差を埋めようとしていた。しかし、イギリスの工業力の高さは、これらドイツの攻撃をあざわらうように、次々に新鋭艦を建造していった。

　ドイツは、ホッホゼー・フロッテ（ドイツ大海艦隊or大洋艦隊）の司令長官にラインハルト・シェアー中将を任命し、より積極的な攻撃へと作戦を転換させていく。軽巡洋艦をイギリス近海へ出撃させて、イギリス本土へ砲撃を加えては逃走を繰り返した。巡洋戦艦部隊を率いるのは、フラッツ・フォン・ヒッパー中将だ。このドイツ軍のヒットアンドアウェー攻撃により、イ

ギリス国内ではドイツ殲滅の世論が高まった。

　イギリスのグランド・フリート（イギリス本国艦隊）を指揮していたのはジョン・ジェリコー大将だった。ジェリコーは、軽巡部隊を北海に出撃させてドイツ海軍艦隊ホッホゼー・フロッテを誘い出し、グランド・フリート全艦隊で撃滅する作戦をとった。巡洋戦艦部隊を指揮するのは、デイビット・ビーティー中将だった。ヒッパーとビーティーは1915年に北海の中央あたりのドッガー・バンクで一度相まみえており、そのときは決定的な勝負はつかなった。そして両者は再びユトランド沖で対決することになったのである。

ユトランド沖海戦開幕

　1916年５月31日、ドイツ巡洋戦艦部隊を指揮するヒッパー中将は、リュッツオー号を旗艦に、デルフリンガー号、ザイドリッツ号、モルトケ号、フォン・デル・タン号を率いて、北ドイツのヤーデ湾を出航し、ノルウェー南方面へ向かった。続いて、ヒッパー艦隊の後方50マイルからドイツ大海艦隊も出撃した。

　イギリスは、ドイツ軍の無線通信の数が突然増えたことからドイツ艦隊の出撃を察知し、イギリス艦隊司令長官ジェリコーはスコットランド基地ローサイスから出撃したビーティー艦隊と合流するため、イギリス本国艦隊グランド・フリートをスコットランド北部スカパフローから出航させた。ビーティー艦隊はライオン号を旗艦とし、プリンセス・ロイヤル号、クイーン・メリー号、タイガー号、ニュージーランド号、インディファティカブル号が中心となり、さらにクイーン・エリザベス級のバーラム号、バリアント号、ウォースパイト号、マラヤ号からなる第五戦艦戦隊も指揮下にあった。

　互いに軽巡艦を先行させて索敵を行っていたところ、ノルウェーとドイツの間にあるユトランド半島沖に、１隻の汽船を発見した。中立国ノルウェーの貨物船NJフィヨルド号だった。このNJフィヨルド号を、イギリスの索敵艦ガラテア号とドイツの策敵艦エルビング号が、ほぼ同時に発見したのである。互いに指揮官へ報告を行い、ガラテア号が発砲するに至ってユトランド沖の海戦の幕が上がった。イギリス艦隊は、28隻の戦艦と９隻の巡洋戦艦、８隻の装甲巡洋艦、26隻の軽巡艦、78隻の駆逐艦の大艦隊で、対するドイツは戦艦16隻、巡洋戦艦５隻、旧式戦艦６隻、軽巡艦11隻、駆逐艦61隻だった。片舷砲火の砲門数は、イギリス320門に対してドイツ202門と、火力の差

は圧倒的にイギリス優位だった。

　両軍ともユトランド沖に進軍し、ついに15キロの距離をおいて互いに敵影を確認した。先行していたドイツ軍のヒッパー艦隊は、イギリス軍のビーティー艦隊を自軍の主力艦隊方向へ誘導するため、南へ針路をとった。単縦列で進行するドイツ艦隊に対して、ビーティーも単縦列で交戦するように命じ、並航戦となったところでヒッパー艦隊が先に砲撃を開始した。ビーティー艦隊もすぐに応戦したが、命中精度はドイツ軍に軍配が上がった。ドイツ艦隊の命中率2％に対し、イギリス艦隊の命中率は、なんと0.5％というお粗末なもので、せっかくの火力差をまったく生かしきれなかった。

　ドイツ艦隊の旗艦リュッツオー号の一斉射撃により、まずビーティー艦隊の旗艦ライオン号が砲塔を破壊されて大きな損害を受けた。ライオン号は沈没は避けられたが、その後の戦闘に加わることはできなくなった。続いて、

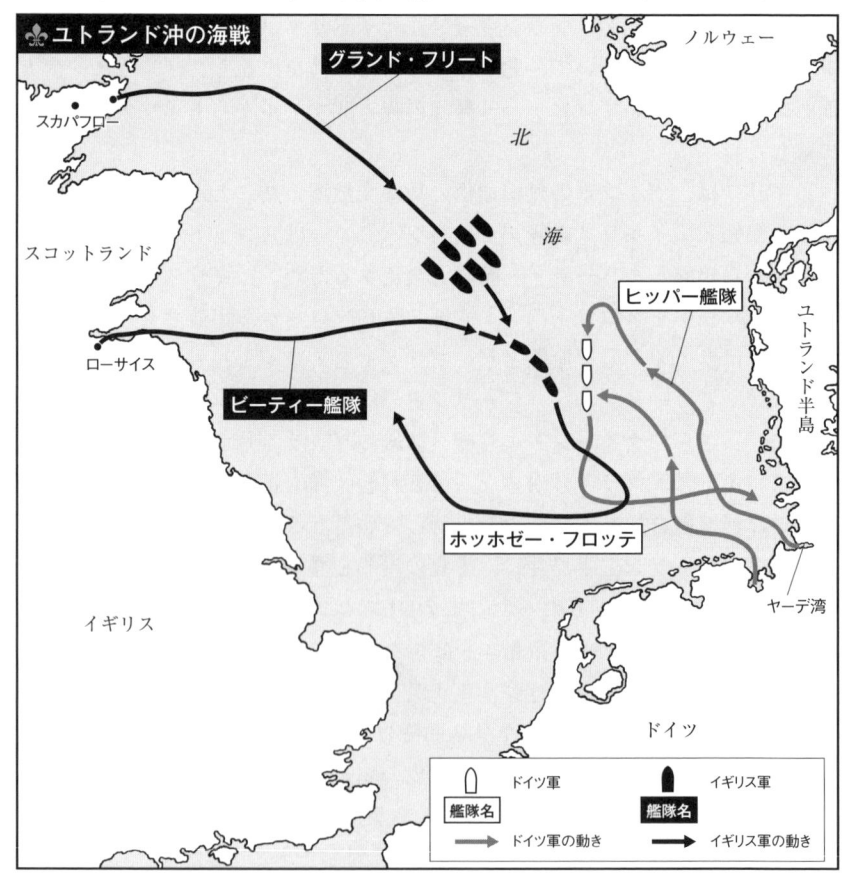

ドイツ軍のフォン・デル・タン号の砲撃が、イギリス軍のインディファティカブル号を的確に捕らえ、3発の被弾によりインディファティカブル号は戦線離脱を余儀なくされた。フォン・デル・タン号はさらに追撃を試みて、その一斉射撃にインディファティカブル号の甲板は破壊され、弾倉に火災を発生させると、乗組員1000人以上とともに、轟音を響かせて海の藻屑となった。ドイツ艦隊の攻勢は続き、デルフリンガー号とザイドリッツ号の砲撃により、今度はクイーン・メリー号の弾薬庫が爆発して、1200名以上の戦死者をともなって轟沈した。
　イギリス軍のビーティー艦隊も必死に応戦したが、ドイツ艦隊を撃沈させることはできなかった。ビーティーは、ジェリコー率いる主力艦隊方面にドイツ艦隊を誘い出すため、回頭して北へ針路をとり、ドイツ艦隊もすぐさま追撃に移った。残りのビーティー艦隊は逐次回頭をはじめたが、伝達がうまくいかずにマラヤ号がドイツ艦隊の砲撃の的になってしまった。マラヤ号は甚大な損傷を受けたが反撃を開始し、ドイツ軍のヒッパー艦隊も大きな損害を被った。

両軍主力艦隊の交戦がはじまる

　イギリス軍のジェリコー率いるアイアン・デューク号を旗艦とする主力艦隊と合流したビーティー艦隊は、ドイツ軍のヒッパー艦隊との交戦を再開させた。しかし、ジェリコー艦隊は並列陣形で航行してきたため、単縦列の戦闘隊形に変更する必要があり、すぐには戦闘に参加できなかった。
　一方、ドイツ軍のヒッパー艦隊はシュアー本隊と合流し、ジェリコー艦隊へ向かって進軍を開始した。その途中、フッド提督率いるイギリス第3巡洋戦艦部隊と遭遇し、砲戦が開始された。隊形運動に失敗したイギリス装甲巡洋艦ディフェンス号が、ヒッパー艦隊とシュアー艦隊の格好の的となり、砲撃の雨にさらされて大爆発を起こして沈没した。しかし、イギリス軍も砲撃を開始し、今度はヒッパー艦隊の旗艦リュッツオー号が喫水線下に砲撃を食らって戦線から離脱した。ヒッパーは、旗艦を駆逐艦に移し替えて、その後も戦闘を続行。その直後にドイツ巡洋戦艦デルフリンガー号が戦線に加わり、12インチ砲弾の斉射でイギリスのフッド艦隊の旗艦インヴィンシブル号を撃沈させた。
　この間に隊形を整えたイギリス軍主力のジェリコー艦隊が戦闘に加わっ

て、両主力艦隊同士がついに相まみえた。イギリス軍旗艦のアイアン・デューク号が、ドイツ艦隊の先頭艦ケーニヒ号に砲撃を加えると、ドイツ艦隊も即座に応戦した。しかし、すでに午後7時を回って太陽を背にしたドイツ艦隊は、イギリス艦隊の格好の標的となり、集中砲火を浴びたケーニヒ号が戦線を離脱した。さらに猛烈な砲撃がイギリス艦隊から浴びせられ、ドイツ艦隊は絶体絶命の危機に瀕した。敵艦を視認できなくなってきたドイツ艦隊は、砲撃を続けるものの2発を命中させるにとどまり、対するイギリス艦隊の命中弾は37発にも及んだ。この砲撃でドイツ艦隊のデルフリンガー号が戦線を離脱した。

進退きわまったドイツ艦隊司令長官シュアーは離脱を決意し、ヒッパー艦隊に反転西進を命じ、駆逐艦隊にはイギリス艦隊の追撃を阻止するように命じた。ドイツ駆逐艦隊は、31本の魚雷をイギリス艦隊へ向けて発射し、イギリス艦隊はこの魚雷を回避するため、砲撃を中止して敵から遠ざかるように左方向へと転進した。これによって、シュアーは離脱に成功した。

ジェリコー率いるイギリス艦隊は追撃に移った。すでに日が沈んでおり、ここからは夜戦となる。当時のイギリス海軍は夜戦訓練を行っていなかったので、イギリス艦隊の追撃も消極的にならざるを得なかった。この夜戦で、イギリス軍はドイツ軽巡フラウエンロブ号、前弩級戦艦ポンメルン号を撃沈させたが、巡洋艦隊ブラック・プリンス号を失った。しかし、そのころにはドイツの主力艦隊は、すでにヤーデ湾にたどり着いており、ジェリコーももはや戦闘の継続は不可能なことを悟り帰還した。

ユトランド沖の海戦は両軍の勝利

ユトランド沖の海戦で、イギリスは主力艦3隻を含む14隻を失い、6000名以上の戦死者を出した。対してドイツの喪失艦は、主力艦1隻を含む11隻で、戦死者は2500名だった。物理的損害を見ると、イギリス軍のほうが多かった。しかし、主力艦隊同士の決戦ではドイツ艦隊が逃げており、また制海権は相変わらずイギリスの手中にあった。そして、その後、ドイツ軍の主力艦隊はほとんど出撃することはなかった。

このように、戦果と損害からいえばドイツの勝利であったが、敵軍を封じ込めたという戦略的な観点から見るとイギリスの勝利であった。実際、この海戦後、両国とも戦勝を祝ったのである。

Column 7 — アドリア海の海戦

　第一次世界大戦の海戦というと、イギリス海軍とドイツ海軍による海戦がクローズアップされるが、ほかの参戦国が傍観していたわけではない。アドリア海の海戦は、イタリアとオーストリアとの間で行われた海戦である。
　イギリスを中心とした連合国に与したロシアはバルト海でドイツ海軍と激闘を繰り広げ、黒海ではドイツと同盟したトルコ海軍と戦った。
　連合国のひとつイタリアは、ドイツと手を結んだオーストリアとアドリア海で戦った。
　イタリアはもともとドイツと同盟関係にあり、大戦勃発当初は中立を宣言していた。しかし、イギリスとフランスによって懐柔され、1915年5月に同盟を一方的に破棄して連合国陣営として参戦したのだった。ドイツとオーストリアにとって、イタリアの裏切りは大きな打撃であった。オーストリア艦隊が地中海に出るためには、オーストリアとイタリアの間にあるアドリア海を通過する以外に道はなかったからである。
　イタリアの主な戦術は、アドリア海の入り口にあたるオトラント海峡を封鎖するとともに、アドリア海最奥部にあるオーストリアの根拠地トリエステとポーラを魚雷艇で奇襲するものだった。イタリアによる封鎖と攻撃は有効に働き、オーストリア艦隊の動きを完全に封じることに成功した。
　断続して行われるイタリアの魚雷艇攻撃に危険を感じたオーストリアは1918年6月10日、戦艦2隻と駆逐艦10隻で編成された艦隊をポーラより出航させ、オトラント海峡近くのカッタロ港へ向かわせた。
　しかし、アドリア海を哨戒中のイタリア海軍少佐ルイジ・リッツォ率いる魚雷艇隊2隻がこれを発見した。イタリア魚雷艇隊はオーストリア艦隊に気づかれないように接近し、4発の魚雷を発射すると、即座に戦場を離脱。この攻撃によりオーストリア艦隊の戦艦1隻が沈没、1隻が大破した。
　さらにイタリア魚雷艇隊は、追撃してきたオーストリア艦隊の駆逐艦にも魚雷を発射し、1隻を沈没させ、ゆうゆうと根拠地に引き上げていった。
　オーストリア艦隊は、このように戦争中は終始イタリア艦隊と応援にきたフランス艦隊に動きを封じられてしまった。結局オーストリアは、超ド級戦艦4隻を進水させ、最新鋭の戦艦をそろえた海軍力をまったく生かすことができないまま終戦を迎えるのである。

グラフ・シュペー号の最期
ラプラタ沖の海戦

第二次世界大戦直後から通商破壊戦を展開していたドイツのポケット戦艦・グラフ・シュペー号が、南米大陸のラプラタ沖でイギリス艦隊と激突した。

勃発年 1942年
対戦国 イギリス VS ドイツ
兵力 イギリス：3隻　ドイツ：1隻

ポケット戦艦・グラフ・シュペー号が出陣

　ドイツ総統アドルフ・ヒトラーの領土拡張の野心は旺盛で、1939年9月1日、ついに隣国ポーランドへの侵攻を開始した。9月3日には、イギリスとフランスがドイツに宣戦を布告し、第二次世界大戦が勃発した。ラプラタ沖の海戦は、この第二次世界大戦最初の海戦である。

　開戦当時のドイツ海軍は弱小だった。第一次世界大戦の敗戦国のドイツは、ベルサイユ条約によって、新建造艦の排水量は1万キロ以下、備砲の最大口径は28センチ以下と決められていた。そのため、ドイツは正面からのぶつかり合いは避け、通商破壊戦で敵国の資源・食料を奪っていった。

　その主役となったのが、ドイッチュラント号、アドミラル・シェーア号、グラフ・シュペー号の3隻だった。この3隻はいずれも、大型ディーゼル機関を採用し、最大速力26ノットというスピードと、1万海里（約1万8000km）に及ぶ航続力をもっていた。また、装甲には目をつぶり、三連砲2基、長砲身6門、単装砲8門、四連装魚雷2基を搭載し、火力を優先させた。主力戦艦より高速で、巡洋艦より高火力のこの3隻は、ポケット戦艦と呼ばれた。

　ヒトラーは、ポーランド侵攻より先の1939年8月、ハンシ・ラングスドルフ大佐を艦長に任命し、グラフ・シュペー号は通商破壊戦を実施するため、

ドイツのヴィルヘルムスハーフェンを出航し、北海へ向かった。

　グラフ・シュペー号は、海上監視を強化するイギリス軍の目をかいくぐり、北海を北上しシェトランド諸島沖を通過、8月末には大西洋へ姿を現した。ラングスドルフは、まずイギリスの輸送船の主要航路でもある南米沖の海域に狙いを定めた。ポケット戦艦による通商破壊戦は、イギリス・フランス海軍の戦力分散をも企図していた。

グラフ・シュペー号による通商破壊戦

　ブラジル沖に到着したグラフ・シュペー号は、9月30日にイギリスの灯油輸送船クレメント号を発見し、クレメント号の乗組員を収容すると、砲撃と雷撃によってクレメント号を撃沈させた。その後、グラフ・シュペー号は東へ針路をとり、南大西洋を横断するとアセンション島とセントヘレナ島の中間海域に到着。ここでも、イギリス商船ニュートンビーチ号とアシュリー号の2隻を捕捉し、2隻とも海に沈めた。グラフ・シュペー号は補給艦アルトマルク号から補給を受けてから南東へ進路を変え、オーストラリアからイギリスへ向かっていたイギリス商船レヴァニオン号を撃沈させた。

　一方イギリスは、巡洋艦をメインとする捜索部隊を編成し、北アメリカ方面、南アメリカ東岸、喜望峰方面、セイロン島方面、ペルナンプコ・フリータウン間、ペルナンプコ・ダカール間へそれぞれ派遣した。この捜索隊は、ドイツのポケット戦艦を発見することはできなかったが、彼らの行動を抑止した。ドイッチュラント号、アドミラル・シェーア号の2隻は戦果を上げられないまま帰国し、大西洋上で神出鬼没に通商破壊を繰り返したグラフ・シュペー号が唯一のドイツ戦艦となった。

　グラフ・シュペー号艦長のラングスドルフはイギリス捜索隊の存在を知り、彼らの索敵範囲を広げるためにインド洋へ向かい、モザンピーク海峡でイギリス商船アフリカ・シェル号を撃沈させると反転、再び南大西洋へ向かった。

　イギリス海軍は、重要な食糧輸送ルートである南米沖を重点的に警戒していたが、アフリカ・シェル号沈没を知らされ、インド洋、東南アジア、ニュージーランド近海にまで索敵範囲を広げることとなり、兵力の分散を余儀なくされた。グラフ・シュペー号が次に現れる南米沖を捜索していたのは、重巡エクセター号、カンバーランド号、軽巡エイジャックス号、アキリーズ号で編成された、ヘンリー・ハーウッド少将率いるG部隊と呼ばれた艦隊だった。

ラプラタ沖で両軍が激突

　グラフ・シュペー号は、南大西洋でまたしてもイギリス商船ストレオンシャル号を撃沈させ、さらに2隻のイギリス商船がラプラタ沖を航行中との報告を受け、G部隊がいるラプラタ沖へ向かう。

　先に敵艦を発見したのは12月13日、商船と誤認したグラフ・シュペー号だった。商船と思って近づきすぎたため、ラングスドルフはやむなく開戦へと踏み切った。ラングスドルフは東南東へ変針して、右舷砲戦の準備を整え、およそ1万8000メートル（18km）先のエクセター号とエイジャックス号へ向けて砲撃を開始した。

　一方のハーウッドは、旗艦エイジャックス号とアキリーズ号を北東へ向かわせ、グラフ・シュペー号の進路を遮った。エクセター号は西北西へ向かい、挟撃の形をとろうと進出した。そして、3隻ほぼ同時に砲撃を開始し、ラプラタ沖は両軍の砲撃合戦となった。

　グラフ・シュペー号の砲撃がエクセター号に被弾し、サーチライト、搭載水上機が破損した。それを視認したラングスドルフは、立て続けにエクセター号に砲撃を集中させた。エクセター号は第二砲塔を破壊され、砲塔内部で大火災を発生、砲撃に必要な方位盤照準装置が大破した。乗組員にも多数の犠牲者を出し、エクセター号の戦闘能力は大幅に低下した。

　ラングスドルフは、エクセター号を主砲による集中砲火でとどめを刺そうと、左へ舵を切って左舷砲撃に切り替えた。エイジャックス号とアキリーズ号に対しては、15センチ副砲で砲撃を続けた。ハーウッド艦隊もグラフ・シュペー号に集中砲火を浴びせるものの、いまだ命中弾はなかった。

　エクセター号は、劣勢を挽回するために魚雷を発射したが、ラングスドルフは左135度に大変針することでこれを回避すると、いったんエクセター号から離れてエイジャックス号とアキリーズ号へ、攻撃目標を切り替えた。

　グラフ・シュペー号の砲撃によりアキリーズ号も被弾し、エクセター号同様に方位盤照準装置を破壊され、効率的な砲撃が不可能になった。エクセター号は甚大なダメージを負いながらも、戦線離脱することなくグラフ・シュペー号を追って、北西へ針路をとった。エクセター号は再び3発の魚雷を放ったが、これもグラフ・シュペー号に回避されてしまった。

　追いすがるエクセター号に、グラフ・シュペー号の砲弾が命中し、高角砲

は破壊され、下甲板から火災を発生した。エクセター号もついには戦線離脱を余儀なくされ、フォークランド諸島へ向かって遁走を開始した。

　ハーウッドは、エクセター号を援護するため、エイジャックス号とアキリーズ号の速力を上げて、グラフ・シュペー号に同行するように舵を切り、右後方から砲撃を続けた。グラフ・シュペー号は煙幕を張るなどしてハーウッド艦隊を攪乱(かくらん)させながら、満身創痍のエクセター号を追って南方面へ転針した。ハーウッドは、艦隊に右回頭を命じ、左舷側からの主砲射撃でグラフ・シュペー号に猛射を浴びせた。

　距離の縮まったなかでの主砲攻撃は正確で、グラフ・シュペー号は何発も命中弾を食らい、たまらずエクセター号の追撃をあきらめ、北西に変針して右舷側からの砲撃態勢をとった。またもや両軍の砲撃合戦となり、グラフ・シュペー号の放った砲弾が、ハーウッド座乗のエイジャックス号に被弾し、エイジャックス号は2基の砲塔を破損した。

　ハーウッドは、自艦隊の深刻なダメージと残り少なくなった砲弾でグラフ・シュペー号を撃沈させることは難しいと判断し、速力を落としながらグラフ・シュペー号との距離をとりはじめた。対するグラフ・シュペー号も甚大な被害を受けており、戦闘を中止して中立国ウルグアイのモンテビデオ港

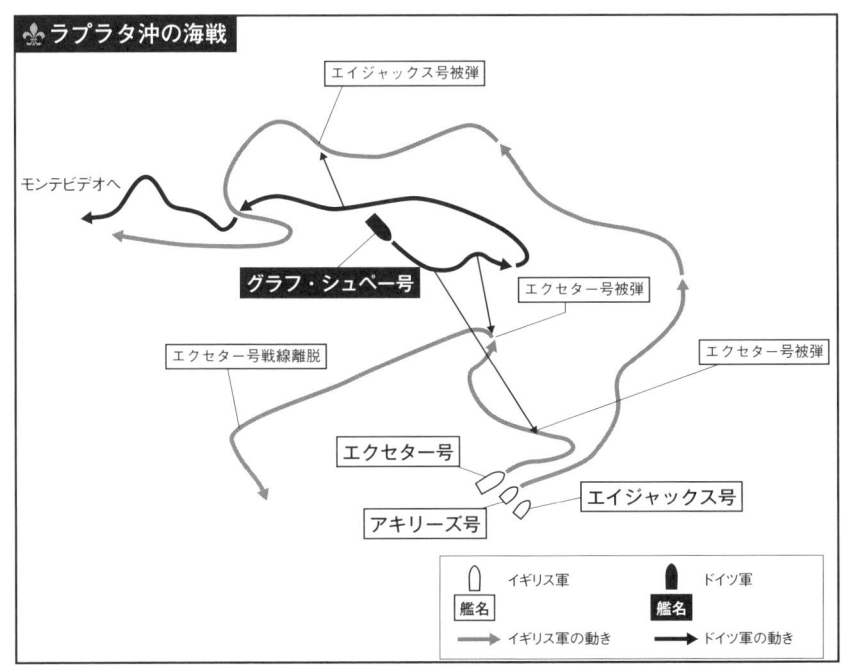

⚜ ラプラタ沖の海戦

エイジャックス号被弾
モンテビデオへ
グラフ・シュペー号
エクセター号被弾
エクセター号戦線離脱
エクセター号被弾
エクセター号
エイジャックス号
アキリーズ号

	イギリス軍		ドイツ軍
艦名		艦名	
→	イギリス軍の動き	→	ドイツ軍の動き

3章　装甲艦時代の海戦　243

へ避難するべく、針路をとった。

こうして、両軍ともに大きなダメージを抱えながら、ラプラタ沖の海戦は終幕した。

ラプラタ沖の海戦のその後

この海戦は、ドイツ軍グラフ・シュペー号1隻とイギリス艦隊3隻との戦いであり、イギリス軍に分があった。しかし、イギリス艦隊のエクセター号は戦線離脱を余儀なくされる損害を受け、旗艦エイジャックス号も被弾する被害を受けた。戦術的にはグラフ・シュペー号の勝利であった。

モンテビデオに逃れたラングスドルフは、本国へ帰国するためにグラフ・シュペー号の修理にあたった。ハーウッドは、このポケット戦艦を逃せば再び通商破壊戦による被害を受けることになることを怖れ、グラフ・シュペー号を本国へ返すわけにはいかなかった。

しかし、ハーウッド艦隊もすぐに戦闘を再開できるような状態ではなかった。そこで、ほかの捜索部隊がラプラタ沖に集結しているという偽の情報を流し、グラフ・シュペー号をモンテビデオに釘付けにしておき、味方艦隊の到着を待つことにした。

ラングスドルフはこの偽情報を信じた。もはや本国への帰還が叶わないことを悟ったラングスドルフは、グラフ・シュペー号を自沈させ、自らも命を絶った。ポケット戦艦はまだ2隻残っていたが、グラフ・シュペー号がなくなったことで、大西洋ルートははるかに安全になった。これは、広範囲な交戦域を支える連合国の海上輸送にとっては大きなメリットだった。

4章
空母航空戦時代の海戦

空母航空戦時代
の艦船・戦術

航空機（飛行機）の発達により登場したのが航空母艦（空母）である。3種類の航空機を載せたこの艦船は、第二次世界大戦の勃発とともにその威力を示し、日本軍による真珠湾攻撃とマレー沖の海戦で、戦艦を海戦の主役の座から引きずり下ろした。

航空母艦の登場

　第二次世界大戦までの海戦で主役を演じたのは戦艦である。砲力と防御力という攻防の二面に優れた船であり、誰もが海戦の雌雄を決するのは戦艦であることに疑いを抱かなかった。国の海軍力を計るときには、戦艦の数が決め手となっていたほどだ。機雷や魚雷といった新兵器が登場しても、戦艦を上回る攻撃力はもちえなかった。

　しかし、第二次世界大戦の勃発が、戦艦を海戦の主役から引きずり下ろし

◉戦艦大和

た。戦艦に代わって登場し、艦隊の中心となったのは航空母艦(空母)である。1939年にはじまったこの戦争において、ドイツがイギリス本土への上陸作戦を遂行したころから、航空機が活躍するようになった。

1941年3月に起こったマタパン沖の海戦(地中海で行われたイタリア艦隊とイギリス艦隊の戦い)では、イギリス艦隊空母から発進した航空機がイタリア艦に魚雷を命中させるなどの活躍を見せ、空母の存在感は高まった。

そして、空母の威力を決定的に知らしめたのが、第二次世界大戦のアジア地域を中心とした戦いである太平洋戦争であった。開戦初戦の日本の機動部隊(空母を中心とした艦隊)によるハワイ作戦(真珠湾攻撃)で、在泊艦隊は航空戦力の前にはまったく無力であることが証明された。そして、真珠湾攻撃でその力を見せつけた空母は、航行中の主力戦艦2隻が沈められたマレー沖の海戦でその実力を改めて実証したのである。

脇役になった戦艦の役割

第二次世界大戦を通して建造された空母は、日本・アメリカ・イギリスの3国合わせて、じつに約200隻を数える。アメリカに至っては、戦前には7隻しかなかった空母が、終戦時には109隻にまで増えていた。この時期の戦艦の数は、米・英・仏・日・独・伊の6国を合わせても、わずかに86隻を数えるのみである。数の上でも、空母はあっさりと海戦の主役を戦艦から奪い

▲太平洋戦争開戦直後に就役した、史上最大の戦艦大和号。

4章 空母航空戦時代の海戦　247

取ったのだった。

　しかし、当然ながら、戦艦がまったく不要となったわけではない。ヨーロッパ戦線では、イギリス以外は空母をもっていなかったため（驚くことにドイツとイタリアは、戦争が終わるまで1隻の空母ももたなかった）、戦艦同士の海戦は起こっていた。しかし、それは艦隊決戦というほど大規模なものではなかった。

　また、戦艦の新しい役割として、護送船団の護衛があった。第二次世界大戦では大がかりな上陸作戦が世界各地で行われたが、護送船団の護衛は戦艦の重要な任務となったのである。

空母機動部隊の編成

　空母と戦闘機の実力が証明されると、アメリカ軍は主力艦中心の海洋決戦主義を改め、空母を戦列の中心に集めて戦艦はこれを護衛する空母機動部隊の遊撃戦法をとるようになった。

　これは、3～4隻の空母を中心に、15隻内外の駆逐艦が配せられ、そのほかに巡洋艦と潜水艦が同道する艦隊編成である。空母には、急降下爆撃を行う艦上爆撃機（艦爆）、雷撃または水平爆撃を行う艦上攻撃機（艦攻）、艦爆と艦攻を護衛し制空の任にあたる戦闘機（日本では零戦。通称ゼロ戦）の3種類の航空機が搭載される。

　数隻の空母を基幹とする艦隊編成を世界ではじめて行ったのは、もちろん日本である。ちなみに、世界最初の機動部隊は、空母6隻、戦艦2隻、重巡2隻、軽巡1隻、駆逐艦9隻、潜水艦3隻、給油艦7隻という編成であった。

巡洋艦と駆逐艦

　機動部隊を構成する重巡とは、重巡洋艦のことである。日本では一等巡洋艦という。戦艦の一種であるが、艦隊編成の核となる戦艦よりも小さい。当初の主な役割は、戦艦よりも速力があったので、高速で敵の偵察を行うことだったが、第二次世界大戦のころには大砲が搭載され、それ自体が攻撃用として使われるようになった。そのころには対空射撃力は、戦艦とほぼ同等のものをもつようになった。

●機動部隊

▲機動部隊を編成した空母（上）、巡洋艦（中）、駆逐艦（下）。

　軽巡とは、軽巡洋艦のことで、日本では二等巡洋艦といった。重巡よりもさらに小さい巡洋艦である。
　駆逐艦は味方艦隊の護衛とともに、敵艦隊を攻撃する艦船である。また、巡洋艦とともに、機雷の設置や掃海の役割も担った。

航空機爆撃による戦術へ

　機動部隊の編成によって、戦いは航空機による爆撃が主なものとなった。艦爆が急降下爆撃を行い、それとともに艦攻が魚雷を発射する。それに対し、空母や戦艦は対空砲で応戦した。
　爆弾と航空魚雷の威力はすさまじく、第二次世界大戦を通して、この2つの武器だけで600隻近い艦船が撃沈されており、空母を基幹とした艦隊編成の威力の大きさを物語っている。そしてそれは、制空権の把握が戦局を決定するようになったことを意味していた。プリンス・オブ・ウェールズ号や戦艦大和のような不沈艦でさえ、強力な航空部隊の支援がなければ、水上に浮

◉艦上攻撃機

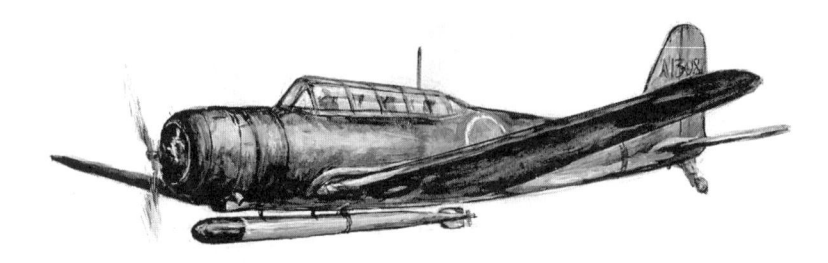

▲魚雷を積んで敵艦に向けて落とす艦上攻撃機。

かんでいることはできなかったのだ。

　第二次世界大戦では、第一次世界大戦のときのユトランド沖の海戦のような艦隊決戦は、ついに１回も起こらなかった。

新たな兵器の威力

　第二次世界大戦は、新たな兵器を生み出し、さまざまな技術を発展させた。その代表的なものがレーダー、魚雷、潜水艦、対空砲である。レーダーの開発によって目標となる敵艦へ爆弾を正確に誘導することが可能となり、悪天候でも敵機を探知できるようになった。夜戦に自信がなかったアメリカ軍にとって、レーダーは戦局を決定的に左右した。

　魚雷が発明されたのは19世紀後半のことで、すでに日清戦争の時代に日本も使用していた。潜水艦と艦載機の主要な兵器となった魚雷は、第二次世界大戦の時代になって猛威をふるい、戦術面においては小さな船でも巨大な艦船を攻撃できるという革命的な変化を起こした。

　19世紀初頭に考案された潜水艦は、1890年代に実用的な艦船として開発され、小海軍国の奇襲兵器として発達した。潜水艦の役割は、食料や油、鉄などを運ぶ海上交通を破壊する通商破壊である。また、機動部隊にも加わり、敵艦への奇襲攻撃も担当した。

　第一次世界大戦で戦闘機が登場し、これを撃退する対空砲が必要となり、第二次世界大戦の時代には高空防衛のための単発重砲と低空防衛のための速射軽砲が開発されている。

◉ミッドウェー海戦

大艦巨砲主義の終焉

マレー沖の海戦

太平洋戦争の初期、東南アジアをめぐる日米の争いのなかで、海戦の常識をくつがえす戦いが生起した。この戦いにより、それまで脇役だった空母が一気に戦争の主役へと躍り出るのである。

勃発年 1941年
対戦国 日本 VS イギリス
兵力 日本：航空機のみ　イギリス：2隻

ハワイ作戦と同時に行われたマレー作戦

　太平洋戦争の緒戦で世界を驚愕させたマレー沖の海戦は、航空機の攻撃だけで戦艦2隻を撃沈させた、世界戦史上きわめて重要な戦いであった。この戦いにより、近代戦における航空機の役割の重要性が認められたのである。
　日本軍がフランス領インドシナ（現在のベトナム・ラオス・カンボジア）に進駐した1941年7月、アメリカは日本への石油の輸出を全面的に禁止した。国内消費の半分以上の石油をアメリカに頼っていた日本は、資源の豊富な東南アジア地域への進出を決め、小沢治三郎中将率いる南遣艦隊が同年12月6日、ベトナム南部のサイゴン（現在のホーチミン）を出航してマレー半島へ向かった。そのころ、太平洋上の日本海軍機動部隊はハワイを目指して南下中であった。
　南遣艦隊は三個師団からなる陸上部隊の護衛として金剛号、榛名号の戦艦2隻、重巡2隻、駆逐艦10隻で編成された南方部隊本隊と、重巡5隻、軽巡4隻、駆逐艦13隻など総勢60隻からなるマレー部隊、ベトナムに進駐する陸上航空基地部隊117機の第一航空部隊からなっていた。
　当時のマレーはイギリスの植民地だったが（英領マレー）、イギリスはヨーロッパ大陸でのドイツとの戦いに苦戦を強いられており、アジア方面に兵

力を投入する余裕がなかった。とはいえ、日本のこれ以上の南進を放置しておくわけにもいかず、戦艦をシンガポールに派遣して日本側に圧力をかけることにした。このとき派遣されたのが、イギリスの最新鋭艦で不沈艦と呼ばれたプリンス・オブ・ウェールズ号、巡洋戦艦レパルス号、航空母艦インドミタブル号などからなるZ部隊だった。指揮官は、イギリスの英雄サー・トーマス・フィリップス中将である。

10月下旬に本国を出航したZ部隊はアフリカ大陸の喜望峰を周り、12月2日にシンガポールに到着した。

プリンス・オブ・ウェールズ号がシンガポールに派遣されたことは、すぐに日本軍にも知らされた。イギリスの英知を集めたこの新鋭艦は、3万5000トン超の大型戦艦で、対空砲火のポムポム砲は毎分6000発を発射し、世界に類を見ない装甲の厚さを誇り、そのうえ速力は28ノットという、まさに不沈艦と呼ぶにふさわしい戦艦だった。

極東の防備にプリンス・オブ・ウェールズ号が派遣されるとは思っていなかった日本にとっては、最大の障壁となってしまった。日本が所有する戦艦は、主砲口径はプリンス・オブ・ウェールズ号と同等だったが、発射速度も射程距離もはるかに劣っていたのである。

イギリス艦隊・Z部隊がマレーへ出撃

日本軍が真珠湾攻撃に成功した12月8日、マレーへの上陸を目指す小沢艦隊がマレー半島東岸8カ所に分進上陸した。イギリス軍のマレー半島の要地コタバルでの上陸作戦でイギリス軍の攻撃により3艦が航行不能となったが、ほかの地点では無血上陸に成功した。

日本軍のマレー上陸を知ったフィリップスは、旗艦プリンス・オブ・ウェールズ号に座乗し、レパルス号、駆逐艦エクスプレス号、エレクトラ号、バンパイア号、テネドス号を率いて、日本軍の上陸地点であるシンゴラに奇襲をかけるべく、シンガポールを出航した。しかし、途上で日本の索敵機に発見され、奇襲をあきらめてシンガポールへ向けて反転した。

フィリップス艦隊を発見した小沢中将は、夜襲をかけようと下令したが、軍内の命令伝達が上手くいかず、さらに同士討ちの危険性も高くなり、結局、日本軍も奇襲を中止することになった。

12月10日になって、フィリップスのもとに日本軍がクワンタンに上陸した

との報告が届いた。その知らせは誤報だったが、それを知らずにフィリップスはＺ部隊をクワンタンへ向かわせた。その途上で、フィリップス艦隊は日本軍の第四潜水戦隊の潜水艦に発見されてしまう。

フィリップス艦隊のおおまかな位置を把握した日本軍は、サイゴン基地から元山航空隊の九六式陸攻26機（雷装17、爆装9）を出撃させた。さらに、およそ20分後にはツドウム基地から雷装26機の鹿屋航空隊、1時間半後に雷装8機、爆装25機の美幌航空隊が出撃した。九六式陸攻は、それまでより航続距離を長く設計された新機種だった。

マレー沖の海戦勃発

最初にフィリップス艦隊の上空に到着したのは、美幌航空隊の8機の爆装機だった。美幌航空隊は3000メートル上空から、レパルス号めがけて編隊爆撃を敢行した。美幌航空隊の爆撃はすさまじい水柱を上げ、そのうちの一発

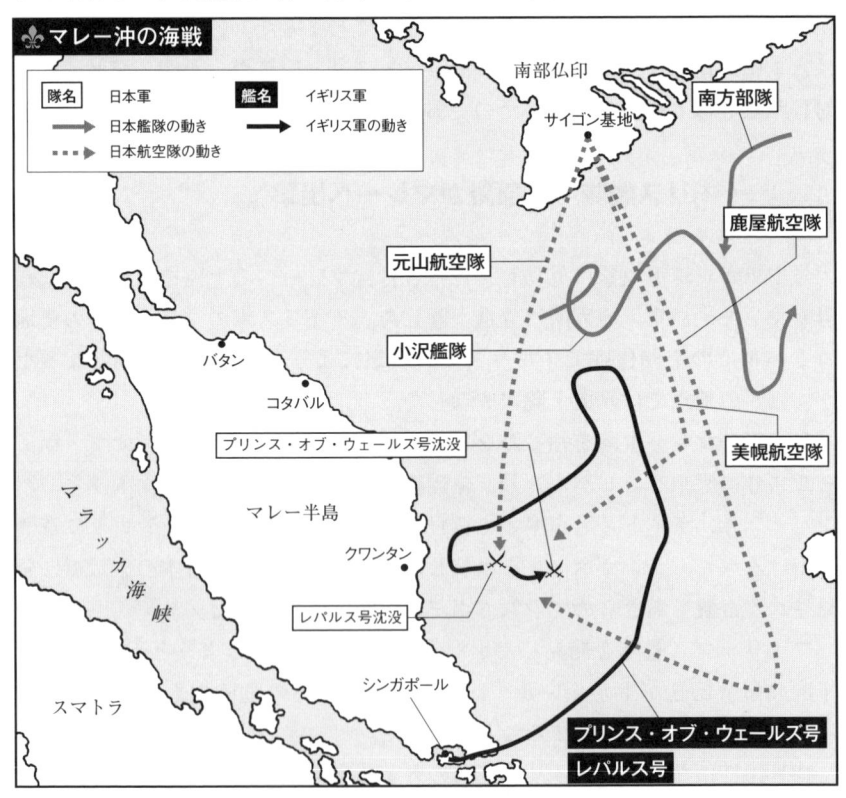

マレー沖の海戦

隊名	日本軍	艦名	イギリス軍
→	日本艦隊の動き	→	イギリス軍の動き
--->	日本航空隊の動き		

南部仏印
サイゴン基地
南方部隊
鹿屋航空隊
元山航空隊
小沢艦隊
美幌航空隊
バタン
コタバル
プリンス・オブ・ウェールズ号沈没
マラッカ海峡
マレー半島
クワンタン
レパルス号沈没
シンガポール
スマトラ
プリンス・オブ・ウェールズ号
レパルス号

がレパルス号に被弾し、中央部に火災を発生した。レパルス号も対空砲火で反撃し、美幌航空隊の２機が被弾した。

　続いて到着したのは元山航空隊、17機の雷撃機だった。元山航空隊は、石原中隊９機と高井中隊８機に分かれ、プリンス・オブ・ウェールズ号とレパルス号めがけて降下していった。フィリップス艦隊は、全艦が対空砲火を撃ち上げて激しい弾幕を張り、これに対抗した。

　この日本航空隊の攻撃は、フィリップスにとっては青天の霹靂だった。それまでの陸上航空部隊の攻撃半径は200海里（約370km）までが常識であり、日本軍基地から450海里（約830km）も離れているマレー沖で攻撃を受けることは、予想外だったのである。フィリップスは、このときシンガポールのイギリス空軍に援軍を求めていたが、航行距離が長すぎることから拒否されていた。しかし、それは日本も同様であるとフィリップスは考え、空からの攻撃には無頓着だったのだ。イギリス軍は、日本軍航空機の能力を過小評価しすぎていた。

　攻撃態勢に入った石原中隊は３つの小隊に分かれ、プリンス・オブ・ウェールズ号に総攻撃を仕掛ける。弾幕をものともしない日本軍に驚いたフィリップスは、急いで回避運動を行った。そのため、第一小隊の二番機が目標を見失い、単独でレパルス号に目標を定めた。また、三番機はプリンス・オブ・ウェールズ号の砲火にさらされ、撃墜された。

　第二小隊と第三小隊は、プリンス・オブ・ウェールズ号の左右からの挟撃で、航空魚雷を放った。放たれた魚雷は見事に命中し、それを確認した高井中隊はレパルス号に狙いを定め、突撃を開始した。

日本空軍優勢　イギリス巡洋戦艦の巨艦が沈む

　被弾したプリンス・オブ・ウェールズ号は、その衝撃で左外側の推進軸に損傷を受け、その応急修理も行わないまま急速転回したため、今度は隔壁が破損、ついには推進軸の破口から浸水がはじまってしまった。さらにスクリューは船体に接触してはじけ飛び、戦闘開始直後に大きなダメージを被った。

　高井中隊は、逃げようと右へ舵を切ったレパルス号の左側面へ魚雷を発射した。同時に、上空4000メートルから元山航空隊の残り６機が、250キロ爆弾を投下する。日本軍の雷爆同時攻撃に、レパルス号も必死の反撃を試みた。レパルス号の滞空砲火によって、５機の爆装が被弾し、雷装３機が被弾

した。
　日本軍の攻撃はさらに続き、今度は美幌航空隊の高橋中隊8機がレパルス号に雷撃を仕掛けた。さらに、鹿屋航空隊が到着し、フィリップス艦隊に突撃した。高橋中隊と鹿屋航空隊は、プリンス・オブ・ウェールズ号の右側面へ雷撃を放ち、敵艦からわずか500メートルの至近距離まで近づいて、激しい攻撃を繰り返した。プリンス・オブ・ウェールズ号は自慢の高速で逃げようとするが、船体のダメージは深刻で思ったようなスピードが出せず、魚雷はプリンス・オブ・ウェールズ号の喫水下の船体を痛めつけた。ぶ厚い装甲をもつプリンス・オブ・ウェールズ号の弱点は、重量のバランスをとるため喫水下の装甲だけは強化されていないことだった。日本軍はそれを知らなかったが、航空魚雷は見事にその弱点を突いた。鹿屋航空隊は、さらに2隊に分かれてレパルス号を挟撃する。また、プリンス・オブ・ウェールズ号の雷撃に成功した雷装も、レパルス号への攻撃へシフトチェンジする。
　総勢20機に及ぶ雷撃、爆撃に対し、レパルス号も砲火を鳴らして応戦するが、ついに魚雷が船体をぶち抜き、レパルス号は大きく左側に傾きはじめた。それでもレパルス号のウィリアム・テナント艦長は攻撃の手をゆるめず、鹿屋航空隊の2機が撃墜された。しかし、テナントの反撃もそこまでで、鹿屋航空隊の攻撃開始からわずか十数分でレパルス号は転覆し、海の底へ消えていった。

イギリス不沈艦プリンス・オブ・ウェールズ号の最期

　プリンス・オブ・ウェールズ号は沈没することなくいまだ健在だったが、28ノットを誇った速度は8ノットにまで落ち、対空砲火の勢いも弱まっていた。日本軍の容赦ない攻撃にさらされ、機械室、発電機室も破壊されてしまい、高角砲の動力は断たれていた。ポムポム砲の操作も困難になり、不沈艦自慢のスピードと火力をもぎ取られてしまった。
　マレー沖の海戦の最後に戦場に到着したのは、美幌航空隊の大平中隊9機と、武田中隊8機だった。両中隊はプリンス・オブ・ウェールズ号めがけて、3000メートル上空から7発の500キロ爆弾を降下し、そのうち2発が艦尾近くに命中した。浸水がとまらない艦尾への命中弾は、なんとかもちこたえていたプリンス・オブ・ウェールズ号にとどめを刺した。
　日本軍の最初の爆撃からおよそ2時間後、プリンス・オブ・ウェールズ号

は艦内で大爆発を起こし、左側へ倒れてフィリップスをともなって海の藻屑となった。このころになって、シンガポールからのイギリス戦闘機バッファロー11機がようやく現場に到着したが、フィリップス艦隊はすでに潰滅しており、時すでに遅かった。

イギリス側の損害は、プリンス・オブ・ウェールズ号とレパルス号という主力艦2隻を失い、840名の戦死者を出した。日本側は、未帰還3機、不時着時の大破1機、修理27機、戦死者21名。当然、喪失艦はゼロである。

マレー沖の海戦の意義

プリンス・オブ・ウェールズ号とレパルス号の消滅は、極東におけるイギリスの威信を失わせるには十分だった。それまで中立だったタイは日本への協力を約束し、日本陸軍のビルマへの進出と、日本海軍のインド洋への進出を許すことにもつながった。

マレー沖の海戦は、日本艦隊がイギリス艦隊と遭遇する前に、はからずも戦艦と航空機の一騎打ちとなった戦いであった。そして、それまでの海戦の常識を覆して航空機が勝利した人類史上初の海戦となった。日本軍による真珠湾攻撃は、動かないアメリカ艦隊を相手にしたものであり、戦闘航行中の戦艦を相手に航空機が正面から勝負を挑んだのは、マレー沖の海戦の日本軍が初めてだった。これから後、海戦の主役は戦闘機へと移っていく。大艦巨砲時代の終焉だった。

しかし、この海戦の戦訓から直後に戦闘機の強化に努めたのは、敗れたイギリスを含む連合軍であり、皮肉にも勝った当事者である日本海軍の首脳部は、大艦巨砲の認識を改めることはできなかった。日本軍が本格的に航空軍備の拡張整備に取り組むのは、ソロモン諸島での航空機消耗戦を経験した1943年後半のことであった。

史上初の空母決戦

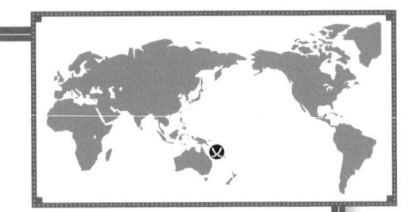

珊瑚海海戦

太平洋戦争の開戦から半年、ついに世界戦史上はじめてとなる空母同士の決戦が行われた。南太平洋の珊瑚海で行われた日本軍とアメリカ軍による海戦は、戦史の新たなる1ページとなった。

- 勃発年 1942年
- 対戦国 日本VSアメリカ
- 兵力 日本：47隻　アメリカ：26隻

日本軍の珊瑚海侵攻作戦

　真珠湾攻撃に続くマレー沖の海戦によって、航空機の有用性が証明され、それまで主力艦隊の補助的な役割を担っていた空母の存在が大きくクローズアップされた。1942年にソロモン方面で起こった珊瑚海海戦は、世界史上はじめての空母同士による海戦である。

　太平洋戦争がはじまってすぐ、南方資源地帯を攻略した日本は、その安全確保とアメリカとオーストラリアとの分断をもくろんだ。その目標となったのが、ニューギニア島の東南岸にある連合軍の要衝、ポートモレスビーとソロモン諸島にあるツラギ島だった。この攻略作戦は「MO作戦」と呼ばれ、これが成功すればオーストラリアを孤立させることができるとともに、太平洋南東方面で航空兵力を全面的に展開でき、有利な戦況をつくり出せる。

　MO作戦の指揮を執ったのは、南洋部隊第4艦隊司令長官・井上成美中将で、原忠一少将率いる第5航空戦隊を主力とするMO機動部隊が編成された。MO機動部隊を指揮するのは、高木武雄中将である。

　対するアメリカは、暗号電報の解読によって日本軍がポートモレスビーへ進撃するという情報をつかんだ。連合軍にとってポートモレスビーは、日本に奪われたフィリピンを奪回するための重要地点でもあり、オーストラリア

との連絡線を確保するためにも、絶対に日本に占領されるわけにはいかなかった。アメリカ太平洋艦隊司令長官ニミッツ大将は、フランク・フレッチャー少将に空母ヨークタウン号、レキシントン号を主力とする第17機動部隊を編成させ、珊瑚海に配置した。

情報が錯綜する日米両軍

　1942年5月3日にツラギへの無血上陸を成功させた日本軍は、翌日ポートモレスビー攻略部隊をラバウルから出航させた。MO機動部隊はすでにソロモン海上におり、ショートランド島にいた五藤存知少将率いる第六戦隊（MO主隊）も攻略部隊に合流するために出航した。

　日本側も索敵機によりアメリカ空母を発見し、MO機動部隊はゼロ戦18機、艦上爆撃機35機、艦上攻撃機24機の攻撃隊を出撃させた。ところが、この索敵は油槽船ネオショー号、駆逐艦シムス号を空母と誤認したもので、現場に到着した攻撃隊は困惑しながらも、ネオショー号とシムス号を撃沈させて帰投した。別の索敵機が、第17機動部隊を発見したのは、攻撃隊が出撃した直後だった。

　一方のアメリカ軍でも、情報が錯綜した。索敵機から「空母2隻、重巡4隻発見」の報告を受け、戦闘機18機、急降下爆撃機52機、雷撃機22機の攻撃隊を発進させた。しかし、この報告は「重巡2隻、駆逐艦4隻」の間違いだった。ただ、アメリカの場合は多少運が良かった。というのも、現場には軽空母・祥鳳号を中心に編成されたMO主隊がいたのである。

　アメリカ軍の攻撃隊は、祥鳳号に集中攻撃を加えた。急降下爆撃機が投下した爆弾13発、雷撃機が発射した魚雷7本が命中し、応戦空しく祥鳳号は爆沈した。この攻撃で、敵の位置が遠くないことを知った第5航空戦隊の原司令官は、艦上爆撃機12機、艦上攻撃機15機の索敵攻撃隊をただちに発進させた。攻撃隊は、アメリカ機動部隊上空に到着したものの、たれこめる厚雲のため敵を発見することができなかった。

　しかし、アメリカ空母のレーダーは、正確に日本攻撃隊の位置をキャッチしていた。そのため、奇襲に近い攻撃をくらって日本攻撃隊は8機を失い帰還せざるを得なくなった。攻撃隊は、搭載した魚雷や爆弾を投棄して母艦を目指したが、その途中でヨークタウン号を自軍空母と間違えてしまい、1機が撃墜された。

4章　空母航空戦時代の海戦　259

珊瑚海海上で両軍の空母が激突

　互いに敵空母の存在を知った両軍は、翌日も夜明けとともに索敵機を発進させた。そして、ほぼ時を同じくして互いに敵機動部隊を発見した。ニミッツ大将はヨークタウン号から戦闘機8機、急降下爆撃機24機、雷撃機9機を、レキシントン号から戦闘機9機、急降下爆撃機22機、雷撃機12機を出撃させ、高木は零戦18機、艦上爆撃機33機、艦上攻撃機18機を発進させた。前日までの戦闘の結果、日本軍は空母2隻、重巡4隻、駆逐艦6隻、使用可能飛行機96機、アメリカ軍は空母2隻、重巡5隻、駆逐艦7隻、使用可能飛行機122機となり、兵力的にはほぼ互角となった。

　先に敵部隊に到着したのは、アメリカ軍の攻撃隊だった。ただし、レキシントン号から発艦した攻撃隊の半数は、燃料搭載の不手際や索敵失敗で現場に到着できなかった。ヨークタウン号から出撃した攻撃隊は、翔鶴号、瑞鶴号に爆撃を開始した。瑞鶴号は、付近のスコールにまぎれることで相手の攻撃を回避したが、翔鶴号は瑞鶴号の後ろ約8キロメートルも離れた位置にあったため、アメリカ軍の集中攻撃を受けることになった。

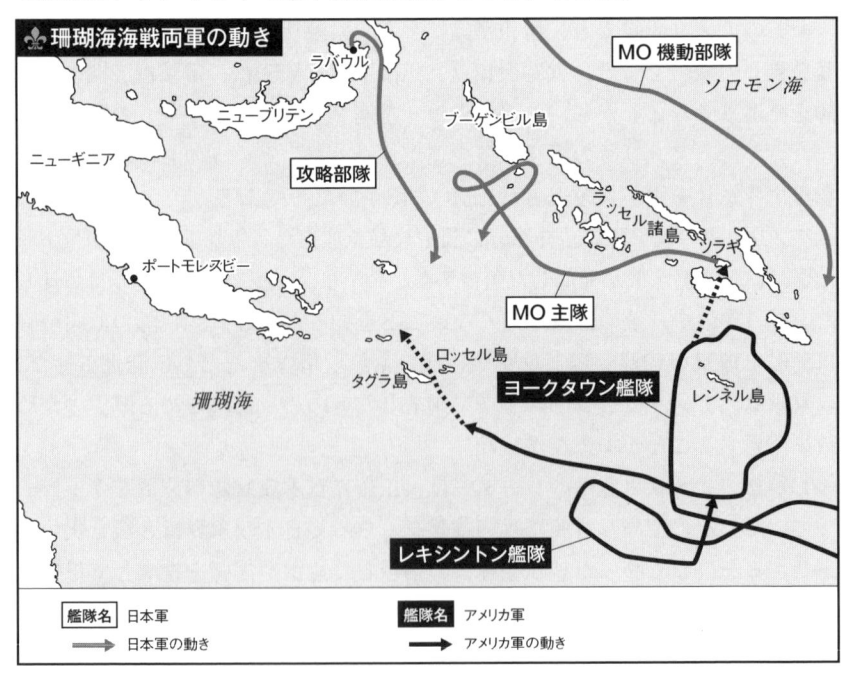

翔鶴号は、雷撃機の魚雷をすべて回避したが、急降下爆撃機が投下した450キロ爆弾3発が命中した。翔鶴号は左舷前甲板、左舷後甲板、前部揮発油庫から火災を発生し、さらに遅れて到着したレキシントン号からの攻撃隊による爆弾が翔鶴号の艦橋に命中、この攻撃で通信機器が破壊され、飛行甲板も破損して航空機の発着機能が不能となった。

　翔鶴号は沈没をまぬがれたものの戦闘不能となり戦線離脱、死傷者223名の犠牲を払うことになった。

　一方、アメリカ艦隊めざして飛行中の日本攻撃隊は、途中で帰投中の1機の味方索敵機と遭遇し、この索敵機の誘導でアメリカ艦隊上空へ迷うことなく到達することができた。攻撃隊は、空母2隻を中心に輪型陣を組んでいるアメリカ機動部隊に対し、敵の重巡と駆逐艦を横目に空母レキシントン号とヨークタウン号に的を絞って、集中砲火を浴びせた。

　艦上攻撃機と艦上爆撃機は、2隻の空母に急降下爆撃と雷撃を同時に開始した。アメリカ艦隊からは、雨を逆さまにしたような激しい対空砲火が行われたが、それをかいくぐって翔鶴号の艦上爆撃隊33機はレキシントン号へ、瑞鶴号の艦上爆撃隊14機はヨークタウン号へ向かい、それぞれ二手に分かれて挟撃態勢に入った。

　レキシントン号は取舵をとって回避運動を行ったが、魚雷2本と爆弾2発に被弾し、ヨークタウン号は爆弾1発に被弾した。この攻撃で、アメリカ側は66名の死傷者を出した。そして、両空母が回避運動を行ったため、輪型陣は大きく乱れ、日本軍にとっては願ってもないチャンスが到来した。しかし、戦場にいた攻撃機のすべてが全弾を投下しつくしており、敵艦にとどめを刺すことはできなかった。

海戦終幕、日本辛勝

　こうして、空母同士による海戦は終わった。アメリカ機動部隊のヨークタウン号は残余部隊を率いて南下していったが、レキシントン号の損傷は激しく、日本軍の魚雷によって航空ガソリンが漏れ出し、ついに引火して大爆発を起こした。消火不能となったレキシントン号は味方艦によって処分され、36機の航空機とともに沈没した。

　日本側は、スコールに逃れた瑞鶴号は無傷だったものの、アメリカ軍に集中攻撃された翔鶴号は内地へ帰還せざるを得ず、また帰還した攻撃機のほと

んどが被弾しており多大なダメージを負っていた。使用可能機は、戦闘機24機、艦上爆撃機9機、艦上攻撃機6機しかなく第二次攻撃は中止され、MO作戦も無期延期となった。

世界史上初の空母決戦の結末

珊瑚海海戦は、物理的損失においては、空母1隻を沈めた日本側の勝利となった。しかし、徹底的な追撃をできなかった日本軍はポートモレスビーを攻略できず、そのことはその後の南太平洋方面の戦局を大きく左右することになった。日本軍のMO作戦を失敗に追い込みポートモレスビーの防衛に成功したと見れば、アメリカ側の勝利である。

日本のMO作戦が失敗に終わった要因は、まず空母を小出しにしたことであった。連合艦隊司令部は、ポートモレスビー攻略は重要な作戦であると認識していたにもかかわらず、南洋部隊に派遣したのは2隻の空母と実戦経験のない航空部隊だけだった。そして、日本の防御体制も雑であった。敵飛行機部隊の襲来を索敵機から打電されていたのに、翔鶴号の周辺には1隻の護衛艦もいなかったのである。

珊瑚海海戦は、それまでの戦艦同士による戦闘ではなく、世界史上初の空母決戦となった。敵の主力艦隊を潰滅させることで終了していた戦争は終わり、これからの新しい海戦のはじまりといえる戦いであった。

Column 8 ── スラバヤ・バタビア沖の海戦

　マレー沖の海戦に勝利した日本軍はマレー半島に上陸すると快進撃を続け、1942年2月15日には難攻不落を誇ったシンガポールを落とした。日本軍の次の目標はオランダ領東インド諸島のジャワ、スマトラ両島となった。

　日本はジャワへ陸上部隊を揚陸させるため、1942年2月25日に輸送船団をボルネオ島東岸バリクパパンから出航させた。これに対して、アメリカはイギリス、オランダ、オーストラリアと連合し、ABDA艦隊を編成した。彼らの主力はジャワ東部のスラバヤに集結し、2月27日には日本軍を迎撃するために出撃した。

　ABDA艦隊の出撃は、すぐに日本軍にも知られた。ジャワへ向かう日本艦隊は軽巡2隻、重巡2隻を含む18隻、迎え撃つABDA艦隊は軽巡2隻、重巡3隻を含む総勢14隻である。日本軍は3隊に分かれて進撃、ABDA艦隊は主力が単縦列に陣取り、その両側に残りの艦を配置して出航した。

　両軍はスラバヤ沖で互いに視認し、日本艦隊の遠距離砲撃で戦いの幕は上がった。両艦隊は、2万メートル以上の距離を保ち、西へ移動しながら並行砲戦を続けた。しかし、両軍とも互いに高速で移動する敵艦に命中弾を与えることはできず、しびれをきらした日本軍指揮官・高木武雄少将は、ついに全軍突撃を下令した。その直後、日本艦隊の放った砲弾がABDA艦隊のエクセター号を直撃し、船体に火災を発生したエクセター号は急速に速度を失った。ABDA艦隊の2番手を走っていたエクセター号は、後続艦が衝突しないように左に転針したところ、この突然の転針を命令と勘違いした後続艦が同じように左に舵を切ってしまった。これにより先頭を走っていたデ・ロイテル号が孤立してしまい、ABDA艦隊の隊列は崩れた。

　高木少将はこの隙を見逃さず、いっせいに魚雷を発射。その1発がオランダ駆逐艦1隻を撃沈した。これを機に日本艦隊は突撃を開始、戦局を有利に進めたが、日没となったため両軍ともに戦闘を中止した。

　日本艦隊は夜のうちにバタビア西のバンダム湾に入泊。そこで再び砲撃戦がはじまった。日本艦隊の集中砲撃を受けたABDA艦隊の重巡1隻、軽巡1隻が撃沈、駆逐艦1隻も海に沈み、バタビア沖の海戦は日本の圧勝のうちに幕を閉じた。こうして日本軍は、なんなくジャワ島への上陸を完遂させたのである。

太平洋戦争の趨勢を決めた海戦
ミッドウェー海戦

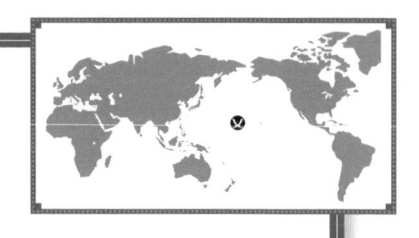

太平洋上に神出鬼没に現れるアメリカ軍空母の殲滅を期して、日本軍はミッドウェー作戦を立案し、日本海軍の全兵力をかけた大海戦が勃発した。

- 勃発年 1942年
- 対戦国 日本VSアメリカ
- 兵力 日本：約84隻（空母4隻）　アメリカ：26隻（空母3隻）

連合艦隊によるミッドウェー作戦が登場

　真珠湾への奇襲を皮切りに戦勝続きだった日本軍の快進撃を止め、太平洋戦争の帰趨を決めるターニングポイントとなった戦いが、ミッドウェー海戦であった。

　戦勝続きとはいえ、太平洋に進出してきたアメリカの機動部隊は、日本軍の前線基地に奇襲攻撃を続け、1942年3月4日には日本本土に近い南鳥島を空襲した。本土の庭先ともいえる南鳥島を攻撃されたことを受け、山本五十六大将率いる連合艦隊司令部はアメリカ軍が本土を空襲する可能性を危惧し、アメリカ機動部隊の殲滅を本格的に研究することになった。そこで計画されたのが、北太平洋のど真ん中に位置するミッドウェー島の攻略占領だった。ミッドウェー島の攻略とともに、アメリカ空母群を海上へ誘い出し、これを殲滅するという作戦である。

　これに対して海軍軍令部（海軍の中央統括機関）は、基地航空隊の航続距離範囲外で援護が難しいことや、たとえミッドウェーを占領しても補給が困難で占領維持できないことを理由に、ミッドウェー作戦に猛反発した。しかし、真珠湾の奇襲を成功させた山本長官が勝算ありと自信をもっているのならという理由で、最終的には軍令部が折れてミッドウェー作戦を採用するこ

とになった。このとき軍令部は、アメリカ軍を分散するためにも、アラスカ半島の先にありミッドウェー島の北方にあたるアリューシャン列島へ同時侵攻する作戦を提案し、連合艦隊司令部もこれを受け入れた。

　こうしてミッドウェー作戦の準備が着々と進められたが、4月18日に日本軍部を驚かせる事件が起こる。アメリカ軍による帝都東京の空襲である。これにより陸軍も海軍も、アメリカ軍空母を殲滅しなければならないことを痛感し、6月7日を作戦実行日と決定した。

　5月27日、ミッドウェー作戦を担当する南雲艦隊が山口県の瀬戸内海沿岸・柱島泊地から出航し、ミッドウェー目指して東進を開始した。その2日後、山本長官が自ら戦艦大和号を率いて主力部隊30数隻を出航させた。また、陽動作戦としてのアリューシャン方面へ、空母隼鷹号を中心とする機動部隊を向かわせた。

　一方のアメリカ軍は、暗号電報を解読して、日本軍のミッドウェー攻略をすでに知っていた。太平洋艦隊司令長官ニミッツ大将は、ミッドウェー島の防備を強化するとともに、3隻の空母をハワイに集め、迎撃体制を整えた。

暗号を解読したアメリカ軍が急襲

　ミッドウェー作戦は日本海軍にとって空前絶後の大作戦であり、連合艦隊はそのすべての兵力をこの作戦に投入した。空母6隻（アリューシャン方面2隻、ミッドウェー方面4隻）、戦艦11隻、巡洋艦23隻という数は、そのいずれもアメリカ軍のそれを上回っていた。また、船舵技術も飛行技術も、当時の日本軍はアメリカ軍をはるかに凌いでいた。

　一方、ニミッツ司令官は、兵力不足、人材不足という現実に直面して悲壮な覚悟を決めていたが、日本軍の情報はすべて筒抜けであり、奇襲にわずかな勝機を見いだしていた。アメリカ空母隊を指揮するのは、レイモンド・スプルーアンス少将となった。

　東進を続ける南雲艦隊が、ミッドウェーの北西約210海里（約388km）に到着したのは、6月5日のことだった。サイパン、グアムからの支援部隊と合流し、南雲は攻撃隊をミッドウェー島に向けて発艦させた。対するアメリカ側は、索敵によって日本の行動をほぼ正確に把握し、南雲艦隊の正確な位置まで知っていた。したがって、アリューシャン方面の陽動作戦にひっかかることなく、全力投球で南雲艦隊の迎撃にあたった。

ミッドウェー海戦の幕が上がる

　日本第一次攻撃隊の接近をレーダーで探知したスプルーアンスは、ミッドウェーの防備を対空砲火のみとし、航空機はすべて日本空母艦隊の撃滅に投入した。第一次攻撃隊がミッドウェー上空に現れたとき、アメリカ航空機隊は全機が退避し終えたあとで、攻撃隊は対空砲火をかいくぐってミッドウェーに爆撃を開始した。この爆撃は、致命的なダメージを与えることができず、第一次攻撃隊指揮官・友永丈市中尉は「第二次攻撃の必要あり」と打電した。この報告を受けた南雲は、基地攻撃の効果が不十分と見て、アメリカ機動部隊に備えた攻撃機の対艦用雷装を、地上攻撃用の爆弾に変更するよう全機に下令した。

　ミッドウェーから発進したアメリカ雷撃機が、南雲艦隊への攻撃を開始したのも、ちょうどそのころであった。アベンジャー雷撃機6機とB26爆撃機4機が南雲艦隊めがけて突撃してきたが、これは上空直衛のゼロ戦部隊にすべて撃墜されてしまった。さらに、ドーントレス爆撃機16機が飛来するも、一発の命中弾も与えることができず6機が落とされた。続けてB17爆撃機16機とビンディケーター爆撃機12機が爆撃を開始したが、いずれも命中弾を与えることなくゼロ戦部隊の迎撃にさらされた。

　南雲は、第一次攻撃隊の出発と前後してアメリカ艦隊の位置を探るべく索敵機を放ったが、空母をともなうアメリカ艦隊はいまだ南太平洋上におり、現れるとしてもミッドウェー攻撃後になるだろうと高をくくっていた。そのため、索敵はもっとも単純な第一次索敵にとどまり、アメリカ艦隊を発見できず、空母戦に対する戦備も士気も欠如していた。しかし、アメリカ艦隊は、南雲の予想をはるかに上回るスピードで、南雲艦隊に接近していた。

　索敵機がアメリカ艦隊を発見するのは、すぐのことだった。約380km先に巡洋艦、駆逐艦各5隻、その後方に空母らしきもの1隻を視認した。この報告に南雲は驚いた。これほどの至近距離に空母が接近しているのは予想外で、対地上用に装填した爆弾を再び対艦用爆弾へと付け替えなければならなくなった。

　空母戦では先制攻撃が雌雄を決することも多く、南雲艦隊の爆弾装填は急がれたが、敵機の爆撃が続いている状況である。上空直衛のゼロ戦部隊は、後から後から押し寄せる敵機の迎撃に手一杯で、空母の護衛にまで手が回ら

ない。そのため、護衛なしで艦上爆撃機36機を飛ばすべきとの意見も出されたが、南雲は雷装の準備が整った攻撃機に護衛をつけるべきだと判断し、この案を却下した。南雲艦隊は第一攻撃隊を収容すると、少しでも時間を稼ごうと高速で北上を開始した。

　この間も、アメリカ空母からは次々と雷撃機隊が来襲し、さらに後続の空母ヨークタウンからも攻撃機隊が出撃、南雲艦隊は爆撃の雨のなか、戦闘準備は遅々として進まなかった。しかし、アメリカ攻撃隊の爆撃、雷撃は南雲艦隊に命中することなく、ゼロ戦部隊によって撃墜された。戦況はアメリカ側に有利なはずだったが、アメリカ軍航空隊の技量は攻撃を成功するには至らなかった。

日本側空母4隻が被弾

　アメリカ側の得意とする戦術は、急降下爆撃だった。ところが、頼みの急降下爆撃隊は南雲艦隊を発見できず、空母エンタープライズ号へ帰投しようとしていた。まさにそのとき、潜水艦を攻撃して本隊へ戻る途中の日本駆逐艦・嵐号を発見したのである。そして、急降下爆撃隊30機は嵐号を追跡し、

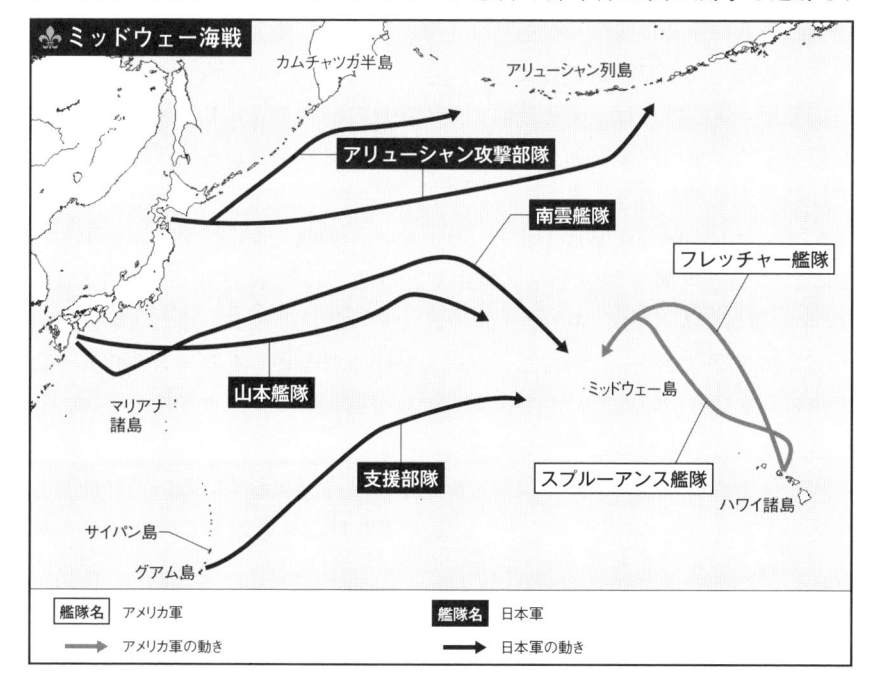

ミッドウェー海戦

（地図：カムチャツカ半島、アリューシャン列島、アリューシャン攻撃部隊、南雲艦隊、フレッチャー艦隊、山本艦隊、ミッドウェー島、マリアナ諸島、支援部隊、スプルーアンス艦隊、ハワイ諸島、サイパン島、グアム島）

艦隊名	アメリカ軍	艦隊名	日本軍
→	アメリカ軍の動き	→	日本軍の動き

4章　空母航空戦時代の海戦　267

ついに南雲艦隊の発見に成功した。

　急降下爆撃隊は、空母赤城号、加賀号に目標を定めて果敢に急降下に移行し攻撃をはじめた。これまで、ゼロ戦部隊の順調な攻撃で、日本軍の注目は低空にばかり集まっていた。そのため、上空への防備が手薄となり、アメリカ側の急降下爆撃を許すこととなった。

　この攻撃で、赤城号は500キロ爆弾2発に被弾、加賀号は4発に被弾する。ほぼ同じころ、ヨークタウン号から出撃した急降下爆撃隊17機も南雲艦隊を発見し、こちらは空母蒼龍号に急降下爆撃を敢行した。この攻撃で、蒼龍号は500キロ爆弾3発に被弾。南雲艦隊は対艦用爆弾への再装填を終え、いよいよ攻撃隊を発進させようとするところだった。空母甲板上には、爆弾を積み終えたばかりの攻撃機が出撃の準備をしており、格納庫には付け替えられた対地上用爆弾が放置されたままだった。そこへ、次々に急降下爆撃による攻撃を受けたものだから、南雲艦隊は大パニックとなった。爆撃により火災を発生させた3隻の空母は、攻撃機や爆弾が次々に誘爆し収拾がつかなくなった。蒼龍号が大爆発を起こして沈没すると、その後に加賀号が爆沈、赤城号も復旧困難のため自沈した。

　南雲は、旗艦を赤城号から軽巡・長良号へ移し、1隻だけ残った空母・飛龍号が頼みの綱となった。飛龍号は、ゼロ戦6機、艦上爆撃機18機をアメリカ空母艦隊へ向けて発進させた。

　この第一次攻撃隊は、発進後約40分で空母ヨークタウン号を発見、これに目標を定めて集中攻撃を加えた。対するヨークタウン号からは、迎撃隊として12機の攻撃機が進発した。

　アメリカ迎撃隊の攻撃はすさまじく、日本の10機の艦上爆撃機が撃墜されたが、この迎撃網を突破した7機がヨークタウン号に急降下爆撃を敢行、250キロ爆弾3発を命中させた。間髪入れず、ゼロ戦6機、艦上攻撃機10機の第二次攻撃隊が戦場に到着し、5機を撃墜されながらもヨークタウン号に2本の魚雷を命中させた。さらに第二次攻撃隊がヨークタウン号を襲い、ヨークタウン号は大破し、戦線を離脱した。

　ちょうどそのころ、アメリカ索敵機が飛龍号を発見していた。スプルーアンスは、エンタープライズ号から急降下爆撃機24機を出撃させた。日本側も、機動部隊最後の空母である飛龍号を沈められるわけにはいかず、必死の応戦を試みたが、ついに500キロ爆弾4発を被弾、先の3隻の空母同様に火災が誘爆を引き起こし大破炎上、戦闘不能となり自沈した。

ミッドウェー海戦、作戦失敗の原因

　空母4隻を沈められるという予想外の大損害に、連合艦隊司令部はミッドウェー作戦の中止を受け入れざるを得なくなった。ミッドウェーの砲撃に向かっていた栗田健男少将率いる第7艦隊は、西へ反転し戦線を離脱しようとした。そのとき、重巡最上号と三隅号が衝突、さらにエンタープライズ号とホーネット号から発艦した急降下爆撃機の攻撃により、三隅号が撃沈された。

　アメリカ側は、傷ついたヨークタウン号を真珠湾へ護衛中、日本軍の潜水艦伊168号による雷撃を受け、駆逐艦ハンマン号とヨークタウン号の2隻を撃沈された。日本側が一矢報いたことになるが、ミッドウェー海戦の結果は、日本軍の予想を裏切る惨敗だった。4隻の空母に搭載されていた飛行機約280機のうち、残存機はなんとゼロである。

　後方から支援するはずの山本長官率いる主力部隊は、まったく戦いに参加することができず、ただ燃料を消費しただけだった。現場の南雲艦隊も、アメリカ艦隊が予想を上回るスピードで接近してきたため、攻撃が後手に回ってしまった。ミッドウェー海戦で被った日本軍の損害は、物理的損害とともに精神的ダメージも大きかった。

　一方、アメリカ軍の作戦も実はかなり雑なものであった。日本軍のミッドウェー侵攻を事前に知っていながら、機動部隊の動きは緩慢であったし、3隻の空母から発進させた航空隊は分散して攻撃したため、ほとんど効果を上げられなかった。急降下爆撃隊が日本の空母群を発見できなかったら、これほどの完勝を収められたかわからなかった。

　この敗戦を機に、日本が優勢だった太平洋戦争の形勢は逆転した。攻勢に転じたアメリカ軍の猛攻に日本軍は防戦一方となり、以降の主導権を完全に手放してしまったのである。

連合軍が太平洋上の要地を確保

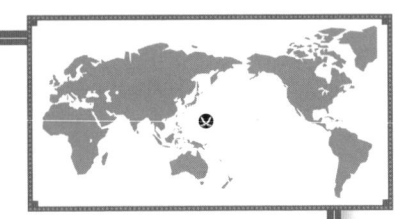

マリアナ沖海戦

攻勢を強めるアメリカ軍に対し、日本軍は防戦一方となる。アメリカは日本本土空襲の足場とするためにマリアナ諸島を急襲し、日本軍を追い詰めていく。

勃発年 1944年
対戦国 アメリカ VS 日本
兵力 アメリカ：97隻（空母15隻）　日本：47隻（空母9隻）

日本軍起死回生の「あ」号作戦発動

　マリアナ沖海戦は、日米の空母機動部隊同士の最後の決戦であり、この海戦に敗れた日本は太平洋の要地をほぼ失うことになる。

　日本はソロモン攻略戦に敗れ、ニューギニア方面の制空権を奪われ、結果ラバウルは孤立した。1943年11月にはギルバート諸島が陥落、翌年1月にはマーシャル諸島にアメリカ軍の上陸を許し、トラック泊地は大空襲をうけてほぼ潰滅し、パラオ諸島、マリアナ諸島への進軍も時間の問題となった。フィリピン方面に上陸を許せば、戦略物資の輸送ルートが崩壊し、マリアナ方面を奪われれば、本土空襲が現実的なものとなってしまう。

　日本軍は、この劣勢の戦況を覆すために、1944年5月3日、「あ」号作戦を発動させた。この作戦は、5月末までに艦隊と基地航空部隊を集結させ、日本軍に有利なパラオ近海で海上決戦を行うというものだった。

　しかし日本軍の案に相違して、アメリカ軍はマリアナ諸島に進撃し、第一目標をサイパン島においた。そして6月11日、サイパン・テニアン・グアム・ロタに対して空襲を開始した。こうして「あ」号作戦は当初のパラオ近海ではなくサイパン沖での決戦への変更を余儀なくされたのである。

　6月15日にサイパンに上陸を開始したアメリカ軍は、ミッチャー中将率い

る空母7隻、巡洋艦改造空母8隻、戦艦7隻、重巡8隻、軽巡13隻、駆逐艦69隻、母艦搭載機約900機という大兵団であった。

　対する日本軍は小沢治三郎中将率いる機動部隊があたり、空母3隻、軽空母6隻、戦艦5隻、重巡10隻、軽巡3隻、駆逐艦29隻、搭載機439機である。兵力はアメリカ軍が日本軍の2倍以上であった。小沢は千歳号、千代田号、瑞鳳号の軽空母3隻、大和号、武蔵号、金剛号、榛名号の戦艦4隻を中心とする艦隊を前衛に配し、軽空母を含む空母6隻、戦艦1隻の主力を後衛に配置し、「あ」号作戦の実行に移った。日本軍の索敵機が、サイパン西方のマリアナ沖にアメリカ艦隊を発見したのは、6月18日の午後だった。小沢は昼戦にもち込むため、翌日の攻撃に向けて戦備を整えた。

マリアナ沖で両軍遭遇

　アメリカ側は、この時点でいまだ日本艦隊を発見することができていなかった。小沢は6月19日、前衛空母からゼロ戦14機、爆装ゼロ戦43機、艦上攻撃機7機を第一次攻撃隊として出撃させた。続いて本隊空母からゼロ戦48機、彗星艦上爆撃機53機、天山艦上攻撃機27機が、さらに9隻の空母から、戦闘機114機が次々に敵艦向けて発艦していった。小沢は、かねてからの計画どおり、アメリカ空母の航空攻撃圏外である300海里（約550km）の距離を保って、アウトレンジ戦法でアメリカ艦隊を壊滅させるつもりだった。

　アメリカ側は、日本軍の正確な位置は把握していなかった。しかし、高性能のレーダーによって日本軍の戦闘機が近づいてくることを察知し、アウトレンジされたことを知った。

　そして本隊より先行していたアメリカ潜水艦アルバコア号が、日本軍の空母を発見し、空母大鳳号の右前方5300メートルの至近距離から6本の魚雷を発射し、そのうち1本が命中した。そのころ、4000メートル上空では、日本軍前衛艦隊の対空射撃により自軍の第一次攻撃隊が誤爆する事故が起こり、編隊は混乱した。

　約1時間後、第三航空戦隊の攻撃隊がアメリカ戦闘機隊と遭遇し、猛烈な攻撃を受けた。アメリカ軍は優秀なレーダーによって、正確に日本機が来る線上に戦闘機を誘導することができたのである。そのため日本機は、あとからあとから襲来する敵機の攻撃によって、突撃しようにも突撃できなかった。それでも数機が猛射をかいくぐってアメリカ艦隊の上空までやってきた

が、VT信管（目標物が一定の範囲内に入ると起爆する信管）という新兵器を装着した高角砲弾によって撃墜された。一機の戦爆機が、戦艦サウスダコタ号に命中弾を与えたが致命傷は与えられなかった。この戦いで、第三航空戦隊は戦闘機8機、爆装機32機、艦上攻撃機2機を失う大損害を被った。

続いて戦場に到着したのは、第一航空戦隊攻撃隊だった。しかし、アメリカ側のグラマン戦闘機の反撃はすさまじく、空中戦はアメリカが主導権を握った。グラマン戦闘機を振り切った数機の攻撃隊がアメリカ空母に集中攻撃を加え、ワスプ号、バンカーヒル号が被弾、火災を発生した。また、天山艦上攻撃機の体当たりで、インディアナ号も損傷を受けた。この機に乗じて天山艦上攻撃機は数本の魚雷を発射したが、そのいずれも命中することはなかった。

結果、日本軍は戦闘機31機、艦上爆撃機41機、艦上攻撃機23機を失う大損害となり、その後にやってきた第二航空戦隊攻撃機は、敵艦隊に到着する前にグラマン戦闘機の猛射にさらされて帰投した。

アメリカ側では、この一方的な勝利を「マリアナの七面鳥射ち」と呼んで喜びをあらわした。

空母3隻が沈み日本軍が敗北

翌日の戦闘に備え、小沢がマリアナ海の中央部で燃料補給を行っていると、そこにアメリカ戦闘機が来襲した。アメリカ軍の攻撃範囲圏外からの攻撃だったため、日本軍は完全に虚をつかれたが、限界を超えた作戦をとったアメリカ戦闘機80機も帰投できずに途上で不時着水した。

その後、第二次攻撃隊がグアム島南西70海里（約130km）に発見されたアメリカ空母へ向けて進撃した。ところが、索敵機の誤報により第二次攻撃隊はアメリカ艦隊にたどり着くことはできなかった。さらに第二航空戦隊攻撃隊は、戦闘機20機、艦上爆撃機27機、艦上攻撃機3機を進発させたが、誤報は訂正されることなく敵艦の発見には至らず、逆にグアム島上空でアメリカ戦闘機隊の奇襲を受けて、戦闘機13機、艦上爆撃機9機、艦上攻撃機3機を撃墜された。

その後、彗星艦上爆撃機9機、戦闘機6機が出撃したが、これもアメリカ側の戦闘機による迎撃にあい、5機が撃墜されて残存機は基地へ帰らざるを得なくなった。

海上でも日本軍の劣勢が続き、母艦・翔鶴号が右舷に4本の魚雷をくらって大火災を発生して、約1時間半後に海中に沈んだ。さらに、その30分後には、帰還してきた戦闘機を収容していた旗艦・大鳳号が、大爆発を起こして沈没した。

　空母2隻と多数の戦闘機を失い、日本軍の戦力は大幅に低下した。戦闘機に至っては、可動可能な機数は100機程度しかなかった。しかし、だからといって戦闘をあきらめることはできない。小沢は、旗艦を空母・瑞鶴号に移して、戦闘機7機を出撃させた。

　一方のアメリカ軍は、母艦エンタープライズ号からTBF艦上攻撃機2機、F6F戦闘機1機を飛ばし、攻撃可能距離ぎりぎりの280海里（約518km）先に日本軍を発見した。そのため、ミッチャーは攻撃隊の帰還距離を縮めるため艦隊を動かし、さらに追加の攻撃隊を出撃させた。このとき発艦した攻撃隊は、F6F戦闘機85機、SBC2C艦上爆撃機51機、SBD艦上爆撃機26機、TBF艦上攻撃機54機という大兵団だった。

　アメリカ戦闘機隊は日本艦隊の現場に到着すると、瑞鶴号めがけて急降下爆撃を開始した。さらに艦上攻撃機の攻撃が加わり、瑞鶴号は集中攻撃を浴

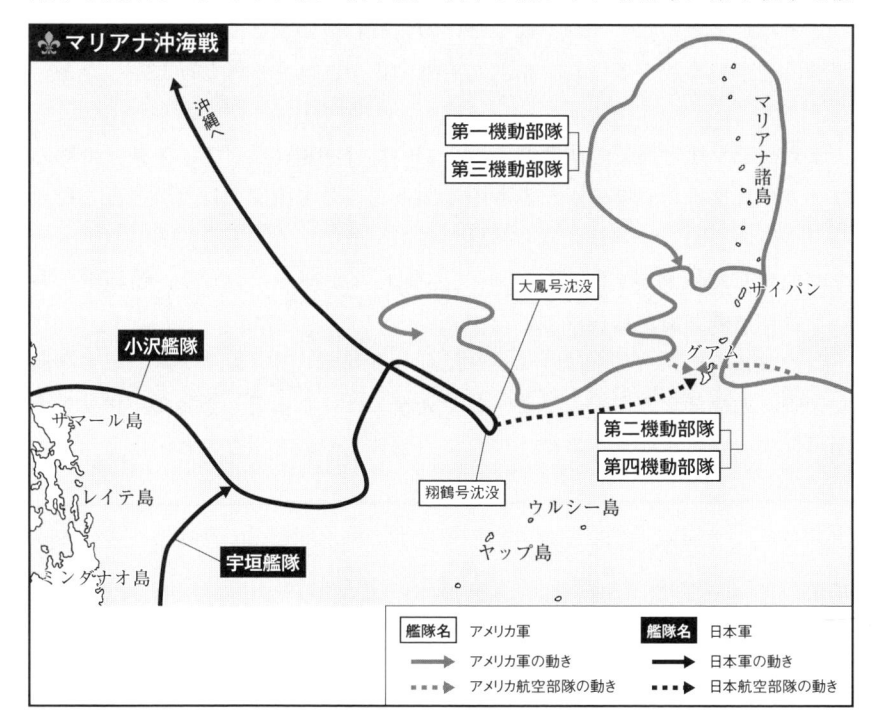

びることになった。瑞鶴号は飛行甲板に爆撃を被弾し、火災を発生させた。

さらに、母艦・隼鷹号(じゅんよう)が煙突に被弾し、戦闘機の発着が不可能になった。飛鷹号(ひよう)も艦上攻撃機の魚雷に被弾して大火災を発生、しばらくして海中へ消えた。補給部隊はワスプ号に捕捉され、油槽船の玄洋丸(げんようまる)は自沈、清洋丸(せいようまる)は被弾して大火災を起こして駆逐艦の雪風号(ゆきかぜ)に処分された。残りの千代田号や榛名号も被弾したが、戦闘航行に支障はなかった。

その上空でも激しい戦闘が行われたが、アメリカ軍の優勢は変わらなかった。未帰還22機、不時着水9機の被害を出し、戦闘の軍配はアメリカに上がった。日本軍の被害は、空母3隻、戦闘機400機だった。日本は、やむなくマリアナ諸島を放棄した。

マリアナ沖海戦の結末

日本にとっては最後となる空母機動部隊同士の決戦となったマリアナ沖の海戦は、日本の完敗に終わった。ここまで圧倒的な差がついた理由のひとつには、将兵たちの練度があった。これまでの戦火の拡大で、有能な人材を失ってきた日本軍には、それを補うだけの人材育成ができていなかった。着艦訓練の最中に事故が多発し、小沢が訓練中止を宣言するほどひどかったという。

また、パラオ近海での決戦を企図していた日本軍にとって、アメリカ軍のマリアナ攻撃は意表をつかれるものであったことも敗因のひとつとなった。

さらに、当時のアメリカ軍の精度の高いレーダーの存在を知らず、アメリカが開発した新兵器VT信管についても知らなかった。つまり、情報戦において日本は戦闘前から負けていた。

この敗戦の結果、日本はサイパンはもとよりテニアン、グアム、ビアク島を失い、太平洋上の要地のほとんどを失うことになってしまった。マリアナ諸島を失った日本は、この後、ひたすら敗戦への道を歩むことになる。

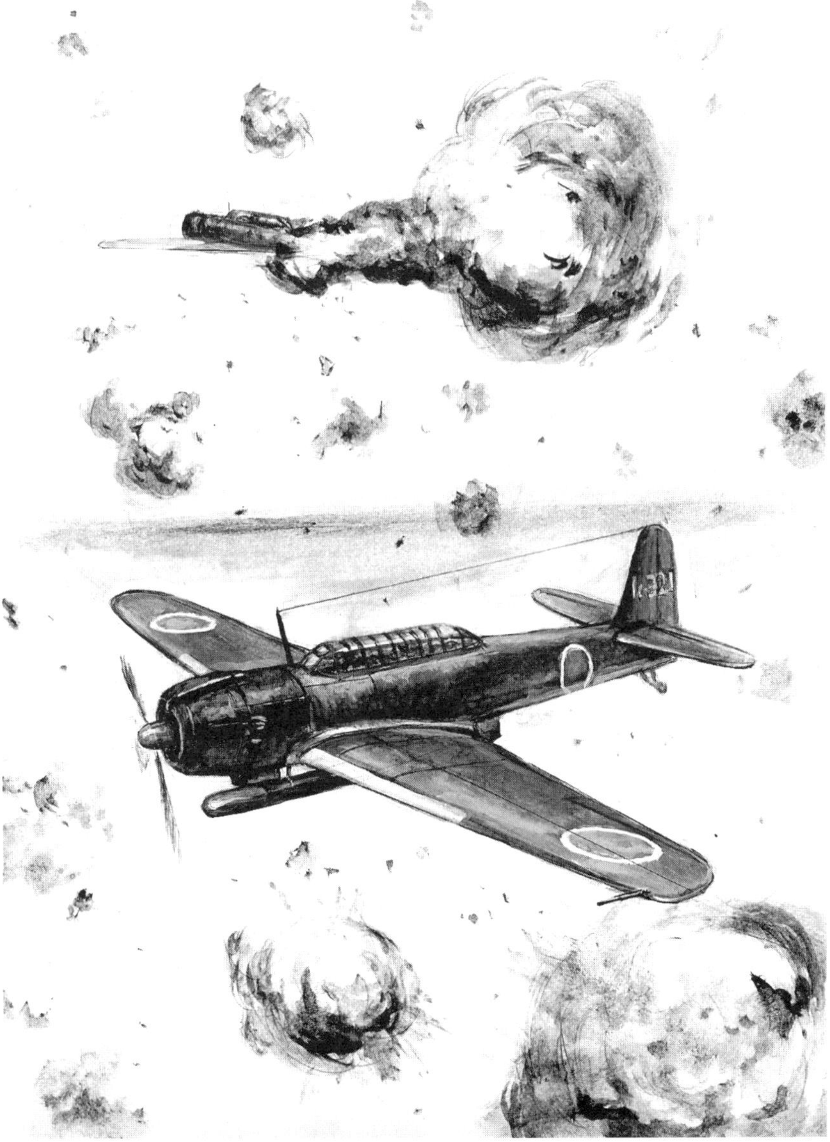

日本海軍、事実上の崩壊

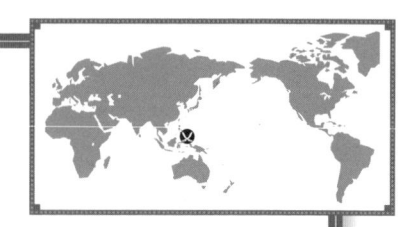

レイテ沖の海戦

太平洋戦争も末期になり、追い詰められた日本軍はフィリピンを絶対国防圏として死守すべく、レイテ島沖でアメリカ軍と激突。戦いは予想外に広域なものとなる。

勃発年 1944年
対戦国 日本 VS アメリカ
兵力 日本：約65隻　アメリカ：約90隻

フィリピンを巡る日米対決

　結果論として、太平洋戦争の勝敗を最終的に決した海戦が、レイテ沖の海戦であった。

　序盤は日本の優勢だった太平洋戦争は、ミッドウェー海戦、ガダルカナルをめぐるソロモン海域における一連の海戦により、主導権はアメリカに移った。アメリカ軍の猛攻はとまらず、日本はマーシャル諸島を奪われ、ニューギニアへの進軍を許し、マリアナ諸島からは撤退、ビルマと中国での侵攻作戦も失敗するなど、敗戦続きであった。

　アメリカはさらなる攻勢をかけ、日本と南方資源地帯との連絡線を分断するために、日本の絶対国防圏であるフィリピンへの攻撃を決め、1944年9月に入ってセブ島、ルソン島を急襲し、10月17日にはレイテ島への上陸をはじめた。

　対する日本は、アメリカの次の攻撃目標がフィリピンである可能性も考慮しており、作戦準備を進めていた。アメリカ軍のレイテ上陸の報に接した日本軍は、フィリピン防衛のための「捷一号作戦」を発動させたが、実際のところ作戦を遂行するための艦隊も航空機も足りていなかった。さらに、アメリカ軍の通商破壊戦により燃料輸送力も欠如しており、各艦隊は本土とマレ

ーのリンガ泊地に分散していた。

　そのため、空母4隻を有する小沢治三郎中将率いる機動部隊・第3艦隊が本土から南下し、おとりとなってアメリカ空母部隊を北方へ誘い出し、その間隙を縫ってリンガ泊地から東へ向かう水上部隊がレイテ湾に突入して、アメリカ上陸部隊を撃滅させることになった。

　水上部隊は、栗田健男中将率いる第1遊撃部隊・第2艦隊がシブヤン海からサン・ベルナルディノ海峡を通り、レイテ湾北から突入、同時に西村祥治中将の別働隊・第2戦隊がスリガオ海峡を通過して、レイテ湾南から突入する手はずとした。しかし、頼みの航空部隊は壊滅状態であり、頭上の援護のないまま作戦を発動させることになった。

西村艦隊のレイテ突入失敗

　栗田、西村両艦隊はリンガ泊地からブルネイ沖に集結し、22日にレイテへ向かって出撃した。

　レイテ周辺には、マッカーサー麾下のトーマス・キンケイド中将率いる第7艦隊と、ウィリアム・ハルゼー大将率いる第3艦隊が待機し、レイテ湾入り口には日本軍の来襲に備えハルゼー艦隊が警戒にあたっていた。

　栗田、西村両艦隊は予定どおりの針路を進撃したが、栗田艦隊が途中でアメリカ潜水艦ダーター号とデイズ号の襲撃を受け、旗艦の愛宕号と重巡摩耶号が撃沈され、重巡高雄号も損傷を負った。しかし、今さら作戦を変更する猶予はなく、栗田は戦艦大和号に旗艦を移し、レイテへ向かった。

　ハルゼーはシブヤン海に栗田艦隊を発見し、戦闘機21機、急降下爆撃機12機、雷撃機9機を進撃させると計5回の空襲を行った。この攻撃に戦艦武蔵号が撃沈、重巡妙高号、戦艦大和号、長門号、榛名号が損傷した。ハルゼー艦隊による航空攻撃はすさまじく、栗田艦隊は反転してシブヤン海を西走した。

　時を同じくして、ハルゼーのもとに北方に小沢艦隊発見の報告が入った。ハルゼーは空母を有する小沢艦隊のほうを主力部隊と考え、栗田艦隊への攻撃を中止して急ぎ北へ針路をとって小沢艦隊を目指した。日本軍のおとり作戦は成功したが、栗田艦隊のダメージは大きく、再反転してレイテ湾へ向かったものの、レイテ湾突入の時間は計画より半日遅れることになってしまった。

　ハルゼー艦隊なきレイテ湾を守っていたキンケイドは、栗田艦隊がレイテ

湾に突入してくることを危惧し、ハルゼーに対してサン・ベルナルディノ海峡を警戒するよう求めた。ハルゼーはいったん要請を快諾したが、小沢艦隊殲滅を優先させるため要請を無視し、全部隊を率いて北上を続け、サン・ベルナルディノ海峡はもぬけの空となった。

　そのころ、西村艦隊はさしたる抵抗もなくスリガオ海峡へ進入し、作戦どおり翌日のレイテ湾突入に備えていた。しかし、栗田艦隊の到着遅延のため、単独での突入となってしまう。

　西村艦隊の動きを察知したキンケイドは、サン・ベルナルディノ海峡はハルゼーが守備していると信じ、こちらも全部隊をスリガオ海峡へ進撃させた。10月25日未明、キンケイド艦隊の魚雷が発射された。西村艦隊は、この魚雷攻撃はなんとか回避したが、続いて駆逐艦による攻撃が行われ、戦艦扶桑号が轟沈した。さらに戦艦山城号が魚雷に被弾し速力を落とし、前進する西村艦隊の前方を塞いだ戦艦6隻、巡洋艦8隻のキンケイド艦隊による砲撃が山城号をとらえ爆沈した。

　このころ、予備隊として内地にいた志摩清英中将率いる巡洋艦部隊が、戦場に到着した。ところが、キンケイド艦隊の砲撃に重巡那智号が操縦不能となり、西村艦隊の重巡最上号と衝突するなど戦場は大混乱に陥った。志摩艦隊は、西村艦隊の残存艦の駆逐艦時雨号を率いて、戦場を離脱するのがやっとだった。こうして、西村艦隊のレイテ突入は失敗に終わった。

小沢艦隊がハルゼー艦隊をおびき出す

　そのころ、ハルゼー艦隊が小沢艦隊に誘い出されたため空っぽになったサン・ベルナルディノ海峡を抜け、栗田艦隊がサマール島から南下してレイテ島へ進軍していた。ハルゼー艦隊が守っていると信じていたサン・ベルナルディノ海峡を難なく通過してきた栗田艦隊に、レイテ湾にいたトーマス・スプレイグ少将は驚愕した。

　栗田艦隊はスプレイグ艦隊を発見するやいなや、3万2000メートルの距離から砲撃を開始した。栗田は、戦艦部隊を大和号と長門号、金剛号と榛名号の2隊に分けて縦列に並べ、その前方に重巡艦隊を配置し、水雷戦隊には両翼から援護させる陣形を取った。航空隊の援護を望めない栗田は、先手必勝、敵艦が艦載機を出動させる前に総攻撃を命じた。

　ところが、総攻撃のため各艦がそれぞれ進軍してしまい、せっかくの陣形

が崩れてしまった。対するスプレイグは護衛駆逐艦に煙幕を張らせ、東へ向けて逃走しながら護衛空母から艦載機を出撃させた。

　栗田艦隊は、スプレイグの護衛空母とレイテ湾の間に入り、逃走するスプレイグを孤立させようとしたが、煙幕に覆われたスプレイグ艦に命中弾を与えることはできず、レイテ湾突入の好機をも逸してしまった。さらに、戦艦、重巡軍がスプレイグを追って東へ針路をとったことに水雷戦隊がついていけず、栗田艦隊も分断されることになった。

　スプレイグの所有する航空機は、ハルゼー艦隊とは違い上陸支援用だったため、栗田艦隊に致命的なダメージを与えることはできなかったが、上空援護のない栗田をあわてさせるには十分だった。駆逐艦ジョンストン号が放った魚雷が重巡妙高号の艦首を破壊し、空襲の集中攻撃を受けはじめた重巡鈴谷号とともに戦線を離脱した。

　さらに、スプレイグ艦を逃走させるために、駆逐艦ホエール号、ヒアマン号が果敢に栗田艦隊に襲いかかった。そして、発射された魚雷を戦艦大和号と長門号が回避するため針路を真北に変更したが、ようやく敵魚雷から逃れたときには敵との距離が大幅にあいてしまった。２隻の戦艦が一時戦場から離脱したため、ほかの艦は集中攻撃を受けることになり、重巡羽黒号、鳥海号、筑摩号が砲撃にさらされて、致命的な損害を受けた。

　しかし、栗田艦隊の追撃戦もすさまじく、スプレイグ艦隊の殿を務めていたガンビア・ベイ号が集中砲火を受けて機関停止、海中に沈み、ホエール号とサムエル・ロバーツ号の２隻の駆逐艦も撃沈した。さらに、フィリピンから発進した神風特別攻撃隊の決死の突撃によって、アメリカ軍の護衛空母２隻が大ダメージを負った。

　そのころ、おとりになっていた小沢艦隊もハルゼー艦隊の猛攻に防戦一方になっていた。母艦瑞鶴号、瑞鳳号、千歳号、千代田号の４隻から出撃できた戦闘機は15機しかなく、またたく間に撃墜された。艦隊への爆撃は続き、千歳号と駆逐艦秋月号が轟沈、瑞鶴号と軽巡多摩号も大損害を受けて戦列から落伍した。

　スプレイグが危機に陥っていたとき、ハルゼーは順調に小沢艦隊を追いつめていた。ところが、そのときスプレイグの危機を知ったキンケイドから、ハルゼーの機動部隊に援軍要請が届いた。ハルゼーは、今が小沢艦隊を殲滅する好機だと踏み、この要請を聞き入れることはなかった。

レイテ沖の海戦の結果と敗因

　スプレイグ艦隊はいまや青息吐息だった。ところが、栗田艦隊の負ったダメージも大きく、栗田はこれ以上の攻撃をあきらめて戦闘を中止した。スプレイグの危機は去ったが、栗田艦隊がレイテ湾に突入するリスクが去ったわけではない。キンケイドは再三にわたってハルゼーに援軍を要請した。それでも動かないハルゼーに対して、ついにハルゼー直属の上司ニミッツも業を煮やして援軍をよこすよう通達した。

　この援軍要請に、さすがのハルゼーも無視するわけにはいかなくなり、小沢艦隊の殲滅はあきらめて反転、レイテ沖へ向かった。しかし、ハルゼーが到着したころには、栗田艦隊はすでに戦闘を中止したあとで、アメリカ軍は結局、小沢艦隊と栗田艦隊の両方を撃ちもらすことになった。

　しかし、小沢艦隊は殲滅を免れたとはいえ、アメリカ機動部隊の残された２個戦隊による６回にわたる攻撃を受け、瑞鶴号と瑞鳳号は撃沈、千代田号

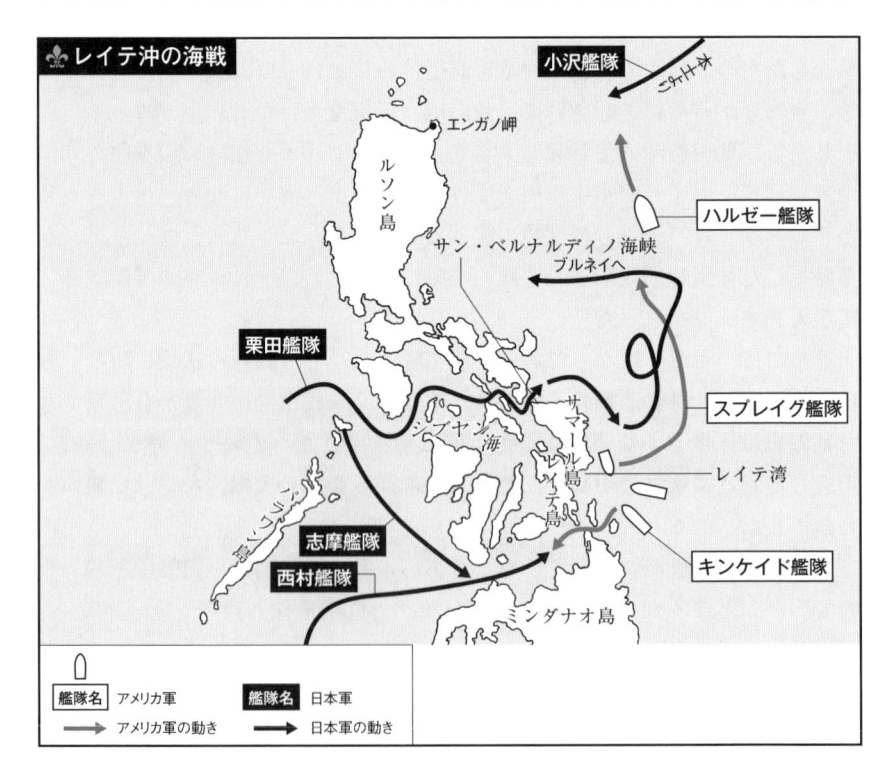

と多摩号も潜水艦の攻撃でとどめを刺される大打撃を被った。

　スプレイグ艦隊と追撃交戦中の栗田艦隊はというと、戦いがあまりに激しくなったために戦場が拡大し、自分たちがどこで戦っているのか、被害と戦果はどうなっているのかといった情報が錯綜し、艦内は混乱に陥った。そのうえ、飛来してくるアメリカ軍の戦闘機が増えたため、栗田は強力な機動部隊が北上に現れたのかもしれないと考えた。そして、２時間も追撃しているのに一向にアメリカ艦隊に追いつかないため、栗田は追撃をあきらめ、再びレイテ沖に向かって進撃をはじめた。ところが、このとき栗田艦隊は、北東沖に敵機動部隊を発見した。距離にして約55キロメートルという至近であったため、栗田は南下中の全艦に反転北上を命令し、敵機動部隊に向かって走りはじめた。しかし、このときその地点にはアメリカ軍はいなかった。そうとは知らない栗田艦隊は、小沢艦隊がしっかりおとり役を果たしていたころ、いるはずのない敵を目指して北上を続けたのだった。栗田艦隊が、なぜこのような誤認をしたのかは、いまだ明らかではないが、栗田艦隊が敵機動部隊を視認する直前に、北方約100キロメートルに敵の正規母艦部隊発見という情報を着電していたことは確かである。

　こうしてレイテ沖海戦は、日本の作戦失敗にて終幕した。アメリカ軍を見つけられなかった栗田艦隊はレイテ湾への再突入もかなわず、ブルネイへ帰還した。

　日本は、この戦いで空母４隻、戦艦３隻、巡洋艦９隻、駆逐艦８隻、潜水艦８隻を失った。一方のアメリカの損害は、軽空母１隻、護衛空母２隻、駆逐艦３隻にとどまった。

　このレイテ沖の海戦のあと、戦いは地上戦へ移っていく。資源輸送ルートを完全に遮断され、戦艦を動かす燃料も枯渇した日本海軍は、これ以降、死に体となる。空母機動部隊の艦載機も潰滅し、その存在意義は消滅した。

　レイテ沖海戦は、その戦場地域の広さ、参戦艦数において史上最大の海戦だった。そして、その規模の大きさから、両軍ともに致命的なミスを犯すことになった。たとえば、おとりの小沢艦隊を主力部隊と見誤ったアメリカ軍提督ハルゼーの失策も、そのひとつである。しかし、アメリカ軍はそのミスを取り戻せるだけの戦力が備わっていたが、日本軍にはミスを許容するだけの余裕がなかった。

世界最大の戦艦・大和が撃沈

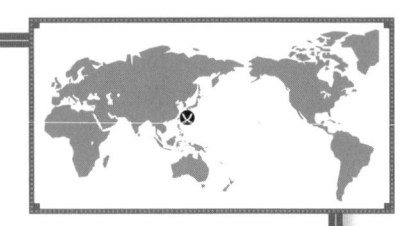

沖縄作戦

沖縄にアメリカ軍の上陸を許した日本は、本土空襲という最悪のシナリオだけは避けるために、戦艦大和を水上特攻に向かわせる。

- **勃発年** 1945年
- **対戦国** アメリカ VS 日本
- **兵力** アメリカ：43隻　日本：10隻

奇跡を信じて戦艦大和が出撃

　レイテ沖の海戦で事実上崩壊していた大日本帝国海軍が、奇跡を信じて太平洋戦争の最後に決行したのが、沖縄作戦であった。

　レイテ沖の海戦の敗北後、日本海軍はまともな艦隊編成を組むことも、作戦を遂行するどころか作戦を立てることすらできなくなっていた。1945年4月、その日本艦隊が最後の戦場に赴くことになる。

　攻勢を強める連合軍は、3月23日から南西諸島に航空攻撃を加え、25日には沖縄西方の慶良間列島に上陸、4月1日には沖縄本土嘉手納海岸に上陸を開始した。連合軍が沖縄攻略のために用意した部隊は、スプルーアンス大将を司令官に、艦船1213隻、兵力45万2000名という大軍だった。この大兵団に対して、日本軍の水際抵抗はほとんどなく、連合軍は2日後には沖縄の飛行場を占領した。

　沖縄を占領されれば、本土決戦という最悪のシナリオが実現してしまう。日本軍はただちに沖縄に上陸したアメリカ軍に総攻撃をかけることを決定し、海軍は戦艦大和号を主力とした海上特攻部隊・第一遊撃隊を編成、4月5日に出陣させた。

　この作戦は、当時の連合艦隊司令長官・豊田副武大将が「うまくいったら

奇跡だ」と述懐したように、無謀な作戦であった。なにしろ、南方からの資源輸送の道をとざされていた日本軍は極度の燃料不足に陥っており、健全な水上艦はわずかしかなく、それも訓練さえできない状態である。そして戦闘機の絶対数も少なくなっており、第一遊撃隊を上空援護する零戦を用意することさえできなかったのである。

アメリカ航空部隊が大和に襲いかかる

4月5日に出航した大和号に随行したのは、軽巡矢矧号、駆逐艦冬月号、涼月号、朝霜号、初霜号、霞号、磯風号、濱風号、雪風号のわずか9隻だけだった。第一遊撃隊は大和号を中心に円形陣を組み、対空戦闘に備えた。しかし、機関故障で朝霜号が遅れはじめ、隊列から離脱。朝霜号はアメリカ軍の第一攻撃隊に発見され、命中弾を3発くらった朝霜号は、あっという間に撃沈された。

翌日、大和艦隊が豊後水道に差しかかる以前に、南九州の各基地から海軍・陸軍の基地航空部隊が出陣し、アメリカ軍へ総攻撃をかけた。駆逐艦3隻を撃沈し、戦艦ノースカロライナ号など30隻を損傷させる戦果をあげたが、大兵団のアメリカ軍にとってはそれほどのダメージとはならなかった。

翌日、第一遊撃隊は秘密裏に徳山を出撃し、豊後水道を通過する。ところが、これらの動きは連合軍の暗号解読によって、すべて筒抜けとなっていた。

4月6日、アメリカ潜水艦が豊後水道を抜けて日向灘に入ってきた第一遊撃隊を発見し、スプルーアンス大将は戦艦10隻、巡洋艦13隻、駆逐艦23隻という大艦隊のデイヨー艦隊に決戦準備を命じた。ほぼ同時に、第58任務部隊を率いるマーク・A・ミッチャー中将は、4隻の空母から216機の攻撃隊を発艦させた。航空援護のない日本艦隊は、この時点ですでに敗色濃厚の戦いを強いられることになった。

戦場上空に到着した空母ベニングトン号から出撃した爆撃機5機が、大和号めがけて急降下爆撃を加えた。大和号は左へ回頭し回避運動を試みたが2発が被弾し、前部副砲、後部副砲付近に火災が発生した。消火している暇もなく、続いて空母ホーネット号の雷撃隊8機が、大和号の左舷めがけて雷撃を開始、うち4本が命中した。さらに、空母エセックス号の攻撃機による爆撃が続き、左前方甲板に被弾した一発が、大和号の艦内部に火災を発生させた。

同時に、大和号以外の艦船への攻撃も激しかった。初霜号と霞号が機銃掃射され、濱風号は５機の攻撃隊からの爆撃を艦中央部に被弾、火災を発生させてまもなく爆沈した。矢矧号は、ベニングトン雷撃隊３機の魚雷攻撃に被弾し、戦線離脱を余儀なくされた。

　円陣形右側に陣取っていた冬月号と雪風号、左側の涼月号は、空母ベローウッド号の戦闘機隊の集中攻撃にあい、航行は可能なものの大ダメージを負った。

　20分後、アメリカ軍の第二波の攻撃が開始された。大和号は回避運動を繰り返したが、空母バンカーヒル号、エセックス号の雷撃隊が両舷からの挟撃態勢で魚雷を発射すると、これを避けきれなかった。大和号は、艦中央部に18本もの命中弾を受け、ボイラーに致命的な損傷を受けてしまった。さらに、後部の命中弾はマスト３本をへし折った。

　大和号も必死に応戦したが、左舷の対空火器に集中砲火を浴びて効果的な攻撃を加えることができなかった。

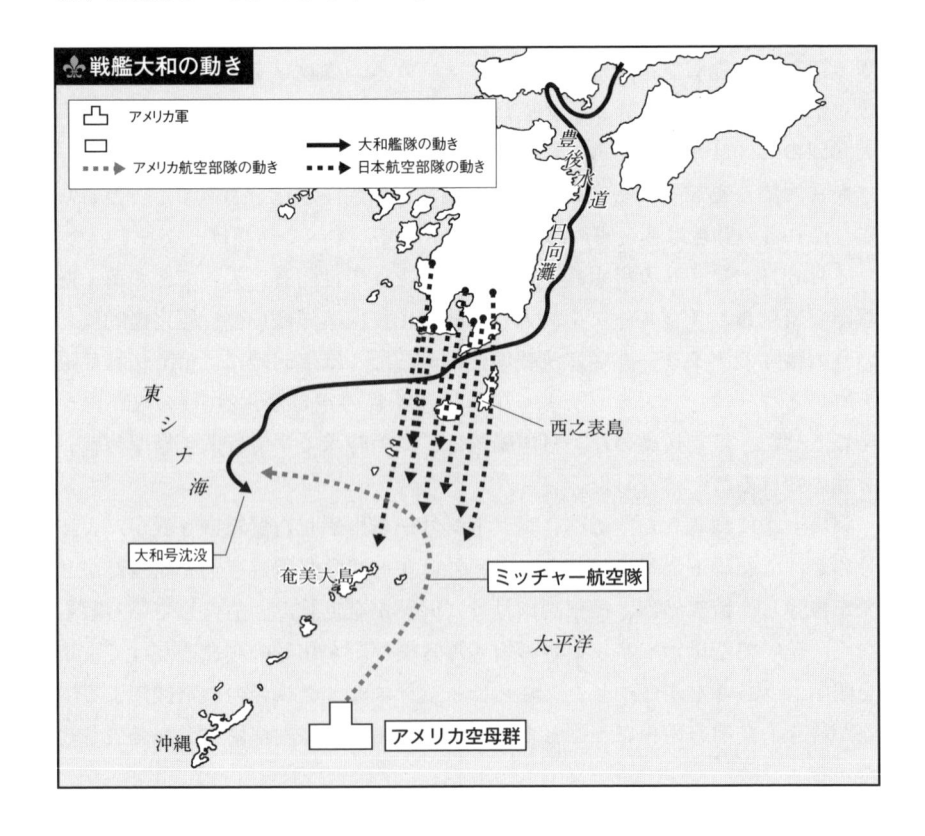

戦艦大和の動き

大鑑巨砲主義の象徴・大和がついに撃沈

　アメリカ軍の第二次攻撃隊105機が戦場に到着したのは約30分後、第一次攻撃隊と入れ替わるタイミングで現れ、日本艦隊に休む暇を与えない。大和号は、すでに左に大きく傾き、速力も10ノットほどにまで落ちながら、それでもなお沖縄を目指して進軍していた。

　空母イントレピッド号、ヨークタウン号、ラングレー号の順に攻撃隊が繰り出され、爆撃隊は大和号めがけて27発の爆弾を投下した。戦闘機隊は、霞号と初霜号に狙いを定めて攻撃を集中した。雷撃隊は、冬月号へ向けて魚雷攻撃を開始した。さらに、戦線離脱した矢矧号がラングレー雷撃隊の魚雷に被弾し、海の藻屑となった。矢矧号の護衛にあたっていた磯風号は、ヨークタウン戦闘機隊、爆撃隊の集中砲火にさらされ戦闘不能に追い込まれた。

　アメリカ軍の猛攻は容赦なく続き、大和号は左舷に5本の魚雷を被弾し速力をさらに落とした。空中援護もない日本軍は、海上で右往左往するしかなかった。不沈艦とうたわれた大和号は、すでにその面影もなく、ヨークタウン雷撃隊の魚雷が、何本も大和号の艦底部で爆発した。大和号はそれでも前進をやめなかったが、やがて大きく左舷に倒れ込んで転覆、船体は真っ二つにへし折れて、激しい爆発音とともに海中へ消えた。このとき発生した火柱は、空中900メートルの雲を突き抜けたという。

　大和号が最後を迎えた場所は、坊ノ岬沖。目的の沖縄まで、あと少しという距離だった。冬月号、雪風号、初霜号、涼月号の4隻は残存したが、涼月号は大破しており、残りの3隻で沖縄に突入することはできず、沖縄作戦は失敗に終わった。

　この戦いにおける日本側の戦死者はじつに2498名にのぼり、一方のアメリカ軍の被害は撃墜6機、戦死者14名、負傷者3名だった。すでに述べたように、この作戦は奇跡を信じるよりほかないものであり、はじめから日本に勝算はない戦いであった。そして、この戦いが日本海軍最後の戦いとなったのである。

付　録

世界海戦史年表

世界海戦史年表

	年	海戦
ガレー船時代の海戦	前497年	**ラーデの海戦** アケメネス朝ペルシアと、ギリシア地方の諸ポリスとの最初の戦い。この海戦が、史上最初の大規模海戦といわれる。
	前480年	**アルテミシオンの海戦**（→22ページ） ペルシア戦争中に起こった海戦。
	前480年	**サラミスの海戦**（→22ページ） ペルシア戦争の趨勢を決した海戦。ギリシア連合軍が大国ペルシアを破った。
	前433年	**シュボタの海戦** ギリシアのポリス、ケルキュラとコリントスとの間で起こった海戦。この戦いがきっかけとなってペロポネソス戦争が勃発した。
	前429年	**リオンの海戦** アテナイ艦隊とデロス同盟連合軍艦隊とが戦った海戦。アテナイ艦隊が勝利した。ペロポネソス戦争のうちのひとつ。
	前413年	**シュラクサイの海戦**（→28ページ） ペロポネソス戦争の初期の海戦で、アテナイ軍が完敗した海戦。
	前405年	**アイゴスポタモイの海戦**（→28ページ） ペロポネソス戦争を事実上終結に導いた海戦。アテナイ海軍は、この海戦によりほぼ壊滅した。
	前394年	**クニドスの海戦** ペロポネソス戦争に勝利したスパルタに対し、コリントスらのポリスが反発して生起したコリントス戦争のうちのひとつ。ペルシアの援助を受けたコリントス連合軍にスパルタ艦隊が敗北。
	前332年	**テュロス攻囲戦**（→34ページ） アレクサンドロス大王のエジプト遠征を可能にした海戦。
	前260年	**ミレー沖の海戦**（→40ページ） 第一次ポエニ戦争の初期に生起した海戦。
	前256年	**エクノムスの海戦**（→40ページ） 第一次ポエニ戦争中の海戦。ミレー沖の海戦に続き、ローマ軍がカルタゴ軍を破る。
	前249年	**リリベウムの海戦**（→40ページ） 第一次ポエニ戦争中の海戦。カルタゴ軍がローマ軍に勝利。
	前201年	**キオスの海戦** アレクサンドロス大王死後のマケドニア王国と反目したロドスとパエリグニが同盟し、パエリグニ沖のキオス島で両軍が激突。マケドニア軍が勝利したが、キオス島を奪取することは叶わなかった。
	前189年	**フォカイアの海戦** ローマ帝国とセレウコス朝シリアが戦った海戦。いわゆるシリア戦争のなかのひとつの戦い。
	前86年	**テネドスの海戦** ルキウス・リキニウス・ルクッルス率いるローマ艦隊と、ネオプトレモス率いるポントス艦隊の間で行われた海戦。ローマ帝国軍が勝利した。
	前56年	**モルビアン湾の海戦**（→47ページ） カエサルによるガリア戦争のひとつ。
	前36年	**ナウロクス沖の海戦** ローマ内乱中の海戦。反カエサル派のポンペイウスと、カエサル派のオクタヴィアヌスが戦い、オクタヴィアヌス軍が勝利。
	前31年	**アクティウムの海戦**（→48ページ） 古代ローマの内乱中に起こった海戦。オクタヴィアヌスがアントニウスを破り、帝位につくきっかけとなる。
	208年	**赤壁の戦い**（→54ページ） 古代中国の内乱。曹操率いる魏が、孫権率いる呉に敗北。
	663年	**白村江の戦い**（→58ページ） 日本と唐・新羅連合軍との海戦。日本にとっては、本格的な対外海戦はこれがはじめてとなった。

	年	海戦名・内容
ガレー船時代の海戦	1066年	**ヘイスティングズの戦い** バイキングのウィリアム公がイングランド本土上陸を画策し、イングランド艦隊を撃破。バイキングがイングランド本土に上陸を果たす。
	1185年	**壇ノ浦の戦い**（→62ページ） 古代日本の内乱。中国地沿岸の壇ノ浦に平氏軍を追いつめた源氏軍が勝利。
	1190年	**第4回十字軍の戦い** イングランドのリチャード一世とサラセン艦隊が地中海で激突。劣勢を覆したイングランド軍が勝利。
	1213年	**ダームの海戦** イングランド艦隊とフランス艦隊がはじめて戦った海戦。
	1274年	**文永の役**（→66ページ） モンゴル帝国が日本に来襲するが撤退。
	1281年	**弘安の役**（→66ページ） モンゴル帝国改め元が、再び日本を襲うが、暴風雨のために撤退。
	1340年	**スロイスの海戦**（→72ページ） 百年戦争勃発のきっかけとなった海戦。イングランド軍がフランス軍を破る。
		サラードの海戦 現在のスペインで繁栄したカスティーリャ王国が、イスラム教勢力マリーン朝を破った戦い。カスティーリャ王国のレコンキスタ（国土回復戦争）のひとつ。
	1350年	**ウインチェルシーの海戦** 百年戦争の英仏海峡の制海権をめぐる戦い。エドワード三世率いるイングランド艦隊が、フランス艦17隻を捕獲して勝利。
	1353年	**コンスタンティノープル港外の海戦** 地中海の海洋国ベネチアとジェノアの間で起こった海戦。65隻を擁したジェノア艦隊が、75隻を率いたベネチア艦隊に勝利。
	1372年	**ラ・ロシェルの海戦** 百年戦争中に起こった海戦のひとつ。フランス・スペイン連合軍がイングランド軍を破った。
	1378年	**アンティウムの海戦** ベネチアとジェノアの争い。ベネチア艦隊がジェノア艦隊を破り、東地中海の制海権はいったんベネチアの手に渡る。
	1416年	**ハーフルーの海戦** 百年戦争中に起こった海戦。イングランド艦隊がフランス艦隊を撃破。翌年にもイングランド艦隊が勝利してイギリス海峡の制海権をイングランドが握った。
	1453年	**マルマラ海の海戦**（→76ページ） オスマン帝国が東ローマ帝国の首都コンスタンティノープルを陥落させ、東ローマ帝国が滅亡した。
	1500年	**レパント沖の海戦** オスマン帝国艦隊とベネチア艦隊との間に起こった海戦。勝利したオスマン帝国はその後、ギリシア沿岸のコロン、モドンなどを占領した。
	1534年	**チュニス沖の海戦** 地中海の制海権をめぐって対立していたオスマン帝国とスペインが、北アフリカのチュニス沖で激突。スペイン艦隊が勝利した。
	1538年	**プレヴェザの海戦**（→82ページ） オスマン帝国の欧州侵攻を食い止めるために、欧州カトリック諸国が連合して当たるが敗北。
	1556年	**江戸湾の戦い** 戦国時代の日本で、関東地方をめぐって北条家と里見家が江戸湾沖で激突。その後も両家は対立しあい、海戦では水軍に長けた里見家が優勢となった。
	1563年	**ボーンホルム海峡の海戦** デンマークとスウェーデンとの戦争である北方七年戦争中の海戦。デンマーク艦隊がスウェーデン艦隊に勝利。
	1565年	**マルタ島沖の海戦** オスマン帝国が、スペインを後ろ盾にもつヨハネ騎士団所領のマルタ島を攻撃。オスマン軍が優位に戦いを進めたが、ヨハネ騎士団もよくもちこたえ、スペインの援軍が到着すると、オスマン軍は撤退した。

	年	海戦
帆走船時代の海戦	1571年	**レパントの海戦**（→86ページ） 欧州へのさらなる侵攻を目指すオスマン帝国を、スペイン艦隊を中心とした欧州連合が破る。
	1582年	**テルセイラ島沖の海戦**（→107ページ） スペインに併呑されたポルトガルの皇位継承者がフランスの援助を受けてスペインに反するが、スペイン艦隊が圧勝。
	1588年	**アルマダの海戦**（→100ページ） スペインの大艦隊がイングランド本土侵攻を画策するが、イングランド艦隊がこれを迎撃し、スペイン艦隊が敗走。
	1591年	**アゾレス諸島沖の海戦** スペイン艦隊とイングランド艦隊との海戦。わずか6隻のイングランド艦隊が、53隻を擁したスペイン艦隊に惨敗。
	1592年	**閑山島沖の海戦**（→108ページ） 豊臣秀吉による文禄の役で起こった海戦。朝鮮軍が、海戦に不慣れな日本軍に勝利。
	1597年	**露梁の海戦**（→108ページ） 慶長の役の後半に生起した海戦。
	1600年	**ニューポールの海戦** スペインからの独立を目指すオランダが、スペイン艦隊を破る。
	1618年	**ジャスク沖の海戦** ペルシアのジャスク港沖で、イングランド艦隊とオランダ艦隊が激突。イングランド艦隊が勝利し、イングランドがアラビア海の制海権を握った。
	1631年	**スラークの海戦** オランダ南西部のスラーク沖で、オランダ艦隊とスペイン艦隊が激突。オランダ艦隊が、スペイン艦隊90隻を撃破した。
	1639年	**ダウンズ沖の海戦** フランスと同盟を結んだオランダが、イギリス艦隊をほぼ全滅に追い込んだ海戦。オランダの独立が列国の間で承認されるきっかけとなった。
	1649年	**ダーダネルス海峡の海戦** オスマン帝国とベネチアが地中海の覇権をめぐって起こした海戦。ベネチア艦隊がオスマン帝国艦隊を撃破。
	1652年	**ドーバー沖の海戦** イングランド艦隊とオランダ艦隊がドーバー沖で衝突。決着はつかなかったが、第一次英蘭戦争のきっかけとなった。
	1653年	**ポートランド沖の海戦**（→116ページ） 第一次蘭英戦争中に起こった海戦。イングランド艦隊がオランダ艦隊を破った。
		ガバード・バンクの海戦 イングランド艦隊とオランダ艦隊の戦い。このとき、イングランドのブレイク艦隊が、史上はじめて単縦陣を組んだといわれる。
	1665年	**ローエストフト沖の海戦** イングランド艦隊とオランダ艦隊が再び激突し、オランダ艦隊が惨敗を喫する。第二次蘭英戦争のきっかけとなった海戦。
	1666年	**四日海戦** ドーバー海峡北方のノース・フォーランド沖で、イングランド艦隊とオランダ艦隊が戦った海戦。6月11日から14日まで4日間継続されたため、四日海戦と呼ばれるようになった。イングランド艦隊が敗退。
	1672年	**ソールベイの海戦** 同年にはじまった第三次蘭英戦争、最初の海戦。オランダ艦隊が約90隻、イングランド艦隊が95隻をそろえる大海戦となり、オランダ艦隊が勝利。
	1673年	**テクセル沖の海戦** 第三次蘭英戦争中に発生した海戦。オランダ艦隊と英仏艦隊が激突し、オランダが英仏艦隊の上陸作戦を阻止した。
	1677年	**ケーイェ湾の海戦** バルト海の覇権をめぐるデンマークとスウェーデンとの戦争中に起こった海戦。デンマーク艦隊が勝利し、以後の争いはデンマークが優位に立った。
	1689年	**バントリー・ベイの海戦** イングランドから亡命中のジェームズ二世をアイルランドに上陸させたフランス艦隊36隻と、イングランド艦隊21隻がアイルランド南西のバントリー・ベイで激突。フランス艦隊が勝利。

帆走船時代の海戦	1690年	**ビーチ・ヘッド岬の海戦**（→122ページ） フランスのルイ14世の対イングランド侵攻作戦にともなう海戦。ツールヴィル率いるフランス艦隊がイングランド艦隊を破る。
	1692年	**ラ・オーグの海戦**（→122ページ） ルイ14世とイングランドの戦い。
	1702年	**ヴィゴ湾の海戦**（→128ページ） スペイン継承戦争中に起こった海戦。
	1704年	**マラガの海戦** スペイン継承戦争最大の海戦。英蘭連合軍と仏西連合軍がスペインのマラガ沖で激突。英蘭連合軍が、仏西連合軍のジブラルタル上陸を阻止した。
	1708年	**カルタヘナ沖の海戦** 南米コロンビアのカルタヘナ沖合で、イングランド艦隊とスペイン艦隊が激突。イングランド艦隊が勝利。
	1714年	**ハンゲの海戦**（→127ページ） バルト海の覇権をめぐる大北方戦争中に起きた海戦。ロシア帝国艦隊がスウェーデン艦隊を撃破。
	1718年	**パッサロ岬の海戦** 地中海の覇権奪回をもくろむスペインが、シチリア島南東のパッサロ岬沖でイングランド艦隊と衝突。イングランド艦隊が勝利し、その後、両国は戦争状態に突入。
	1744年	**トゥーロンの海戦** オーストリア継承戦争中の海戦。南フランスのトゥーロン沖の地中海で行われた、スペイン艦隊とイギリス艦隊による海戦。フランス艦隊がスペイン軍の援軍にかけつけ、イギリス艦隊が撤退。
	1747年	**第一次フィニステレ岬の海戦** オーストリア継承戦争における海戦。イギリス艦隊とフランス艦隊が激突し、イギリス艦隊が勝利。
	1756年	**ミノルカ島の海戦** 七年戦争初期に生起した海戦。フランス・スペイン連合軍が、イギリス艦隊のミノルカ島救援を阻止し、ミノルカ島は陥落した。
	1758年	**クッダロール沖の海戦** インドの領有権をめぐるイギリスとフランスの対立の結果生起した海戦。勝敗は決しなかったが、フランスがクッダロールの占領に成功。
	1759年	**ラゴス湾の海戦**（→132ページ） 七年戦争中に起こった、イギリスとフランスによる海戦。
		キベロン湾の海戦（→132ページ） ラゴス湾の海戦に続いて起こった、イギリスとフランスによる海戦。
	1778年	**第一次ウェサン島の海戦** アメリカ独立戦争中に起こった、イギリスとフランスによる海戦。
	1780年	**サン・ヴィンセント岬の海戦** アメリカ独立戦争の一部。スペインとイギリスによる海戦。
	1781年	**ドッガーバンクの海戦** アメリカ独立戦争中に起こった海戦。イギリス艦隊とオランダ艦隊が北海の通商保護をめぐって激突し、イギリス艦隊が勝利。
		第二次ウェサン島の海戦 フランス護送船団とイギリス艦隊の間で起こった海戦。
		チェサピーク湾の海戦（→138ページ） アメリカ独立戦争中の海戦。フランス艦隊とイギリス艦隊が戦い、フランス艦隊が勝利。
	1782年	**セイント諸島の海戦** アメリカ独立戦争中に起こった、フランス軍とイギリス軍による海戦。フランス軍が優位に戦いを進めたが、決着はつかなかった。
		ドミニカの海戦 イギリス艦隊がフランス艦隊を破り、これにより西インド海域はイギリスが制圧した。
	1790年	**スヴェンスクスンドの海戦** ロシア帝国とスウェーデンとの戦争中に起こった海戦。スウェーデン艦隊がロシア艦隊に勝利し、その結果、両国は講和した。
	1794年	**6月1日の海戦**（→144ページ） フランス革命初期に起こった海戦。

帆走船時代の海戦	1797年	**キャンパーダウンの海戦** フランス革命によってフランスと対立したイギリスと、フランス側についたオランダが戦った海戦。この海戦に勝利したイギリスが北海の制海権を握った。
	1798年	**ナイルの海戦**（→150ページ） ナポレオン戦争中の海戦。イギリスの英雄ネルソンの活躍でイギリス軍が勝利。
	1801年	**コペンハーゲンの海戦**（→149ページ） ナポレオン戦争中の海戦。イギリス艦隊がデンマーク艦隊を破る。
		トリポリ戦争（→156ページ） アメリカ軍と北アフリカのバーバリ諸国・トリポリとの戦争。
	1804年	**サンタマリア岬沖の海戦** ポルトガル南端のサンタマリア岬沖で、イギリス艦隊とスペイン艦隊が衝突。
	1805年	**フィニステレ岬の海戦** ナポレオン戦争中に生起した海戦で、イギリス艦隊とフランス・スペイン連合軍艦隊が戦った海戦。イギリス艦隊の勝利。
		トラファルガーの海戦（→162ページ） フランス軍とイギリス軍の戦い。ネルソンが再びフランス艦隊を破った。
	1812年	**プット・イン湾の海戦**（→168ページ） 米英大西洋戦争中に起こった海戦。
	1827年	**ナヴァリノ湾の海戦**（→174ページ） ギリシア独立戦争中の海戦、英仏露の三国がオスマン帝国と対決。
	1833年	**サン・ヴィンセント沖の海戦** ポルトガル内戦中の海戦。
	1839年	**アヘン戦争**（→178ページ） アヘンの密輸入をめぐってイギリスと清が対立して生起した海戦。
装甲艦時代の海戦	1853年	**シノープの海戦**（→190ページ） クリミア戦争中に起こった海戦。ロシア帝国とオスマン帝国が対決。
	1862年	**ミシシッピー川の戦い**（→194ページ） アメリカの内戦、南北戦争中の戦い。
	1863年	**薩英戦争** 日本の薩摩藩とイギリスが鹿児島湾で戦った海戦。イギリス艦隊が勝利したが、その後イギリスと薩摩藩は接近し、幕末から明治維新にかけて薩摩藩はイギリスの援助を受ける。
	1864年	**ヘルゴラントの海戦** デンマーク戦争中に、ヘルゴラント半島沖で起こった海戦。デンマーク軍と、オーストリア・プロイセン連合軍が激突し、デンマークが勝利。
	1866年	**リッサ沖の海戦**（→198ページ） 普墺戦争中の海戦。イタリア軍とオーストリア軍が対決し、オーストリア軍が勝利。
	1867年	**品川・阿波沖の海戦**（→204ページ） 幕末日本で起こった内戦。
	1869年	**箱館戦争**（→209ページ） 旧幕府艦隊と明治新政府海軍が戦った日本の内戦。
	1879年	**イチケの海戦**（→210ページ） チリとペルーによる戦い。
		アンガモスの海戦（→210ページ） イチケの海戦に続くチリとペルーによる海戦
	1894年	**黄海海戦**（→214ページ） 日清戦争勃発直後の海戦。日本がはじめて経験した近代海戦。
	1898年	**マニラ湾の海戦** 米西戦争のうちのひとつの戦い。スペインのアジア方面の艦隊は、この海戦によって壊滅した。
	1905年	**日本海海戦**（→220ページ） 日露戦争の趨勢を決した海戦。
	1914年	**コロネル沖の海戦**（→228ページ） 第一次世界大戦中の海戦。
		フォークランド沖の海戦（→228ページ） コロネル沖の海戦で敗れたイギリス軍がドイツ軍に勝利。

時代	年	海戦
装甲艦時代の海戦	1916年	**ユトランド沖の海戦**（→234ページ） 第一次世界大戦中に起こった、水上艦同士の史上最大の海戦。
	1918年	**タリン沖の海戦** 第一次世界大戦後のイギリス軍とソ連軍による海戦。
	1937年	**シェルシェル岬沖の海戦** スペイン内戦中の海戦。
	1938年	**パロス岬沖の海戦** スペイン内戦中最大の海戦。人民戦線側が勝利したが、陸上の戦闘には影響を与えなかった。
	1939年	**ラプラタ沖の海戦**（→240ページ） 第二次世界大戦劈頭に起こった海戦。
	1940年	**カラブリア沖の海戦** 第二次世界大戦中に地中海で起こった海戦。イギリス艦隊とイタリア艦隊が交戦し、イギリス艦隊が勝利。
	1941年	**コーチャン島沖の海戦** 第二次世界大戦中の海戦。フランス海軍とタイ海軍が戦った。フランスが勝利。
		マタパン沖の海戦 第二次世界大戦中の海戦。イギリスによるギリシアへの部隊輸送を妨害するためにイタリア艦隊が出撃し、ギリシア南部のマタパン岬沖でイギリス艦隊と激突。イギリス艦隊が勝利し、東地中海の制海権を握った。
空母航空戦時代の海戦	1941年	**ハワイ沖の海戦** 日本軍がハワイ島の真珠湾のアメリカ軍を攻撃し、太平洋戦争が勃発した。
		マレー沖の海戦（→252ページ） 日本の艦隊航空機がイギリス戦艦を破る。
	1942年	**ジャワ島沖の海戦** 日本軍がアメリカ・オランダ連合軍と交戦し、日本艦隊が勝利した。
		バリ島沖の海戦 日本軍とアメリカを中心とした連合軍との海戦。ジャワ島沖の海戦に続き、日本艦隊が勝利。
		スラバヤ沖海戦（→263ページ） シンガポールを攻略した日本軍が、破竹の勢いで連合軍を撃破。
		セイロン島沖の海戦 インド洋まで戦域を広げた日本軍と、イギリス艦隊との海戦。日本軍が勝利。
		珊瑚海海戦（→258ページ） 日本軍とアメリカ軍による海戦。世界史上初の空母決戦。
		ミッドウェー海戦（→264ページ） 日本軍がアメリカ軍に敗北し、太平洋戦争の転換点となった海戦。
		ガダルカナル島攻防戦 ソロモン諸島のガダルカナル島をめぐる日本とアメリカによる一連の海戦。ソロモン海戦、サヴォ島沖の海戦、南太平洋海戦、ルンガ沖夜戦などの海戦が立て続けに起こり、その結果、アメリカがガダルカナル島を確保。
	1943年	**アッツ島沖の海戦** アリューシャン列島のアッツ島をめぐる日本軍とアメリカ軍による海戦。日本軍がアメリカ軍を追いつめるが、単純ミスや錯誤を続発させた日本軍がこれを取り逃がした。
		ノール岬沖の海戦 第二次世界大戦におけるイギリスとドイツによる海戦。北極圏に近い海域で両艦隊が激突し、イギリス艦隊が勝利。
	1944年	**マリアナ沖海戦**（→270ページ） 日本軍とアメリカ軍による海戦。アメリカ軍が勝利し、日本はサイパン島を放棄した。
		レイテ沖海戦（→276ページ） 日本艦隊とアメリカ艦隊がフィリピン諸島沖の広大な海域で激突した海戦。
	1945年	**沖縄作戦**（→282ページ） 日本海軍による最後の海戦。沖縄に上陸したアメリカ軍に対して、戦艦大和を出撃させた日本軍が敗れる。

※ページ数は本書で紹介している海戦。

索引

あ

アーク・ロイヤル号 ……………………………… 101
アーナード号 ……………………………………… 180
アームストロング砲 ……………………………… 208
アイアン・デューク号 ……………………… 237,238
アイオリス ………………………………………… 28
アイギナ …………………………………… 22,24,26
アイゴスポタモイの海戦 …………………… 28-33
アイザック・ブロック …………………………… 169
アウグストゥス …………………………………… 52
赤城号［明治時代］………………………… 216,217
赤城号［太平洋戦争］…………………………… 268
秋月号 ……………………………………………… 279
秋津洲号 …………………………………………… 214
秋山真之 …………………………………………… 223
アキリーズ号 ………………………………… 241,242
アクティウムの海戦 ………………………… 48-52
アグリッパ …………………………………… 50,51,52
アケメネス朝ペルシア …………………………… 22
朝霜 ………………………………………………… 283
朝陽丸 ……………………………………………… 209
浅間号 ……………………………………………… 230
アシール号 ………………………………………… 167
アシュリー号 ……………………………………… 241
愛宕号 ……………………………………………… 277
アテナイ ………………… 22,23,25,27,28,29,30,31,32,33,34
アドミラル・シェーア号 ………………… 240,241
アドリア海の海戦 ………………………………… 239
アビュドス ………………………………………… 31
アフォンダトーレ号 ………………… 200,202,203
アブタオ号 ………………………………………… 210
アブラクシン ……………………………………… 127
阿倍比羅夫 ………………………………………… 59
アフリカ・シェル号 ……………………………… 241
アヘン戦争 …………………………………… 178-183
アメリカ ……… 138,139,140,141,142,143,145,156,157,158,
　　　 159,160,161,168,169,170,171,179,194,204,
　　　 220,228,247,252,258,259,260,261,262,263,
　　　 264,265,266,267,268,269,270,271,272,273,
　　　 274,276,277,279,280,281,283,284,285
アメリカ独立戦争 ………………………………… 139
アラドス …………………………………………… 36
アリヨール号 ……………………………………… 226
アルキビアデス ………………………… 29,30,32,33
アルジェリア ………………………… 82,87,156,161
アルテミシオンの海戦 ……………………… 24,25
アルトマルク号 …………………………………… 241
アルバコア号 ……………………………………… 271
アルマダの海戦 ……………………… 95,96,100-106
アルミランテ・コクラン号 ………………… 210,213
アルモンデ ……………………………………… 129,131
アレクサンダー号 ………………………………… 154
アレクサンドル三世号 …………………………… 226
アレクサンドロス大王 ……… 33,34,35,36,37,38,39

アンガモスの海戦 …………………………… 210-213
安骨浦の海戦 ………………………………… 112,113
アンティオコス ……………………………………… 32
安徳天皇 …………………………………………… 63,65
アントニウス ……………………………… 48,49,50,51,52
アントニオ・デ・ポルトゥガル ……………… 107
アンドリュー・ジャクソン ……………………… 173
アンバチュークス号 ……………………………… 125
伊168号 …………………………………………… 269
葦原君臣 …………………………………………… 60
イオニア ……………………………………… 22,25,27,28
イオニアの反乱 …………………………………… 22
イギリス … 96,98,132,133,134,135,136,137,138,139,140,
　　　 141,142,143,144,145,148,149,150,151,153,154,
　　　 155,162,163,164,165,166,167,168,169,170,171,
　　　 172,173,174,175,178,179,180,181,182,183,186,
　　　 187,188,190,191,192,193,210,211,220,227,228,
　　　 230,231,232,233,234,235,236,237,238,239,240,
　　　 241,242,244,247,248,252,253,255,257,263
生駒号 ……………………………………………… 230
イズムルード号 …………………………………… 226
出雲号 ……………………………………………… 230
磯風号 …………………………………………… 283,285
イタリア ……… 187,198,199,200,201,202,239,247,248
イチケの海戦 ………………………………… 210-213
一の谷の戦い ……………………………………… 62
厳島号 ……………………………………………… 216
イッソスの戦い …………………………………… 35
伊東祐亨 ……………………………………… 215,217,218
井上成美 …………………………………………… 258
伊吹号 ……………………………………………… 230
イブラヒム・パシャ …………………… 175,176,177
インヴィンシブル号 ………………… 230,232,237
イングランド …… 72,73,74,75,95,96,100,101,102,103,104,
　　　 105,106,116,117,118,119,120,122,123,
　　　 124,125,126,128,129,130,131
インディアナ号 …………………………………… 272
インディファティカブル号 ………………… 235,237
インディペンデンシア号 ……………… 211,212,213
インドミタブル号 ………………………………… 253
イントレピド号 …………………………………… 159
インフレキシブル号 ………………………… 230,232
ヴァルナ号 ………………………………………… 196
ヴァロワ朝 ………………………………………… 72
ウィトゲフト ……………………………………… 221
ヴンガード号 ………………………………… 151,154
ヴァンジュール・ド・プーブル ……………… 147
ヴィクスン号 ………………………………… 157,158
ヴィクトリー号 ……………………… 98,165,166,167
ヴィゴ湾の海戦 ………………………………… 128-131
ウィット …………………………………………… 117
ヴィラレー ………………………………… 145,146,148
ウィリアム三世 …………………………………… 122
ウィリアム・テナント …………………………… 256
ウィリアム・ハウ ………………………………… 139
ウィリアム・ハル ……………………………… 169,170
ヴィルヌーヴ ………………………………… 155,164,165
ヴェネティ族 ……………………………………… 47
上村彦之丞 ………………………………………… 226

ウェルズリー号	180
ウォースパイト号	235
ウルグアイ	243
蔚山沖の海戦	222
ウルチ・アリ	87,89,90
エイジャックス号	241,242,243,244
英蘭戦争	116,120
エヴァッツェン	117,118
エヴェルセン	123
エオル号	147
エクスプレス号	253
エクセター号	241,242,243,244,263
エクノムスの海戦	40,43,44,45
エジプト	48,49,50,52,150,151,152,153,174,175,176,177
エスメラルダ号	210,211,212,213
エセックス号	283,284
エドワード号	73
エドワード三世	72,73,74,75
エニュロス	36
NJフィヨルド号	235
榎本武揚	207,208,209
エピロス	41
エムデン号	228
エリザベス一世	100
エルビング号	235
エレクトラ号	253
エレトリア	22,23
エレファント号	127
エンタープライズ号［トリポリ戦争］	157
エンタープライズ号［太平洋戦争］	267,268,269,273
オイギンス号	210,211
横帆	16,94
オーストラリア	241,258,263
オーストラリア号	230
オーストリア	122,128,132,133,144,163,187,191,192,198,199,200,201,202,203,227,228,239
オーストリア継承戦争	132
沖縄作戦	282-285
オクタヴィアヌス	48,49,50,51,52
小沢治三郎	252,253,271,272,274,277,278,281
オスマン帝国	76,77,78,79,80,81,82,83,85,86,87,88,89,90,91,100,107,155,156,174,175,176,177,186,190,191,192,193,228
オスラビア号	225
オセアン	133,134
オデイシャス号	153
オトラント号	229,230
オネイダ号	196
オバノン	159,160
オランダ	116,117,118,119,120,122,123,124,128,129,130,131,140,144,263
オリアン号	154,155
オリオン号	153,154

か

カーナボン号	231,232
カール五世	83
カール大公	128
カイザー号	202
回天	205,206,209
開陽丸	206,207,208
カエサル	47,48
加賀号	268
春日丸	206,208
カスティリヤ	103
霞号	283,284,285
加藤清正	108
加藤嘉明	112,114
ガナバー・ムーア号	196
カニヂウス	49
カノーパス号	229,230,231,232,233
カノン砲	95,103,186
カバード・バンクの海戦［1653年］	119
カペー朝	72
神風特別攻撃隊	279
亀井茲矩	110
カラック船	94,95,98,101,102,104,106,139
ガラテア号	235
ガリア	47
カルタゴ	40,41,42,43,44,45,46
カルドーナ	89
カルバリン砲	103,104,105
カルロス二世	128
カルロス・コンデル	212
ガレアス船	17,87,88,89,91,101,104,106,107
カレー沖の海戦	105
ガレー船	16,17,18,20,35,37,50,63,73,75,78,83,84,85,86,87,89,90,91,94,95,101,102,107,127,159,186
ガレオン船	84,85,94,95,98,101,103,104,106,130
カロライナ号	173
艦攻	248,249,259,260,261,268,271,272
閑山島沖の海戦	108-115
艦上攻撃機→艦攻	
艦上爆撃機→艦爆	
カンバーランド号	241
艦爆	248,249,259,260,261,267,268,272
ガンビア・ベイ	279
魏	54,57
キオス	31
鬼室福信	58
亀甲船	109,110,111,112,186
機動部隊	247,248,249,252,258,259,264,265,268,270,271,274,277,281
キプロス	36,38,39
キベロン湾の海戦	132-137
キュイリーニ	88
キュジコス	32
ギュリッポス	30
挟船	109
ギリシア	77,78,174,175,177,191
ギリシア火薬	78
ギリシア独立戦争	174
ギリシアの火	78,81
キンケイド	277,278,280
金方慶	67
クイーン・シャルロット号	146,147,171
クイーン・メリー号	235,237
空母	188,247,248,249,258,259,260,261,262,264,266,

295

　　　　　　267,268,270,271,272,274,277,278,279,281,283
九鬼嘉隆………………………………………112
クストッツァの会戦……………………………199
クセルクセス……………………23,24,25,27
百済……………………………………58,59,61
グッド・ホープ号…………………………229,230
グナイゼナウ号………228,229,230,231,232,233
グラスゴー号………………229,231,232,233
クラッスス………………………………………47
クラテロス………………………………………36
グラドック…………………………229,230,233
グラニコス川の戦い……………………………34
グラフ・シュペー号…………240,241,242,243,244
鞍馬号……………………………………………230
グラマン戦闘機…………………………………272
グランド・フリート……………………………235
クリストファー号…………………………………73
栗田健男……………………269,277,278,279,280,281
クリミア戦争……………………186,190,191,193
来島通総………………………………………110
グレーヴィス……………………………140,141,143
グレートブリテン王国…………………………132
クレオパトラ……………………………48,49,50,52
クレオン…………………………………………29
クレメント号……………………………………241
ケーニヒグレーツの会戦………………………199
ケーニヒ号………………………………………238
ゲリエール号……………………………………170
ゲロストラトス…………………………………36
黒田長政………………………………………108
経遠号…………………………………215,217
ゲリエ号…………………………………………153
元……………………………………66,67,68,70
元均……………………………………108,113
元寇……………………………………66,108
遣唐使……………………………………………61
ケント号……………………………231,232,233
玄洋丸……………………………………………274
呉………………………………………………54,57
黄海海戦［日清戦争］………………187,214-218
黄海海戦［日露戦争］…………………………222
コヴァドンガ号……………………………211,212
弘安の役…………………………………………70
黄巾の乱…………………………………………55
航空母艦→空母
広甲号……………………………………………217
広丙号……………………………………………217
高句麗……………………………………58,61
黄蓋……………………………………55,56
甲午農民戦争……………………………………214
洪茶丘……………………………………………67
甲鉄丸…………………………………………209
江南軍………………………………68,69,70
高麗……………………………………67,68,69
コーリングウッド………………………165,167
コーンウォール号……………………231,232,233
コーンウォリス………………………140,142,143,163
コクレーン………………………………172,173
後白河天皇………………………………………62

五段櫂船…………………………………38,42
五藤存知………………………………………259
コドリントン……………………175,176,177
小西行長…………………………………108,114
コノン……………………………………………33
コペンハーゲンの海戦…………………………149
ゴライアス号……………………………………153
コリントス…………………………22,25,29
コルヴス………………………42,43,45,46,47
ゴルチャコフ…………………………………190
コロネル沖の海戦…………………………228-233
コロンブス………………………………………94
コンカラー号……………………………………165
金剛号……………………………252,271,278
コンスタンティノープルの戦い……………76,86
コンスタンティノス11世……………………76,80
コンスティテューシオン号………………160,170
コンフラン……………………………135,136,137

■■■■■■■■■■さ■■■■■■■■■■

サーリフ・レイス………………………………85
再遠号……………………………………………214
ザイドリッツ号…………………………235,237
斉明天皇…………………………………………59
サヴォイア………………………………86,126
サウスダコタ号…………………………………272
ザ・エンゼル号…………………………………91
ザクセン………………………………………126
炸裂弾…………………………………186,193
薩英戦争………………………………………204
薩摩号…………………………………………230
サプラン…………………………………………134
サムエル・ロバーツ号…………………………279
サラトガの戦い…………………………………139
サラミスの海戦………………………16,22-27
サルディス………………………………………34
産業革命……………………………98,187,199
珊瑚海海戦………………………………258-262
サン・サルヴァドル号…………………………103
三十年戦争……………………………………127
サンタ・アナ号…………………………………165
三段櫂船……………………16,26,36,38,42
サンタ・アナ号…………………………………102
サンタ・クルズ………………………89,101,107
サンティッシマ・トリナダッド号……………167
サン・マルティン号……………………101,103,105
シーザー号………………………………145,147
シースウ号………………………………153,154
ジェームス・マディンソン……………………169
ジェノア………………………77,78,79,80,81,86
ジェリコー……………………………235,237,238
時雨号……………………………………………278
シソイヴェーリキー号………………………226
シドニア……………………101,102,103,104,105,106
シドン……………………………………………36
品川・阿波沖の海戦………………………204-208
信濃丸……………………………………………224
シノープの海戦…………………………186,190-193
柴誠一郎………………………………………206

ジブラルタル海峡の戦い	131
志摩清英	278
島津斉彬	204
島津義弘	114
シムス号	259
シャヴェル	125
ジャコバン号	147
シャルル四世	72
シャルンホルスト号	228,229,230,232
シュアー	234,237,238
十字軍	76
周瑜	55,56
シュラクサイの海戦	28-33
シュペー	228,229,230,231,232,233
順動丸	207
隼鷹号	265,274
翔鳳丸	205,206,207,208
衝角	16,17,18,95,109,186,196,202
翔鶴号	260,261,262,273
翔鶴丸	207
蒸気船	98
祥鳳号	259
ジョージ・アイスキュー	117
ジョージ・エリオット	180,182
ジョージ三世	139
ジョージ・ブレヴォー	169
ジョージ・ルック	129,130
少弐経資	70
蜀漢	54,57
ジョンストン号	279
ジョン・バーゴイン	139
ジョン・ロジャース	169,170
新羅	58,59,61
シリア	47
シリュースベリー号	141
シロッコ・パシャ	87,88,89
清	178,179,180,181,182,183,187,214,215,218,220
神聖ローマ帝国	126,198
仁川沖の海戦	221
瑞鶴号	260,273,274,279
瑞鳳号	271,280
スウィフトシュア号	154
スウェーデン	122,127,132,137,140,149,163
スウォーロフ号	225
スキピオ	43
スケヴェニンヘンの海戦	119
スコットランド	106
涼月号	283,284
鈴谷号	279
スターディー	230,231,232
ストレオンシャル号	242
スパルタ	22,27,28,29,30,31,32,33,34
スパルティアート号	153,154
スプルーアンス	265,266,268,282,283
スプレイグ	278,279,280,281
スペイン	82,83,84,86,87,95,100,101,103,104, 105,106,107,116,122,128,129,130, 131,132,140,144,163,164,168
スペイン継承戦争	128

スペイン内戦	188
スペルブ号	136
スラバヤ・バタビア沖の海戦	263
スルタナ号	87
スレイマン一世	82,86
スロイスの海戦	20,72-75
靖遠号	217
清洋丸	274
聖ヨハネ騎士団	83,86
赤壁の戦い	54-57
ゼラス号	153
セリム二世	86
セルビア	191,228
ゼロ戦（零戦）	248,259,266,267,268,271
戦艦	187,188,246,247,248,252,253,262, 271,272,277,278,281
走舸	55
装甲艦	186,196,197
曹操	54,55,56,57
蒼龍号	268
ソレイユ・ロワイヤル号	124,125,135,136
孫権	54,55,56,57
孫仁師	59

━━━ た ━━━

ダーター号	277
ダートマス号	175,176
タービン機関	188
第一次世界大戦	187,188,227,228,234,239,240,249
タイガー号	235
大艦巨砲主義	187,248,257
大同盟戦争	122
第二次世界大戦	188,240,246,247,248,249,250
第二次長州征伐	206
太平洋戦争	247,252,258,264,276
大鳳号	271,273
平景隆	67
平清盛	62
平知盛	62,65
平教経	65
平宗盛	62
高雄号	277
高木武雄	258,260,263
高千穂号	215
タヒール・パシャ	175
ダビド号	180
ダフ	135,137
多摩号	279,281
タラント	41
ダレイオス一世	23
ダレイオス三世	35
ダンジネス岬沖の海戦	117
ダンネブロージ号	149
壇ノ浦の戦い	62-65
チェサピーク湾の戦い	138
致遠号	215
筑摩号	279
千歳号	271,279
チャールズ・エリオット	179,180,182

297

チャールズ・ハワード	101,103,104,105
チャカブコ号	210
チュニジア	86
チュニス	156
鳥海号	27
朝鮮出兵	108,186
千代田形丸	209
千代田号	216
チリ	210,211,212,213
鎮遠号	215,216,217,218
ツールヴィル	123,125,126
ツェザレヴィッチ号	221
筑波号	230
定遠号	215,216,217,218
ディケーター	159,169,170
丁汝昌	215,217,218
デイズ号	277
ディフェンス号	237
テーゼ号	136
テオス	31
テゲトフ	200,201,202
デスツリー	123,125
てつはう	68
デトロイト号	171
テネドス号	253
テミストクレス	24,25,27
テメレール号	167
テュロス	34-39
デラヴァル	125
テルセイラ島の海戦	107
デルフリンガー号	235,237,238
テルモピュライの戦い	24
デル・ロザリオ号	103
デ・ロイテル号	263
デロス同盟	28,29,31
デンマーク	140,149,168
ドイッチュラント号	240,241
ドイツ	127,188,198,228,230,232,233,234,235,236, 237,238,239,240,241,244,247,248,252
唐	58,59,60,61
鬪艦	55
道光帝	178
東郷平八郎	224,226
藤堂高虎	109,114
東路軍	68,69,70
トーベイ号	130,131,136
トーマス号	73
トーマス・フィリップス	253,254,256,257
ド・グラス	140
トナン号	165
ド・バラス	140,141
友永丈市	266
豊田副武	282
豊臣秀吉	108,113,114
ドラグト	85
ド・ラ・クルー	133,134
トラファルガーの海戦	97,148,162-167
トラヤン号	147
ドリア	83,84,85,88,89,90
トリポリ	156,157,158,159,160,161
トリポリ戦争	156-161
ドレイク	101,103,104,105
ドレスデン号	229,232,233
ドレッドノート	187,188
トロンプ	116,117,118,119,120
ドン・ファン・デ・アウストリア	87,89

■ な ■

ナイアガラ号	171
ナイルの海戦	150-155,162,163
ナヴァリノ湾の海戦	174-177
中大兄皇子	59
長門号	277,279
長良号	268
那智号	278
七年戦争	132,138
ナヒーモフ	192,193
ナポリ	86
ナポレオン	149,150,151,152,155,162,163,164, 167.169.170.172.178
ナポレオン三世	190
ナポレオン戦争	98,168,172
ナムール号	134
ナワリ号	226
南宋	68,69,70
南北戦争	173,186,194
ニキアス	30
ニコライ一世	190,191
西村祥治	277,278
西ローマ帝国	76
日露戦争	220
日清戦争	214,220,250
日本	58,59,60,61,62,66,67,68,69,70,108,109,110, 111,112,113,114,115,187,204,214,215,218,220,221, 222,223,224,225,226,227,228,230,233,247,248, 250,252,253,255,257,258,259,260,261,262, 263,264,265,266,267,268,269,270,271, 272,273,274,276,277,281,282,283,285
日本海海戦	187,188,220-227
ニミッツ	259,260,265,280
ニューアーク号	134
ニュージーランド号	235
ニュートンビーチ号	241
ニュルンベルク号	228,229,230,231,232,233
ニルス	127
ネーデルラント	100,101,102,103,105,122
ネオショー号	259
ネプテューン号［イギリス］	165,167
ネプト号	165
ネルソン	97,149,151,152,153,155,163,164,165,166
ノーウィック号	221
ノースカロライナ号	283
ノルウェー	235

■ は ■

ハーウッド	241,242,243,244
バークレイ	171
ハートフォード号	195,196

バートル軽疾舟	67	ピラデス号	180
ハーバート	123,124	ピラミッドの戦い	152
パーカー	149	ビリッポス二世	33,34
バーラム号	235	飛龍号	268
バイエルン	126	ヒンドゥ	67
ハウ	145,146,147,148	ファラガット	195,196,197
白村江の戦い	58-61	ファン・レボエド	211
羽黒号	279	VT信管	272,274
箱館戦争	209	フィラデルフィア号	157,158,159,161
橋立号	216	フィリップ六世	72,73
初霜号	283,284,285	フィレンツェ	83
初瀬号	221	フーグー号	165,167
ハプスブルク家	127,128	フェニキア	25,26,27,35,36,37,38,50
濱風号	283,284	フェリペ二世	87,100,101,107
ハミルカル	44	フェルシシマ・アルマダ	107
原忠一	258,259	フェルディナント・マックス号	200,201,202
バリアント号	235	フォークランド沖の海戦	228-233
バルサ・オグリ	78,79	普墺戦争	198
ハルゼー	277,278,279,280,281	フォルミダブル号	135
バルチック艦隊	221,222,223,224,225,226,227	フォン・デル・タン号	235,237
榛名号	252,271,274,277,278	福龍号	217
バルバベラ	73,74,75	富士山丸	207
バルバリア	82,156	扶桑号	278
バルバリゴ	88	フッド［チェサピーク湾の海戦］	140,141,143
バルバロッサ	82,83,84,85	フッド［ユトランド沖の海戦］	237
バルフルール岬の海戦	122,123,126	プット・イン湾の海戦	170
パルマ公	101,103,105	プニュタゴラス	36
パレストロ号	202	フビライ・ハン	66,67,68
ハワイ作戦	247	冬月号	283,284,285
板屋船	109,112	フラウエンロブ号	238
バンカーヒル号	272,284	ブラシダス	29
ハンガリー	80	ブラック・プリンス号	238
ハンゲの海戦	127	ブラット	211,212
帆走船	94,97,187	フランク・フレッチャー	259
バンパイア号	253	ブランコ・エンカラダ号	210,211,213
ハンマン号	269	フランス	72,73,74,75,98,101,107,122,123,124,125,
蟠竜丸	206,207,209		126,128,129,130,131,132,133,134,135,136,137,
ヒアマン号	279		138,139,140,141,142,144,145,147,148,149,150,151,
ビーチ・ヘッド岬の海戦	122,123,126		152,153,154,155,162,163,164,165,166,167,168,
ビーティー	235,236,237		172,174,175,176,178,186,190,191,192,193,
ビウス五世	83,86		198,199,204,222,228,239,240
比叡号	216,217	ブランズウィック号	147
ピエール・ヴァンスタブル	145	フランス革命	144,148
ピエール・ベウシェ	73,75	フランス領インドシナ	252
東インド会社	138	ブランデンブルク	122
東ローマ帝国	76,77,78,79,80,81,82,86	フランドル	72,73,75,128
ビザンティン帝国	76	フリゲート艦	97,124,125,129,133,134,135,140,145,
ビスマルク	198		149,151,169,170,175,187,191,199
肥前号	230	ブリストル号	231
ヒッパー	234,236,237,238	ブリタニア号	167
ヒトラー	240	ブリュイ・デゲリエ	151,152,153,154,155
ビブロス	36	プリンス・オブ・ウェールズ号	249,253,255,256,257
百年戦争	72,75	プリンセス・ロイヤル号	235
ヒヤシンス号	179	ブルガリア	191
ヒュー・キエレ	73,75	ブルックリン号	195
ビュザンティオン	31	ブルボン朝	122,128
ビュサントール号	165,166,167	ブルン	116
飛鷹号	274	ブレイク	117,118,119
ピョートル大帝	127	プレヴェザの海戦	82-85,86

299

プレジデント号	169
プレデローデ号	120
プレブル	157,159,160
プロイセン	122,132,133,137,140,144,149, 191,198,199,203
フロビッシャー	104,105
ブロンド号	180
文永の役	68,69
文禄・慶長の役	108,186
平運丸	206,207
米英大西洋戦争	168-173
平遠号	217
平治の乱	62
ベイリー	196
ベインブリッジ	158
ベドウイ号	226
ペトロパブロフスク号	221
ベニングトン	283
ベネチア	77,78,79,80,81,83,84,86,87,91
ペリー	171
ペルー	210,211,212,213
ベルギー	228
ベルサーノ	199,200,202
ペルシャ	22-27,28,31,34,35,36,39
ペルシア戦争	22,23,28
ベレイル号	165
ベレロフォン号	147,154
ベローウッド号	284
ペロポネソス戦争	28,29,31
ペロポネソス同盟	29
ペン	117,119
ペンサコーラ号	195
ペンブローク号	130
ヘンリー・シーモア	101
鮑作船	109,112
豊璋	59,61
北条時宗	66,68
北条宗頼	69
豊島沖の海戦	214
ホエール号	279
ポエニ戦争	40,46
ホーク	135,136,137
ポートランド沖の海戦［1588年］	104
ポートランド沖の海戦［1653年］	96,116-120
ホーネット号	269,283
ポーフレモン	136
ポーランド	240
北洋艦隊	214,215,216,217
ポケット戦艦	240,241,244
戊辰戦争	209
ボスコーウェン	133,134
ボストン茶会事件	138
ホッホゼー・フロッテ	234
ホブソン	130,131
ボラクル	157
堀内氏善	109
ボリビア	210,211,213
ポルトガル	83,100,103,106,107,134,140
ホレイショ・ゲイツ	139

ボレジ号	179
ポンペイウス	47
ポンメルン号	238

ま

マース号	165
マガヤネス号	211
マカロフ	221
マケドニア	33,34,35,36,37,38,39,47
マダガスカル号	180
マタパン沖の海戦	247
マチューダ号	161
マッカーサー	277
松島号	215,216,218
マナッサス号	195,196
マムルーク朝	152
マメルチニ	41,42
麻耶号	277
マラトンの戦い	23
マラヤ号	235,237
マリア・テレジア	132
マリアナ沖海戦	270-274
マルコ・コンタリニ	88
マルコルム号	180
マルタ	83
マルマラ海の海戦	76
マレー沖の海戦	247,252-257,258,263
満州	220,227
マンリウス	44
三笠号	225
ミゲル・グラウ	211,213
ミシシッピー川の戦い	194
ミシシッピー号［北軍］	195,196
ミシシッピー号［南軍］	195,197
三隅号	269
ミチレネ湾の戦い	33
ミッチャー	270,273,283
ミッドウェー海戦	264-269,276
源義経	63,64,65
源頼朝	62
ミュエッジン・ザデ・アリ	87,89
妙高号	277,279
ミレー沖の海戦	40,42,44
ミレトス	31,34
明	108,113,114,115
ミンダロス	32
武蔵号	271,277
無敵艦隊	98,101,105,106,107
メガラ	22,26
メッシナ	41,42,43
メフメット二世	77,78,79,80
蒙衝	55,60,61
最上号	268,278
以仁王	62
モデスト号	180
モルトケ号	235
モルビアン湾の海戦	47
モロッコ	156
モンカダ	104

300

モンク	117,119,120	ルイ16世	150
モンゴル帝国	66,67,68	ルイジ・リッツォ	239
モンターニュ号	147	ルック	126
モンマス号	229,230	ルドゥタブル号	166,167

や

八島号	221	ルトフィ	83
屋島の戦い	62	レアル号	90
矢矧号	283,284,285	レイヴァ	103,104
山城号	278	レイテ沖の海戦	276-281,282
大和号	250,265,271,277,279,282,283,284,285	レイン	117,118
山本五十六	264,269	レヴァイアサン号	167
ユースフ・カラマンリ	156,157,160,161	レヴァニオン号	241
雪風号	274,283,285	レオニダス	24
ユスト号	147	レオン三世	81
ユトランド沖の海戦	234-238,250	レキシントン号	259,260,261
ユナイテッド・ステイツ号	169	レグルス	44
楊威号	215,218	レスボス島の戦い	33
ヨークタウン号	259,260,261,268,269,285	レゾリューション号	135
吉野号	214	レ・ディタリア号	199,200,201,202
四段櫂船	38	レ・ディ・ポルトガロ号	202
		レパルス号	253,254,255,256,257

ら

来遠号	215,216,217	レパントの海戦	17,20,86-91,100,101,106,107
ライオン号	235,236	レピドゥス	48
ライプチヒ号	228,232,233	レプブリカン号	147
ライプツィヒの戦い	172	楼船	55
ラウソン	117	ロイテル	117,118,119
ラヴレー	195,197	ロイヤル・ジョージ号	135
ラ・オーグの海戦	122-126	ロイヤル・ソブリン号	145,165
ラゴス湾の海戦	132-137	ローマ	40,41,42,43,44,45,46,47,48,49,50,52,174
ラッセル	124,125,126	ローマ教皇	83,84,86
ラフィエット	141	ローレンス号	171
ラプラタ沖の海戦	240-244	6月1日の海戦	144-148
ラマール号	211	ロシア帝国	127,132,133,137,140,144,149,155,163,
ラムプサコス	31		170,174,175,176,186,187,190,191,192,
ラングスドルフ	240,241,242,244		193,220,221,222,223,224,228,239
ラングレー号	285	ロジェストヴェンスキー	222,223,224,225,227
リアンダー号	151	ロドス	31
リカルデ	103,105	ロバート・モーレイ	74
李氏朝鮮	108,113,214	ロベスピエール	144,145,150
李舜臣	109,110,111,112,113,114,115,186	露梁の海戦	108

わ

リチャード・デイル	157	ワーテルローの戦い	178
リチャード・ハウ	145	脇坂安治	110,112,114
リッサ沖の海戦	187,198-203	ワシントン	139,140,142
リッチモンド号	195	ワスカル号	211,212,213
リバイアサン号	145,147	ワスプ号	272,274
リベンジ号	101,105	ワットラング	127
リマク号	213		
劉仁願	58		
劉備	54,55,56,57		
劉復亨	67		
リュサンドロス	32,33		
リュッツオー号	235,236,237		
リリベウムの海戦	40,45,46		
リンカーン	194		
林則徐	178,179,180,181		
ルイジアナ号	195,197		
ルイ14世	122,123,126,128		

●参考文献

アルフレッド・T・マハン著、北村謙一訳『海上権力史論』(原書房)
アルフレッド・T・マハン著、井伊順彦訳、戸高一成監訳『マハン海軍戦略』(中央公論新社)
小林幸雄『イングランド海軍の歴史』(原書房)
ポール・ケネディ著、鈴木主税訳『大国の興亡』上下巻(草思社)
外山三郎『西欧海戦史』(原書房)
友清理士『イギリス革命史』上下(研究社)
ジョージ・C・コーン著、鈴木主税訳『世界戦争事典』(河出書房新社)
『世界の戦史』1〜3、6〜10(人物往来社)
『世界「戦史」総覧』(新人物往来社)
『別冊歴史読本 世界英雄と戦史』(新人物往来社)
『歴史読本ワールド 戦争の世界史』(新人物往来社)
『歴史読本ワールド 世界の国王と皇帝たち』(新人物往来社)
サイモン・アングリム他著、松原俊文監修『戦闘技術の歴史1 古代編』(創元社)
マシュー・ベネット他著、淺野明監修『戦闘技術の歴史2 中世編』(創元社)
クリステル・ヨルゲンセン他著、淺野明監修『戦闘技術の歴史3 近世編』(創元社)
伊藤正徳『世界大海戦史考』(日本電報通信社出版部)
『世界の海戦』(毎日新聞社)
松村劭『三千年の海戦史』(中央公論新社)
ジェフリー・リーガン著、森本哲郎監修『「決戦」の世界史』(原書房)
ダリウ著、加藤政司郎・松宮春一郎訳『海戦史論』(平凡社)
武光誠『世界地図から歴史を読む方法2』(河出書房新社)
大澤正道・佐藤洋・石川達・戦略科学研究会・国際安全保障リサーチ・砧大蔵・海辺和彦著『戦争の世界史』(日本文芸社)
ジョエル・レヴィ著、下隆全訳『世界陰謀事典』(柏書房)
三浦一郎・小倉芳彦・樺山紘一監修『世界を変えた戦争・革命・反乱』(自由国民社)
『新装版 世界の歴史』2〜23巻(河出書房新社)
『世界の戦争』1〜9(講談社)
エティエンヌ・タイユミット著、増田義郎監修『太平洋探検史』(創元社)
木俣滋郎『世界軍船物語』(雄山閣出版)
野村實『海戦史に学ぶ』(文藝春秋)
柘植久慶『分析 世界の海戦史』(学習研究社)
原木慶二『四千年の航跡』(非売品)
H・ボールドウィン著、実松譲訳『海戦』(フジ出版社)
マイケル・ハワード著、奥村房夫・奥村大作共訳『ヨーロッパ史における戦争』(中央公論新社)
アティリオ・クカーリ、エンツォ・アンジェルッチ著、堀元美訳『船の歴史事典』(原書房)
ダイヤグラムグループ編、田島優・北村孝一訳『武器』(マール社)
小山弘健『図説 世界軍事技術史』(芳賀書店)
宇田川武久『ニッポン海戦史』(実業之日本社)
カエサル著、近山金次訳『ガリア戦記』(岩波書店)
ゲルハルト・ヘルム著、関楠生訳『フェニキア人』(河出書房新社)
ゲルハルト・ヘルム著、関楠生訳『ケルト人』(河出書房新社)
クリス・スカー著、矢羽野薫訳、吉村忠典監修『ローマ帝国』(河出書房新社)
『図説 激闘ローマ戦記』(学習研究社)
是本信義『経済大国カルタゴ滅亡史』(光人社)
松谷健二『カルタゴ興亡史 ある国家の一生』(白水社)

太田秀通『スパルタとアテネ』（岩波書店）
森谷公俊『興亡の世界史01　アレクサンドロスの征服と神話』（講談社）
アッリアノス著、大牟田章訳『アレクサンドロス大王東征記』（岩波書店）
ピエール・ブリアン著、桜井万里子監修『アレクサンダー大王　未完の世界帝国』（創元社）
A・R・バーン著、衣笠茂訳『戦うギリシア国家』（創元社）
ヴァレリオ・マッシモ・マンフレディ著、草皆伸子訳『アクロポリス　友に語るアテナイの歴史』（白水社）
塩野七生『ローマ人の物語Ⅳ　ユリウス・カエサル　ルビコン以前』（新潮社）
中村新太郎『日本と朝鮮の二千年』（東邦出版社）
中里融司『覇者の戦術』（新紀元社）
和田廣『ビザンツ帝国』（教育社）
井上浩一『生き残った帝国ビザンティン』（講談社）
塩野七生『コンスタンティノープルの陥落』（新潮社）
スティーブン・ランシマン著、護雅夫訳『コンスタンティノープル陥落す』（みすず書房）
アラン・パーマー著、白須英子訳『オスマン帝国衰亡史』（中央公論社）
鈴木董『オスマン帝国』（講談社）
塩野七生『海の都の物語』（中央公論新社）
石島晴夫『スペイン無敵艦隊』（原書房）
片野次雄『李舜臣と秀吉　文禄・慶長の海戦』（誠文堂新光社）
ヴォルテール著、丸山熊雄訳『ルイ十四世の世紀』1～3（岩波書店）
吉田成志『七年戦争』（文芸社）
マチエ著、ねづまさし・市原豊太訳『フランス大革命』（岩波書店）
松村劭『ナポレオン戦争全史』（原書房）
『別冊歴史読本　総集編大ナポレオン百科』（新人物往来社）
芝生瑞和編『図説フランス革命』（河出書房新社）
陳舜臣『実録アヘン戦争』（中央公論新社）
スタンリー・レーン・プール著、前嶋信次訳『バルバリア海賊盛衰記』（リブロポート）
デイヴィッド・トーマス著、関野英夫訳『スラバヤ沖海戦』（早川書房）
三野正洋『死闘の海　第一次世界大戦海戦史』（新紀元社）
ダドリー・ポープ著、内藤一郎訳『ラプラタ沖海戦』（早川書房）
高木惣吉『太平洋海戦史［改訂版］』（岩波書店）
池田清『海軍と日本』（中央公論新社）
吉田俊雄『近代戦史一〇〇選』（秋田書店）
『別冊歴史読本永久保存版 連合艦隊全戦史』（新人物往来社）
『別冊歴史読本永久保存版 日米海軍海戦総覧』（新人物往来社）
『別冊歴史読本永久保存版 太平洋戦争戦闘地図』（新人物往来社）
三野正洋・大山正『徹底研究太平洋戦争　海軍編』（光人社）
佐藤和正『太平洋海戦』1～3（講談社）
福田誠・牧啓夫他『太平洋戦争海戦ガイド』（新紀元社）
堀元美『現代の海戦』（出版協同社）
木俣滋郎『欧州海戦記』（光人社）
『戦史叢書』（朝雲新聞社）
奥宮正武『大艦巨砲主義の盛衰』（朝日ソノラマ）
吉田俊雄『特攻戦艦大和』（朝日ソノラマ）
石橋孝夫『艦艇学入門　軍艦のルーツ徹底研究』（光人社）
「歴史群像シリーズ」（学習研究社）

Truth In Fantasy 84
海戦

2011年2月25日 初版発行

著者　　　世界戦史研究会
編集　　　バウンド／新紀元社編集部

発行者　　藤原健二
発行所　　株式会社新紀元社
　　　　　〒101-0054
　　　　　東京都千代田区神田錦町3-19　楠本第3ビル4F
　　　　　TEL:03-3291-0961　FAX:03-3291-0963
　　　　　http://www.shinkigensha.co.jp/
　　　　　郵便振替　00110-4-27618

カバーイラスト　　有田満弘
本文イラスト　　　横井淳
編集協力　　　　　右京裕一
デザイン・DTP　　株式会社明昌堂
印刷・製本　　　　株式会社リーブルテック

ISBN978-4-7753-0882-0

本書記事およびイラストの無断複写・転載を禁じます。
乱丁・落丁はお取り替えいたします。
定価はカバーに表示してあります。
Printed in Japan